资源利用治理丛书

能源环境治理理论基础

陈　凯　温　馨　陈　钰　著

国家社会科学基金重大项目（15ZDC034）成果

科　学　出　版　社

北　京

内 容 简 介

能源环境治理是国家治理的重要组成部分，为此本书融合马克思主义经济理论、中国传统经济理论和西方现代经济理论，探索能源环境治理规律、原理和机制。全书设置 5 篇 17 章。第一篇阐述社会经济发展规律和治理机制、中国传统治理思想；第二篇描述低碳经济、碳交易；第三篇分析能源和环境安全；第四篇论述外部性理论、产权界定、排污收费与补贴、排污权交易、责任法则、生态补偿；第五篇系统化介绍我国能源监管体制、能源效率、绿色经济增长与能源转型、能源与环境治理综合调控等。

本书可为政府能源环境治理职能部门、研究机构和有关研究学者提供参考。本书也可作为高等院校资源环境学、区域经济学和经济管理学等学科的教学参考书。

图书在版编目（CIP）数据

能源环境治理理论基础 / 陈凯，温馨，陈钰著. —北京：科学出版社，2023.2

（资源利用治理丛书）

ISBN 978-7-03-073988-9

Ⅰ. ①能… Ⅱ. ①陈… ②温… ③陈… Ⅲ. ①能源－环境管理－研究－中国 Ⅳ. ①X24

中国版本图书馆 CIP 数据核字（2022）第 225763 号

责任编辑：任彦斌 常友丽 张 震 / 责任校对：贾伟娟
责任印制：吴兆东 / 封面设计：无极书装

科 学 出 版 社 出版
北京东黄城根北街 16 号
邮政编码：100717
http://www.sciencep.com

北京九州迅驰传媒文化有限公司 印刷
科学出版社发行 各地新华书店经销

*

2023 年 2 月第 一 版 开本：720 × 1000 1/16
2023 年 2 月第一次印刷 印张：17 1/2
字数：354 000

定价：99.00 元

（如有印装质量问题，我社负责调换）

丛书前言

《中华人民共和国国民经济和社会发展第十三个五年规划纲要》（简称“十三五”规划）指出，绿色是永续发展的必要条件和人民追求美好生活的重要体现。必须坚持节约资源和保护环境的基本国策，坚持可持续发展，坚定走生产发展、生活富裕、生态良好的文明发展道路，加快建设资源节约型、环境友好型社会，形成人与自然和谐发展的现代化建设新格局，推进美丽中国建设，为全球生态安全做出新贡献。国家社会科学基金重大项目（15ZDC034）“建立能源和水资源消耗、建设用地总量和强度双控市场化机制研究”体现了这一理念。2016年5月17日，习近平总书记在哲学社会科学工作座谈会上的讲话中指出：“自古以来，我国知识分子就有‘为天地立心，为生民立命，为往圣继绝学，为万世开太平’的志向和传统。一切有理想、有抱负的哲学社会科学工作者都应该立时代之潮头、通古今之变化、发思想之先声，积极为党和人民述学立论、建言献策，担负起历史赋予的光荣使命。”为此国家社会科学基金重大项目（15ZDC034）课题组成员精心设计出版本套“资源利用治理丛书”，从以下三个方面努力完成这一重大课题。

一、资源利用治理基础理论创新

资源利用治理理论包含三大体系，分别为中国传统资源利用治理理论、马克思主义资源利用治理理论和现代西方资源利用治理理论。陈凯所著《资源利用文化软实力运行机制路径易学范式分析》阐释了中国传统资源利用治理理论的原理；周立斌、韩满玲、王希艳和杨林的力作《新马克思主义的区域经济理论研究》阐述了马克思主义资源利用治理理论基础；陈凯、张方和李雪峰撰写的《中国资源利用空间依赖研究》论述了现代西方资源利用治理理论渊源。

资源利用治理基础理论创新不是寻找一种新理论取代旧理论，而是以一种包容性更大的理论方法体系将旧理论方法兼容升级。课题组成员撰写的《资源环境治理理论基础》《资源经济学知识图谱导论》《资源耦合治理理论》《城乡资源整合论》和《经济道统治理》等专著，将中国传统资源利用治理理论、马克思主义资源利用治理理论和现代西方资源利用治理理论融会贯通。在新创立的资源利用治理科学原理中，正确地显示经济社会协调发展规律，准确地衡量所有的资源要素、结构与发展模式的性质和数量差异及其变动原因，适时地将原理体现在实际操作程式上；采取“旧理论系统疏理—新理论体系创立—原理实证条理化”的研究方案。以《易传》的理论方法为框架，融合各种原理和方法。资源利用宏观经济分析从模式到结构再到要素，资源利用微观经济分析从要素到结构再到模式。研究定位以道统阴阳平衡机制为主线，演绎和实证相结合，在现代经济学基础上，推导资源生产、消费、贸易、分配、货币、财政、金融、投资、股票、证券、期货、保险、价格、利率、汇率、税率、企业治理、制度与政策等均衡法则。

二、资源利用治理研究范式创新

丛书中的《资源利用文化软实力运行机制路径易学范式分析》《资源耦合治理理论》和《经济道统治理》等著作以易学范式融合西方资源经济理论方法，对资源利用治理规律、机制和原理进行了系统的分解与整合。创新体现在以下几点。

（一）首次以阴阳五行和谐原理构建资源利用治理系统

现代西方资源利用理论设定资源经济要素同质无限替代，以量差分析其质异，单纯追求工具和逻辑的完美而无视现实，只能说资源经济学知识在进步而非科学的表现。“资源利用治理丛书”还原经济现实，指出资源不是同质的，有阴阳之分，而且阴阳程度随着资源开发的时间、方位、组合方式、利用力度大小和速度快慢而不同；资源配置不只是实现配置主体效用最大化的要素量的替代，而主要是为达到和谐并实现共同富裕，对要素间相生、相克、相冲、相刑、相害、相合、相乘、相侮、胜复等关系的调整；通过阴阳平衡机制，实现各层间、各层内、各要素的阴阳呼应和阴阳平衡，实现资源合理利用治理目标。

（二）另辟蹊径揭示资源经济规律

现代西方资源经济理论建立经济函数，解析变量相关性以把握经济规律。经济函数的一个点，无体积大小，再不能细分。“资源利用治理丛书”将生产函数中的一个点，又细分为八维的“小成”，它是经济全息运行的一个“截图”，是科学实验的一个“切片”，连贯起来精准地量化资源经济运行机制并反映经济规律。庄子曰：“道隐于小成。”机制的表现是秩序，通过测度秩序揭示经济规律。管子曰：道“不见其形，不闻其声，而序其成”。

（三）第一次设立资源利用秩序精准测度标尺

现代经济学关注资源利用效率，借助管理绩效促进之，而“资源利用治理丛书”更注重资源利用秩序，依靠治理功德整合之。这是由于资源利用秩序经历制度规范与道德自律融合路径，通过法治与德治的结合而实现。经济管理以资源优化配置促使经济高效运行，经济治理以资源有序流动维护经济安全稳定。以轻重测度经济秩序是“资源利用治理丛书”的精髓。设置精准16制标尺，即纵向质量“半斤八两”，横向质量“半斤八两”，合之“一斤十六两”。较重者紧于道（规律），秩序较稳定；较轻者松于道（规律），秩序较混乱。管子曰：“以轻重御天下之道也，谓之数应。”

（四）创立天时-地利-人和经济运行模型

在现代经济学数量均衡规则基础上，“资源利用治理丛书”增设纵向和谐、横向匹配、核心再生的阴阳质量均衡规则，建立天时-地利-人和经济运行模型为一轴、五层、四维、九域。①一轴：各层中心的连线，即轴线贯穿各层中心（中宫）。②五层：最上层是“天时”，最下层是“地利”，中间二、三、四层是“人和”。第四层为宏观，其中宫为《兑》，资源利用重在秩序及人心安全稳定。第三层为微观，其中宫为《震》，资源利用在于保持创新及人心活力。第二层为社会发展与资源利用的环境。二、三、四层是模型的中心。第二层是静盘，第三、四层是动盘。③四维的有形态：规划与金融、劳动与组织、政府与信息、资本与市场。四维的无形态：“一曰礼、二曰义、三曰廉、四曰耻。”④九域：易学的九宫。

（五）融会贯通中西经济理论方法

“资源利用治理丛书”道器一体，大到无外，小到无内，对西方资源经济学无限兼容。西方现代经济学在效率管理研究方面成熟，中国传统资源经济理论在秩序治理研究领域领先，“资源利用治理丛书”把经济发展秩序测度深入到资源利用效率层次量化，同时又将资源利用效率研究上升至经济发展秩序框架内考察。例如，①辨识两变量的轻重缓急，确定其“元”“亨”“利”“贞”“悔”“吝”“厉”“咎”，量化资源利用系统要素的定位及其层次间的关系；②根据资源利用全要素生产率（total factor productivity，TFP）增长正负及其技术进步率、技术效率改进、规模效率改进和配置效率改进速度之正负，裁定其“延年”“天医”“生气”“辅弼”“禄存”“廉贞”“破军”“文曲”，用以测度资源利用系统要素作用及其匹配关系。

三、资源利用治理实证分析与适应性政策研究

任何理论都是在人类经济社会发展推动下自身矛盾思变创新中产生和形成

的。资源利用治理理论发展的前提是资源利用实践。资源利用实证分析既是资源利用理论发展的基础，也是资源利用实践的指导。

“资源利用治理丛书”每一部都不同程度地进行了实证研究，陈凯和课题组成员撰写的《能源、水资源和建设用地经济治理研究》用实际数据论证了能源、水资源及建设用地总量和强度双控市场化机制，可圈可点，相信读者看后会有耳目一新之感。

长三角区域是中国最具发展潜力的都市圈，能源利用状态具有一定的代表性。郑畅的《长三角地区能源利用效率研究》论证到位，分析透彻，读后定有收获。

能源、水资源和建设用地利用适应政策是“资源利用治理丛书”的主题。根据实证研究的结果，基于国家能源、水资源和建设用地利用定位及区域功能分解，科学甄别总体及各区域主体功能、主导功能、主要功能，创新分层诊断、有序衔接、逐步调适的规划方法，努力解决统一的规划底图、坐标体系、基础数据、分类标准等问题。深度整合能源、水资源和建设用地利用治理政策措施，实现能源、水资源和建设用地利用治理规划及适应性对策体系法治化、标准化与规范化。

“资源利用治理丛书”传承发展中国传统学术，吸收消化马克思主义资源利用治理理论和现代西方资源利用治理理论，在融会贯通三大理论体系的基础上，注重资源利用实证研究，突出资源经济发展新方向，建立中国大国资源利用治理理论。虽然距完整的中国资源利用治理理论体系相差甚远，但我们已经起步，纵有千难万险，我们披荆斩棘，在所不辞。恳请广大读者对丛书多提宝贵意见，我们会虚心接受，不断修改完善。

“资源利用治理丛书”主编

2017年9月10日

前　言

能源是社会经济发展的动力，环境是社会经济发展的载体。作者承担的国家社会科学基金重大项目“建立能源和水资源消耗、建设用地总量和强度双控市场化机制研究”（15ZDC034）将能源放在首位，表明能源比水资源和建设用地更加重要。为此，课题组申请到了中央高校基本科研业务费项目“能源价格扭曲对能源效率影响研究”（N162301001），将其作为国家社会科学基金重大课题配套项目一并研究。

能源、水资源和土地资源是环境系统的主要构成要素，因此《能源环境治理理论基础》在整个“资源利用治理丛书”中发挥着不可或缺的作用。丛书结构安排，能源环境治理以能源利用治理为轴，带动所有资源配置、结构优化、功能匹配过程稳定高效进行。能源环境治理研究融合马克思主义经济理论、中国传统经济理论和西方现代经济理论，经系统、结构、要素的双向逐层贯通分析，揭示能源环境治理的规律、原理、机制和路径。

能源环境治理是在经济社会普遍发展规律中的特殊资源利用规律作用下的管理机制，是经济社会治理的一部分。经济社会治理是在一个四维九宫系统结构内进行的，是有形的国民经济部门结构与无形的礼、义、廉、耻之意识形态结构高度统一的产物。国民经济各部门在中央整合下实现资源优化配置与结构功能的高效匹配。

在能源环境系统整体规律的研究中，主要采用中国传统学术研究范式；在能源环境治理机制研究过程中，利用现代经济学研究范式，详细阐述中国低碳经济、碳交易、能源环境安全、外部性理论、产权界定、排污收费与补贴、排污权交易、责任法则、生态补偿等原理，详细说明了我国能源监管体制、能源效率、绿色经济增长与能源转型、能源与环境治理综合调控政策、雾霾治理最优政策选择等。

本书是课题组成员精诚合作研究的成果。陈凯、温馨和陈钰是执笔者，史红亮、刘艳萍、郑畅提供了部分章节的素材，闫丽娜和杨帅完成了大部分章节的数据更新和整理工作。

作者在撰写本书过程中，参阅和引用了国内外同行的研究成果，在此特向这些文献的作者表示衷心的感谢！

本书不足之处在所难免，敬请读者批评指正！

作　者

2022 年 1 月 27 日

目　　录

第一篇　治　　理

第二篇　低 碳 经 济

第三篇 安 全

第五篇 治 理 手 段

第一篇　治　　理

第1章 治理概述

治理是秩序管理。如果治理主体是政府，那么治理可作为一种行为方式，是政府的行政工具，即通过某些途径用以调节政府行为的机制。本章简要介绍了能源治理的概念、内涵、结构及决定性因素，为后续章节提供了理论依据与一个统一的视角。

1.1 治理的概念、内涵、结构及决定性因素

1.1.1 治理的概念

1. 重提治理

“治理”一词大量出现在中国古籍中，中国古典治理理论系统完善。国家政局和社会经济秩序稳定是一切资源利用的前提，因此中国治理理论非常重视经济秩序，但对经济效率的研究强调得不够，比不上西方经济管理理论对市场化经济效率研究的深入、细化和可操作化。进入现代社会，由于西方世界的发展，人们热衷于经济“管理”，而冷淡了经济“治理”。

20世纪60～70年代，各国在经济增长的基础上大量增加社会福利等公共支出，受20世纪70年代几次经济危机的影响，到了80年代，一大批获得政治独立的亚非拉发展中国家积极参与全球化进程，经济快速发展，国内市场繁荣，投资环境稳定，吸引了西方国家大量资本投入。而资本“外逃”导致西方国家经济发展乏力，加之公民逃税、避税行为的发生，使得国家陷入巨额债务危机之中。为了有效化解危机，在政府与市场之间做出合理选择，于是，一种新的国家治理范式应运而生，治理的兴起无疑是在市场与国家的这种不完善的结合之外的一种新选择。

20世纪90年代以来，全球化发展迅速，深刻影响着人类社会的政治、经济、文化及其生活方式，其中，尤为明显的是经济全球化。因为经济全球化对传统民族国家及国家间经济和政治体系均造成巨大冲击和影响，大大推进了带有全球性某些特征的意识形态发展，致使民族国家的地位和政府的角色不断改变，政府的公共服务能力受到削弱和限制，导致政府管理“空心化”。对于在全球化背景下政府管理的“空心化”，各民族国家都面临国家管理转型问题。一般认为，伴随全球

化而来的国家转型，民族国家不是正在消亡，而是正在被重新想象、重新设计、重新调整以回应挑战。因而，在全球化的冲击下，传统民族国家不会消亡，但其政治统治需要重新建构。作为一种新的“话语”体系，治理理论重新唤起，既是对政府权威和国家统治的话语性、制度性的反对，也是对市场失灵和国家失败的反思和替代。

从理论上来讲，治理的出现是对现代流行的社会科学两分法的否定。在流行的社会科学中，存在着非此即彼的两分法，如计划对市场、私人对公共、无政府对主权等，对于现实世界的巨大变化，这种方法难以给出信服的描述和解释，因此，在20世纪70年代以后，“治理”一词被学术界所借鉴，试图在超越传统两分法的基础上，对现实世界发生的巨大变化给出一个合理性的解答。同时，公民社会作为“国家主义”的对立物在20世纪70年代日益勃兴，公民社会的发展要求国家与社会之间的良好互动与协作，强调权利的分化和双向运行，这与传统国家治理模式的公共权利资源配置的单极化和运用的单向性发生了激烈碰撞和冲突。因此，作为一种新的国家管理工具的遗传再生品“治理”应运而生，伴随公民社会组织的不断发展壮大，政治权利日益从国家（政府）返还给公民社会，公民社会在国际和国内事务中发挥着越来越大的作用，以往传统的政府与市场的双层互动开始转变为政府、市场与社会的三层互动，这也就是治理机制发生作用的过程。

此外，信息技术革命为治理理论兴起提供了有效手段。20世纪70年代以来，电子学快速发展，微电子、光电子技术被运用到国家管理部门中，在公共行政中扮演着日益重要的角色。同时，卫星通信系统、遥感和全球定位系统、宽频带高速数字综合网络系统、信息压缩与高速传输系统、人工智能和多媒体技术等信息科技均获得迅猛发展，人类步入一个以信息化为特征的新时代。信息技术的发展，使政府长期以来所拥有的收集和管理信息的专利权被削减，打破了知识和信息被传统官方机构垄断的局面。百姓取得信息的速度几乎和政府领导者一样迅速。这就缩短了政府、社会组织和公民个人之间的距离，使管理主体和管理客体之间的沟通、反馈更加快捷，从而加强了彼此之间的回应性和依赖性，使政府、企业、社会组织、公民个人共同管理成为可能。另外，信息技术的快速发展也为政府提高办事效率、降低管理成本、创新管理方式，以及为民众提供更快捷、更优质的服务创造了可能性，也为民众与政府沟通创造了条件，这就使得原有的政府管理面临新的挑战。同时，信息技术的快速发展还为公共行政管理的灵活、高效提供了技术支持。借助于信息技术，政府办公自动化、网络化、电子化成为可能，这就减少了信息处理和传递过程的中间环节，正如奈斯比特所评价的，“电脑将粉碎金字塔：我们过去创造出等级制、金字塔式管理制度，现在由电脑来记录，我们可以把机构改组成扁平式”。这就道出了一个事实，在现代信息社会，传统的金字塔式、等级制的国家管理制度弊端已经显现，社会需要新的管理制度和理念，正如沙尔普所指出的那样，“显然，在纯粹的市场、等级制的国家机构以及避免任何一方统治的理论能够发挥作用的范围以外，还有一些更为有效的协调机制，是以前的科学未能从经验数据和理论思维两个方向加以把握的”，这种“有效的协调机制”就是“治理机制”。

2. 治理的定义

1989年世界银行在讨论非洲发展时，首次使用了“治理危机”（crisis in governance）一词，此后“治理”这个概念便很快流行起来。以至于有学者认为，“治理”一词是“一个可以指涉任何事物或毫无意义的‘时髦词语’”。其原因在于，不同的行为主体都从自身的角度出发提出了关于“治理”的概念，这表明给治理下一个统一的定义是非常困难的。其中代表性的观点主要有以下几种。

（1）联合国的观点。联合国曾在1995年发表了一份题为《我们的全球伙伴关系》的研究报告，对治理做过界定，比较具有代表性和权威性。即治理是公共或私人机构管理共同事务的诸多方式的总和，它是一种持续的过程，在这一过程中，不同利益者和冲突者的矛盾得以调和并能够联合起来共同行动。它也是一种制度安排，既包括各种正式制度和规则，也包括各种非正式的制度（这种制度安排必须获得人们的同意或符合人们的利益）。

（2）格里·斯托克（Gerry Stoker）关于治理的五个维度的观点。即：①治理是一套社会公共机构和行为者，这些公共机构和行为者可以是政府机关，也可以不是政府机关；②在为社会和经济问题寻求解决方案时，治理具有界限和责任方面的模糊性；③各社会公共机构之间存在何种权力依赖关系需要治理给予明确；④治理意味着各个治理主体最终将形成一个自主的网络；⑤能否把事情办好并不取决于政府的权力及其权威，关键在于政府能否动用新的工具和技术，这种新的工具和技术就是治理。

（3）治理的六种用法。罗伯特·罗茨（R. Rhodes）认为：由于统治条件的变化，原先的统治过程也将发生相应改变，这就意味着治理是一种新的管理社会的方式、一种新的统治过程，一种新的政府管理模式。并且，他认为治理主要用于六个方面：①就国家层面而言，应削减公共开支，以最小的成本获取最大的效益；②对企业而言，它指的是一种组织体制，这种组织体制能有效指导、控制和监督企业的运行；③就政府管理而言，它是一种新的公共管理活动，就是要把市场机制和私人管理手段引入政府管理行为中；④治理的目标是善治，即强调公共服务的效率、法治、责任精神；⑤就社会治理而言，指政府与私人部门、民间组织的合作与互动；⑥作为一种自组织网络，即一种社会协调网络，这种网络建立在协调与自愿基础之上。

（4）罗西瑙（J. N. Rosenau）从治理与统治相区别的角度给治理做出界定。在其代表作《没有政府的治理》和《21 世纪的治理》中，罗西瑙指出，治理与统治有着很大区别，二者不是在同一语境下使用的概念。他认为，治理涉及社会的一切活动领域，是一系列管理机制，尽管没有得到官方授权，但不影响其发挥作用。统治却不同，统治是有国家强制力支持的活动。治理的主体未必是政府，其活动是受一种共同目标所支配，无须依靠国家的强制力量来保证目标的实现。同时，目标的设定也不依赖于国家正规的职责与机制，不必迫使别人无条件服从。这就揭示出，治理比统治的内涵更丰富，治理既包含正式机制，也包含非正式机制。

1.1.2 治理的内涵

通过前文分析可知，治理是对国家失灵和市场失灵的回应，反映国家与社会之间一定的权利关系。后来，治理适用的范围逐步扩大，作为一种工具逐渐被运用到企业、市场和社会网络中，并形成了企业治理理论、市场治理理论和社会治理理论。同理，治理理论运用到国家层面就会形成国家治理理论。国家在人类社会历史发展中大体有着三种不同的治理模式，经历了以下三个历史阶段。

（1）专制主义阶段。这一阶段的起止时间大体从国家出现到封建社会的解体。在这一阶段，公共权力资源完全由国家配置，公共权力的运行是自上而下的单向运行，在这种治理体制下，社会成员被静态地分为统治者和被统治者，二者之间的角色不能互换。统治者自上而下单向运用权力，而不需要被统治者的同意和参与。国家完全凌驾于社会之上，社会被湮没于国家之中。

（2）民主主义阶段。这一阶段的起止时间大体从封建社会解体到 20 世纪初。在这一阶段，欧洲大陆封建制度趋于瓦解，资产阶级革命从欧洲蔓延至全世界，为了获得统治权，资产阶级启蒙思想家提出了“天赋人权”“主权在民”“契约政府”的观点，这些观点促成了公民社会的兴起。至此，国家产生于社会而不是凌驾于社会之上的观点得以形成，人们有了自我管理的权利，有了不受国家约束的自主力量。但是资本主义国家的“私有”本质决定了资本为少数人所占有，而资本又是公共权利的主要来源，所以权力的配置和使用在相当长的时期内仍呈单极化状态，表现为自上而下的单向性特点。

（3）后民主主义阶段。这一阶段大体指从 20 世纪初始直到目前。在这一阶段，公民社会发育日益成熟，公民参与社会管理的热情日益高涨，这就造成公共权力资源的配置日益分化。国家不再是公共事务的唯一决定者，各种社会自治组织也积极参与公共事务的决策，公共权力的配置不再是单极化状态，其运用也不再仅仅是自上而下的单向运行，而是自上而下和自下而上的双向运行。至此，我们可以对国家治理做出描述：国家治理就是作为政治统治机器的国家，运用政权的力量来配置和运作公共权力，通过对社会事务的有效管理，进而构建国家与社会关系的理想状态，以促进公共利益的最大化。具体而言，它包括以下几层含义：①国家治理的主体是政府，其他非政府组织是国家治理主体的有益补充，通过与政府的互动来影响国家权利的有效运行；②国家治理的客体是国家权利的配置和使用，对社会公共事务的控制和管理，对政府组织和非政府组织自身的管理；③国家治理的方式是政府与公民的互动，通过公民参与来影响政府的决策过程和政策实施效果；④国家治理的目的就是国家安全得以维护，国家利益得以捍卫，社会安定团结，人民安居乐业。总之，作为国家治理主体的政府，在不同社会形态下，政府的功能、定位和组织形式有所不同，政府对公共权力的控制程度也会不断变化，因而对于由国家出发的治理，其关键就是政府治理。甚至在某种程度上可以说国家治理等同于政府治理。正如格里·斯托克指出的，“治理是出自于政府的”。

1.1.3 治理的结构及决定性因素

1. 合理的治理结构

合理的治理结构能够促进公共部门目标的实现和经济社会的发展。合理有效的治理结构的特征包括：①稳定。治理结构必须能够给公民提供一个可预见的相对稳定的状态。②协调。由于公共部门不同目标之间可能会出现冲突，因而需要一种协调的治理结构。③可行。治理结构必须与国家各级地方公共部门以及社会第三部门的状况相适应，真正切实可行。

世界银行和联合国开发署提出的治理要件有8条：合法性、透明性、责任性、法治、回应、有效、参与、公正。俞可平（2016）强调的主要是前6条，指出合理的治理结构即善治的基本要素有以下6个。

（1）合法性（legitimacy）。它指的是社会秩序和权威被自觉认可和服从的性质和状态。它与法律规范没有直接的关系，从法律角度看是合法的东西，并不必然具有合法性。只有那些被一定范围内的人们内心所承认的权威和秩序，才具有政治学中所说的合法性。合法性越大，善治的程度便越高。取得和增大合法性的主要途径是尽可能增加公民的共识和政治认同感。所以，善治要求有关的管理机构和管理者最大限度地协调公民之间以及公民与政府之间的利益矛盾，以便使公共管理活动最大限度地取得公民的同意和认可。

（2）透明性（transparency）。它指的是政治信息的公开性。每一个公民都有权获得与自己的利益相关的政府政策的信息，包括立法活动、政策制定、法律条款、政策实施、行政预算、公共开支以及其他有关的信息。透明性要求上述这些政治信息能够及时通过各种传媒为公民所知，以便公民能够有效地参与公共决策过程，并且对公共管理过程实施有效的监督。透明程度越高，善治的程度也就越高。

（3）责任性（accountability）。它指的是人们应当对自己的行为负责。在公共管理中，它特别地指与某一特定职位或机构相连的职责及相应的义务。责任性意味着管理人员及管理机构由于其承担的职务而必须履行一定的职能和义务。没有履行或不适当地履行他或它应当履行的职能和义务，就是失职，或者说缺乏责任心。公众，尤其是公职人员和管理机构的责任性越大，表明善治的程度越高。在这方面，善治要求运用法律和道义的双重手段，增大个人及机构的责任性。

（4）法治（rule of law）。法治的基本意义是，法律是公共政治管理的最高准则，任何政府官员和公民都必须依法行事，在法律面前人人平等。法治的直接目标是规范公民的行为，管理社会事务，维持正常的社会生活秩序，但其最终目标在于保护公民的自由、平等及其他基本政治权利。从这个意义上说，法治和人治相对立，它规范公民的行为，但更制约政府的行为。法治是善治的基本要求，没有健全的法制，没有对法律的充分尊重，没有建立在法律之上的社会秩序，就没有善治。

（5）回应（responsiveness）。这一点与责任性密切相关，从某种意义上说是责任性的延伸。它的基本意义是，公共管理人员和管理机构必须对公民的要求做出及时的和负责的反应，不得无故拖延或没有下文。在必要时还应当定期、主动地向公民征询意见、解释政策和回答问题。回应性越大，善治的程度也就越高。

（6）有效（effectiveness）。这主要指管理的效率。它有两方面的基本意义：一是管理机构设置合理，管理程序科学，管理活动灵活；二是最大限度降低管理成本。善治概念与无效的或低效的管理活动格格不入。善治程度越高，管理的有效性也就越高。

2. 影响治理结构合理性的决定性因素

（1）公共部门的治理能力。治理能力是政府内部效率与外部效能的统称。不同国家、不同地区的政府在经济社会治理及自我治理上显示出能力上的巨大差异。每种治理途径对于治理能力以及各个分量的要求不同。在保证目标实现的过程中，只有使用适合其能力水平的治理模式，才能得到一个合理有效的治理结果。

（2）经济发展水平。经济发达国家与欠发达国家在对公共事务的需求方面有着数量和结构上的不同，若要达到均衡状态，作为供给方的公共部门需对不同的公共事务进行结构差别性供给。正如B. 盖伊·彼得斯所说，对于发展中国家，在追求政府部门最大经济效益的同时，必须重视建立一个可被预测的、属于全民的、正直的韦伯式政府。

（3）制度环境。包括正式制度环境（现存的政治、行政制度等）和非正式制度环境（社会的文化、习俗和人们的理念等）。比如君主立宪制的国家与议会制国家之间，治理结构会有所不同。另外，对于“官本位”思想严重的国家与崇尚评估政府的国家，其治理结构也不可能一样。

（4）私人部门的发展水平。私人部门的规模和资源配置能力也影响着公共部门的治理结构，这一点与新公共管理中的契约化途径相关，若私人部门提供产品的能力高，公共部门可以通过契约的方式与其进行不同形式的合作。以上因素在静态上决定着一个公共部门的治理结构，如果将上述因素动态化，治理结构也会随之变化。

1.2 能源与环境治理概况

1.2.1 能源治理及有关组织

能源治理的概念是与治理、全球治理分不开的。对于全球能源治理发展的探究，首先要从治理和全球治理说起。本杰明·索尔库将这三个概念进行了阐释，他认为：治理指的是解决个人与市场无法解决的集体问题；全球治理的目标是处理全球多边事务以及全球范围的行动者协同合作的行动，它的定义包括规则的制定与执行，能源供应、利用过程中的集体行动问题；能源治理的过程涵盖议程设定、协商、实施、监督、评估的规则执行等方面，行动主体是能源领域的行动者，主要有政府及非政府部门、社会组织、私人企业、公民等。

全球能源治理的内涵可以概括为几方面，即能源治理架构、能源治理行动者、围绕能源治理开展制定的规则和会议。能源治理架构指的是由主要能源消费国、能源生产国和其他一些参与国家共同组成的全球能源对话格局。全球性或地区性能源机构，或者国际规则是构成能源治理架构的主要单位，基于自身国家利益或者同一利益联盟国家的能源需求在能源对话中进行力量博弈。

总体来说，能源机构和国际规则主要分为以下四类：一是国际能源组织，主要是国际能源署（International Energy Agency，IEA）、石油输出国组织（Organization of Petroleum Exporting Countries，OPEC）、国际能源论坛（International Energy Forum，IEF）等。此类机构具有固定成员和成熟制度，主要职能是处理能源领域的国际事务。IEA 是目前全球重要的国际能源组织之一，其主要成员国是欧美发达能源消费国。OPEC 成立于 1960 年，成员是 11 个石油输出国，创建目标在于降低或消除石油价格波动带来的负外部性，提高国际石油市场的稳定性，保障各成员国的石油收益，为石油消费国提供稳定充足的石油供给。IEF 是目前能源领域最大的世界性论坛，1991 年首次召开国际能源论坛会议，IEF 也是唯一能够囊括 IEA 成员国、OPEC 成员国、金砖五国等主要能源消费及输出大国的论坛，其代表性和全球性得到了充分展现。该论坛旨在创建能源生产国与消费国的国际对话平台，促进协商行动，推动全球能源治理问题的合理解决。二是国际能源规则，主要是《能源宪章条约》（Energy Charter Treaty，ECT）等。能源规则的主要功能在于协调多边能源供求问题，促进能源供求平衡的实现，规则的建立需要正式签约。《能源宪章条约》于 1998 年 4 月正式生效，现有 51 个成员国。三是国际非能源组织，包括 G8、G20、多边开发银行和出口信用机构等。这些组织的职能范围不只限于能源领域，广泛的职能使其获得更多的资源和支持。四是国际非能源规则，主要为世贸组织规则及双边投资条约。

全球能源格局现状如下：一方面，欧美代表的发达能源消费国利用 IEA 在能源格局中起主导作用。它们掌握全球主要能源的定价权并着手积极推动能源市场的发展，同时充分利用 G20、G8、世界贸易组织（World Trade Organization，WTO）、ECT、IEF、政府间气候变化专门委员会（Intergovernmental Panel on Climate Change，IPCC）等主导全球能源治理的未来走向。另一方面，主要石油生产国在 OPEC 平台上表达其政治诉求和利益伸张。此外，世界主要天然气生产国联合起来成立了天然气输出国论坛（Gas Exporting Countries Forum，GECF），力图在天然气供需上增强影响力。中国、印度等新兴能源大国虽处在能源生产国和传统发达消费国的边缘，但积极在能源领域的对话机制中发声，利用双边谈判的间接方式广泛参与能源协调。

全球能源治理主体是能源治理的重要组成部分，承担制定规则与议程安排的主要角色。索尔库提出了六种最为重要的全球能源治理主体。第一种是政府间组织（Intergovernmental Organizations，IGOs），它由多国政府共同建立并提供资助，设有专门的秘书处并与其他部门相协调，IEA 就是典型的政府间组织。第二种是首脑会议，它是搭建在正式 IGOs 与政府部门间的常规外交问题的解决程序。首脑会议通常没有特定章程、固定成员及秘书处，相比正式的政府组织，它的运行模式更加灵活。第三种是国际非政府组织（International Non-Governmental Organization，INGO），其范围不限于特定的国家或首脑会议。通常 INGO 设有董事会，它的运作资金来源于公私两种途径。第四种是多边金融机构（Multilateral Financial Institutions，MFIs），主要是国际开发银行，职能是为各国政府解决资金技术短缺问题并且提供能源项目贷款。第五种是区域性组织，主要活跃在特定区域的能源领域。第六种是混合实体，包括倡议性国际网络、半监管类私人组织、全球政策网络、公私伙伴关系、私人实体，涵盖了前述的五种治理主体。

在众多国际能源机构和协调机制中，IEA 和 OPEC 明显具有较强的执行力和影响力。原因在于这两个机构的成员国在价值取向上达成共识，在这一基础上，它们的共同行动增加了持久的动力和不变的方向。同时，发达成员国为这些机构提供充足的资金、技术、资源等保障，使之影响力和话语权得到了充分扩展。

其他的机构或机制如 G20、G8、ECT、IEF 等，考虑到共同价值观上的分歧问题，尽管与 IEA 和 OPEC 相比，它们在权威性和代表性方面都有优势，但在行动力和影响力方面还有很大差距。欧盟发起并主导的《联合国气候变化框架公约》（United Nations Framework Convention on Climate Change，UNFCCC）得到了大多数国家的支持。然而，发达国家与发展中国家在减排的责任分担方面存在较大矛盾，因此这项公约仍然停留在表面协议，无法具体操作。

1.2.2 我国生态环境治理的发展现状

近年来，我国加大了推进生态文明建设力度，生态治理实践也在有序推进。改革开放以来，我国用几十年的时间完成了发达国家几百年的工业化进程，经济快速发展的同时，增长方式粗放、资源环境代价过高的问题集中暴露，表现为资源约束趋紧、环境污染严重、生态系统退化，在生产方式上呈现出高投入、高消耗、高排放、不循环的特征。人们发现，单一、被动地治理环境污染难以解决愈演愈烈的生态破坏问题。正是在这样的背景下，2002 年，党的十六大报告提出："推动整个社会走上生产发展、生活富裕、生态良好的文明发展道路。"2007 年，党的十七大报告明确提出"建设生态文明"。2012 年，党的十八大报告将生态文明建设纳入中国特色社会主义"五位一体"总体布局，并提出把生态文明建设融入经济建设、政治建设、文化建设、社会建设的各方面和全过程。党的十八届三中、四中全会进一步将生态文明建设提升到制度层面，提出"建立系统完整的生态文明制度体系"，"用严格的法律制度保护生态环境"。在党的十八届五中全会上，习近平同志提出并系统论述了绿色发展理念。至此，经过党的十八大和十八届三中、四中、五中全会，我们党对生态文明建设做出了顶层设计和总体部署，明确要求：把生态文明建设融入经济建设、政治建设、文化建设、社会建设的各方面和全过程，协同推进新型工业化、城镇化、信息化、农业现代化和绿色化，牢固树立"绿水青山就是金山银山"的理念，坚持把节约优先、保护优先、自然恢复作为基本方针，把绿色发展、循环发展、低碳发展作为基本途径，把深化改革和创新驱动作为基本动力，把培育生态文化作为重要支撑，把重点突破和整体推进作为工作方式，切实把生态文明建设工作抓紧抓好。

我国提出的生态文明建设，涉及价值理念、目标导向、生产和消费方式等方面，是全方位的发展转型，是对工业文明的超越，具有先进性。这背后是指导思想的与时俱进和发展理念的重大创新。作为发展中大国，实现什么样的发展、为谁发展、怎样发展，以什么样的发展理念来处理人与人、人与自然的关系，是重大的指导思想问题。生态文明建设和绿色发展理念的提出，集中反映了我们党对新形势下正确处理人与自然关系这一人类社会发展规律的新认识，体现了坚持以人为本和建设美丽中国的决心和信心。

在我国关于生态文明建设的思想与理念的指引下，生态治理工作和生态文明建设取得了巨大成效。

一是污染治理工作取得了积极进展。污染物排放总量持续大幅下降，环境效益明显。“十二五”时期降低化学需氧量（chemical oxygen demand，COD）、氨氮、二氧化硫、氮氧化物排放量的目标提前半年完成。酸雨面积已经恢复到 20 世纪 90 年代水平。主要江河水环境质量逐步好转，劣 V 类断面比例大幅减少，由 2001 年的 44%降到 2014 年的 9%，降幅达 80%。2014 年，全国五种重点重金属污染物（铅、汞、镉、铬和类金属砷）排放总量比 2007 年下降 1/5。重金属污染事件由 2010～2011 年的每年 10 余起下降到 2012～2014 年的平均每年 3 起。

二是制度和法治建设扎实推进。在制度建设方面，《生态文明体制改革总体方案》已做出顶层设计，明确构建由 8 项制度构成的产权清晰、多元参与、激励约束并重、系统完整的生态文明制度体系。建立健全生态环境保护责任追究制度、环境损害赔偿制度、自然资源资产产权制度，以经济杠杆进行环境治理和生态保护的制度体系基本确立。区域联防联控机制建立，京津冀、长三角、珠三角等重点区域建立了区域大气污染协作机制，水污染防治协作机制正在建立中。同时，排污权有偿使用和交易稳步铺开，绿色信贷信息共享机制逐步健全，环保费改税稳步推进，环境污染强制责任保险试点取得成效。《大气污染防治行动计划》（《大气十条》）和《水污染防治行动计划》（《水十条》）颁布实施。在法治建设方面，以新修订的《环境保护法》为标志，环境保护的立法和执法工作取得明显进展。

目前，我国环境与资源保护法律已自成体系，日趋规范，对污染防治、能源节约、生态保护和循环经济发展等发挥了积极作用。为加强与新《环境保护法》的衔接，正在加快推进水污染防治法、土壤污染防治法、核安全法的制定或修正进程，积极推动环境影响评价法、固体废物污染环境防治法、建设项目环境管理条例等法律法规的制定或修正工作。

三是我国的环境治理还为解决国际环境问题做出重要贡献。我国颁布实施了《中国消耗臭氧层物质逐步淘汰的国家方案》，制订了 25 个行业的淘汰行动计划，关闭了相关淘汰物质生产线 100 多条，在上千家企业开展了消耗臭氧层物质替代转换，累计淘汰消耗臭氧层物质 25 万 t，占发展中国家淘汰总量的一半以上，圆满完成了《蒙特利尔议定书》各阶段规定的履约任务。

四是随着环境监管执法趋严、趋实，环保守法的良性局面正在逐步形成，地方政府保护环境的责任意识、排污企业的守法意识、公众的监督意识都有了较大提升。

在综观世界各国生态治理实践的基础上，生态治理现代化的首要条件或标准是具有先进的生态治理理念。治理理念作为治理的观念形态，是制度价值取向的体现，在国家治理体系中起着引导治理体系建设、规范治理主体行为、凝聚治理共识、决定治理体系发展方向的重要作用。如果缺少现代化的生态治理理念引领，因为利益出发点的不同，政府、企业、社会组织和公众对于生态建设目标的看法很难统一，生态治理实践就不可能成功。现代化的生态治理理念应该正确把握人与人、人与自然的关系，完全摒弃工业文明范式下过度开发利用自然导致自然资源枯竭的做法，改变把经济发展同生态保护对立起来的观念，自觉遵循尊重自然、顺应自然和保护自然的方针，在尊重自然、顺应自然、保护自然的前提下实现人类社会与自然的和谐发展。同时，现代化的生态治理理念也是体现生态民主和生态公正的治理理念。

其次，治理主体具有较高的生态文明素养。生态治理主体是多元主体，包括政府、企业、社会组织和公众等，每一个主体都应该具有良好的生态文明素质，明确生态文明建设的目标和主要举措，明确自己在生态文明治理中应当扮演的角色和应尽的义务，都应该正确履行自己在生态治理中的职责，各司其职，并且践行现代生态治理理念的生产方式和生活方式，形成全社会共同建设生态文明的整体合力。由于生态治理产品在很大程度上属于公共品，所以政府应当在生态治理中发挥主导作用，成为促进达成社会共识、形成社会统一行动的中坚力量。政府在生态治理中作用的发挥情况，也是衡量政府公信力和治理水平的重要标尺。

再次，具有比较成熟、完备的生态文明和生态治理制度体系。有了好的治理理念，明确了治理主体之间的关系和地位后，要把治理理念落到实处，切实规范各治理主体的行为，还必须有成熟的治理机制，也就是关于生态文明建设和生态治理的一系列制度体系，包括生态文明建设体制机制，也包括基于生态文明的经济建设、政治建设、社会建设、文化建设和生态文明建设等各方面的体制机制。制度是否具有系统性、完整性和先进性，是生态治理现代化发展水平的重要体现。生态治理制度主要包括生态治理主体间的责任分工与平等协商机制、公权力运行的规范机制、促进经济与生态共赢的发展机制、有利于生态文明建设的社会包容机制、生态治理的成本控制机制、生态治理标准化机制、生态公正保障机制、生态文明宣传教育机制，以及自然资源资产产权制度、国土空间开发保护制度、空间规划体系、资源总量管理和全面节约制度、资源有偿使用和生态补偿制度、环境治理体系、环境治理和生态保护市场体系、生态文明绩效评价考核和责任追究制度等的生态制度体系。应当指出的是，在不同社会，由于经济基础不同，社会制度不同，历史传承、文化传统、经济社会发展水平等的差异，生态治理现代化的路径会有差别，突出表现在生态治理主体之间的关系和职责分工、生态治理体制机制的具体设计方面。各个国家都应该从实际出发，探索适合本国国情的生态治理现代化之路。正如习近平同志指出的："一个国家选择什么样的国家制度和国家治理体系，是由这个国家的历史文化、社会性质、经济发展水平决定的。"这一观点同样适用于生态治理路径的探索和选择。

进入 21 世纪，中国对联合国实现"千年发展目标"做出了突出贡献，在低碳发展、减缓气候变化等方面取得了突出成绩，中国的生态文明建设得到了国际社会的高度认可，为世界工业文明向生态文明发展转型探索了方向和路径。中国的生态文明建设可望对工业文明转型与实现可持续发展的世界发展难题进行科学解答。

第 2 章　中国传统治理思想

2.1　资源利用治理理论基础

资源利用治理的中国哲学基础是四维框架体系之上的九宫八卦中的四维治理理论。

2.1.1　四维治理

国家治理是一个四维架构的政府行为，如图 2-1 所示。《管子·牧民》曰：“国有四维。”四维是按九宫八卦建构的，是有形与无形的统一。有形是指国民经济构成与国家管理体系的结合形式，无形指的是国家和全民的意识形态，即礼、义、廉、耻（管子，2015）。

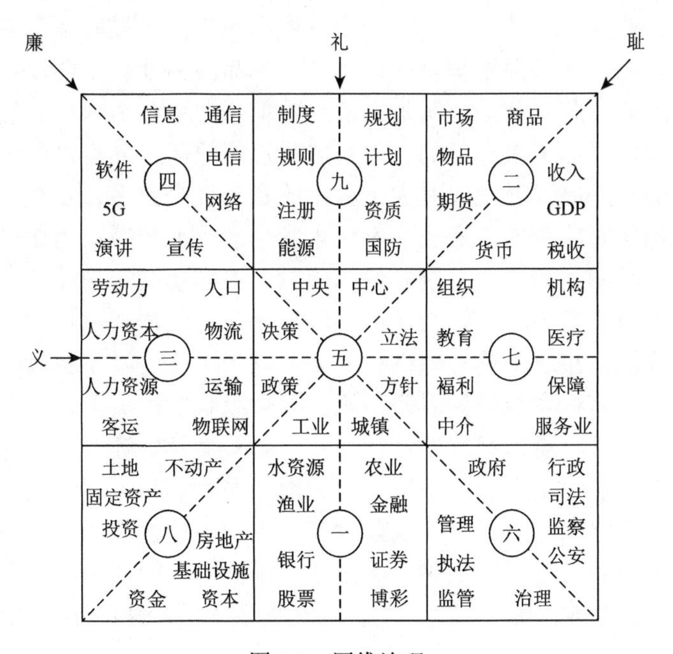

图 2-1　四维治理

《周礼》（佚名，2014）将国民经济与职业分为九种：“一曰三农，生九谷；二曰园圃，毓草木；三曰虞衡，作山泽之材；四曰薮牧，养蕃鸟兽；五曰百工，饬化八材；六曰商贾，阜通货贿；七曰嫔妇，化治丝枲；八曰臣妾，聚敛疏材；九曰闲民，无常职，转移执事。”经过三千多年的发展，国民经济构成越来越复杂，但基本架构没有发生本质性改变。

现代国民经济及治理仍分为九种：一为水资源、农业、渔业、金融、银行、证券、股票、博彩；二为市场、商品、物品、收入、期货、GDP、货币、税收；三为劳动力、人口、人力资本、人力资源、物流、运输、客运、物联网；四为信息、通信、软件、电信、5G、网络、演讲、宣传；五为中央、中心、决策、立法、政策、方针、工业、城镇；六为政府、行政、管理、执法、司法、监管、治理、监察、公安；七为组织、机构、教育、医疗、福利、保障、中介、服务业；八为土地、不动产、固定资产、房地产、基础设施、资本、投资、资金；九为制度、规则、规划、计划、资质、注册、能源、国防。

四维匀称、轻重平衡，伸缩同步、张弛有度。如果某一维加重或变轻，其他三维也随着加重或变轻。若某一维增长或缩短，其他三维也必须跟着增长或缩短。四维全面均衡，缺一不可。“一维绝则倾，二维绝则危，三维绝则覆，四维绝则灭”（管子，2015）。

农业是国民经济的基础，无它则人类不能生存，为此，我国古代都十分重视农业，视农业为本。随着社会生产力发展，农产品种类和数量逐渐增加。保障人们基本生存的食物问题解决后，对非农产品的需要会不断增加，社会也会生产大量手工业品和工业品以满足人们日益增长的生活需求。人们的农产品收入需求弹性较低，而非农产品的收入需求弹性却很高，其变动趋势是：社会生产愈发展，非农产品发展空间愈大，占用的资源愈来愈多，资金和劳动力等资源源源不断地从农业流向工商业，农业本身也因土地与劳动力比例增加而提高了效率。春秋时期，齐国在发展农业的同时，非常重视工商业的发展，因此，齐国在各诸侯国竞争中率先称霸。但到汉以后，历朝历代总认为工商业发展挤占了农业的资源，重农抑商思想盛行，采取限制工商业甚至执行打击工商业的政策，结果是工商业发展受到阻碍而不能有效吸收农民就业，农业失去土地规模效应而发展缓慢。更为严重的是，农业土地买卖及快速兼并，大批农民因失去土地而抛向社会，工商业又不发达，无地农民就成为无业游民，为社会动荡埋下了隐患。不定期的农民土地战争时有发生，周期性农民土地战争，形成改朝换代式的社会经济低水平陷阱。明中期，王阳明提出四民异业而同道理论，认为在“道”的面前，士、农、工、商完全处于平等地位，不存在地位的高低、职业的优劣。

各产业地位平等，但并不等于各产业配置资源相等。各产业配置资源多少要符合整体系统本质的要求。整体系统本质是其中央“道”的体现。王弼曰：“谷种，

谷中央无谷也。无形无影，无逆无违，处卑不动，守静不衰，谷以之成而不见其形，此至物也。”（王弼，2011）

管子曰：道“不见其形，不闻其声，而序其成”，“以轻重御天下之道也，谓之数应”（管子，2015）。也就是说，道虽然无形，但我们可以测试其变动的先后次序，量其秩序的轻重配置对应的资源，如果其秩序重，配置较多的资源，如果秩序轻则配置较少的资源。此为产业结构功能匹配准则。

鬼谷子曰：“治名入产业，曰揵而内合。”陶弘景注：“理君臣之名，使上下有序；入贡赋之业，使远近无差。上下有序则职分明，远近无差则徭役简，如此则为国之基日固。”（鬼谷子，2012）产业内合，即产业资源利用秩序下的结构功能匹配。

各产业功能与中央要求相匹配。在形式上，各产业分散于九个“宫”之中，中央的“五宫”支配周围八宫，类似于人的身体各部分都受大脑的支配一样。王阳明指出，人之行于大脑的动意，称为“未发之中”，怎么行或行到什么程度，都要根据行动目标与身体各部分功能，以实现一种匹配均衡，称为“已发之和”。“未发之中”与“已发之和”同时进行，一体合成。

易学归藏法能将产业资源利用功能匹配量化，而归藏法所用符号为八卦，八卦是一种模块化随机变动状态的表述（陈凯，2015），与现代经济函数变量对接，需要一系列的转换，目前许多细节仍处在初步探索之中。所幸的是易学归藏法的匹配准则可供现代化经济学借鉴，其基本内容为：强与强匹配更强；弱与弱匹配变强；强与弱匹配变弱。强弱与重轻相对应，强者重也，弱者轻也。世界万物皆以轻重量之，相关事物不管是有形的，还是无形的，只要时空合适，都可以据此准则成功匹配。

2.1.2　改革创新

资源利用治理是将所治理的要素在一定条件下按一定规则从无序状态涨落凝聚成具有一定结构功能的形态演化过程，其本质是一种秩序的进化。我们称之为“改革创新”的过程，董仲舒称之为“更化”。《汉书》记有：“为政而不行，甚者必变而更化之，乃可理也。当更张而不更张，虽有良工不能善调也；当更化而不更化，虽有大贤不能善治也。故汉得天下以来，常欲善治而至今不可善治者，失之于当更化而不更化也。”（班固，2016）改革创新是推动社会经济不断进步的一种力量，是善治的基础，其本质是社会经济发展秩序的进化。改革创新（更化）引领善治流程如图 2-2 所示。图中文字无特定的物理学含义，仅是一种哲学关系的符号。改革创新引领善治具有以下五方面的特征。

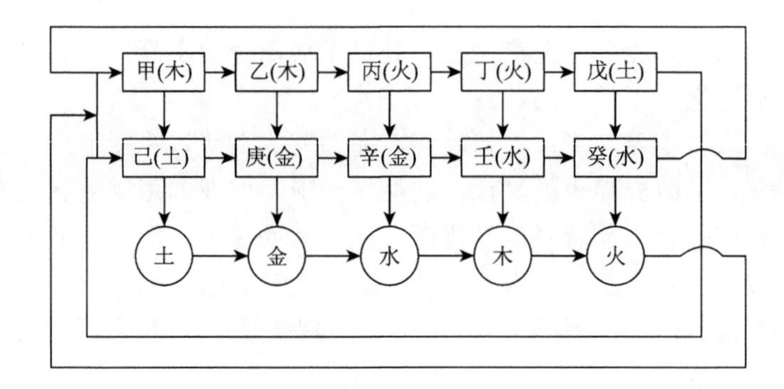

图 2-2　改革创新（更化）引领善治流程图

1. 创新是社会经济发展的动力

世间万物运行遵循阴阳五行法则。假设一个系统有 10 种元素，分别为甲、乙、丙、丁、戊、己、庚、辛、壬、癸。不同的元素、结构和系统可分为“木”“火”“土”“金”“水”五类。每类都有阴有阳，要素间相互激励，不断进行着生化、合化和创新，通过五行转换，推动社会经济持续向前发展。

2. 创新是全要素的

创新是全要素参与的五行演化。以甲、乙、丙、丁、戊、己、庚、辛、壬、癸十天干表示参与创新者的全部。如果缺少任何一种要素，创新流程必然会出现缺口，致使五行演进回路不能闭合，阻止创新持续进行。创新要激发成千上万中小企业和个体经济主体的创新活力。

3. 创新是连贯的

创新沿着两条路径进行：一条是传承路线，即甲乙—丙丁—戊己—庚辛—壬癸，再由壬癸回转到甲乙，循环往复，运行不止；另一条路线是矛盾化解路线，东方“甲乙”木受西方“庚辛”金所克，东方“甲”木将“妹妹”“乙”木“嫁”于西方“庚”金，结为“夫妻”的“庚与乙”合化为“金”，敌我矛盾顿时化为家庭内部矛盾，进入平和的五行相生循环路线。类似“庚与乙”合化为“金”的，还有“甲与己”合化为“土”、“丙与辛”合化为“水”、“壬与丁”合化为“木”、“戊与癸”合化为“火”。创新要化解各种矛盾和困难，维护产业链的畅通无阻。

4. 创新趋势是正向运行的

两条创新路线都是沿着五行进化的方向发展的。横向由甲（木）到癸（水），纵向由甲己（土）到戊癸（火），分别以土生金、金生水、水生木、木生火、火生土序列合化。创新不能逆行。老子曰：“执大象，天下往。”即世界万物，运行方向都是往前发展的。社会经济永远前进，不可能后退。创新要由数量扩张的高速增长向高质量发展转化运行。

5. 创新驱动力是矢量合成的整合

创新驱动中的要素不仅有阴阳之分，而且变动具有方向性，创新的变量是矢量，其数值大小是在五行运行轴上的投影，两条五行运行轴是高度耦合的。创新要汇集产业升级、消费升级、城乡结构升级、贸易开发转型升级、数字经济升级、绿色转型升级、人力资本升级等高质量提升力，合成整体创新力。

2.1.3　治理——一个培育有机体的发育成长过程

治理是一个培育有机体的发育成长过程，经历完整的 12 个阶段，即长生、沐浴、冠带、临官、帝旺、衰、病、死、墓（库）、绝、胎、养，再到长生，如此周而复始，进化不止。有机体发育成长过程见图 2-3。

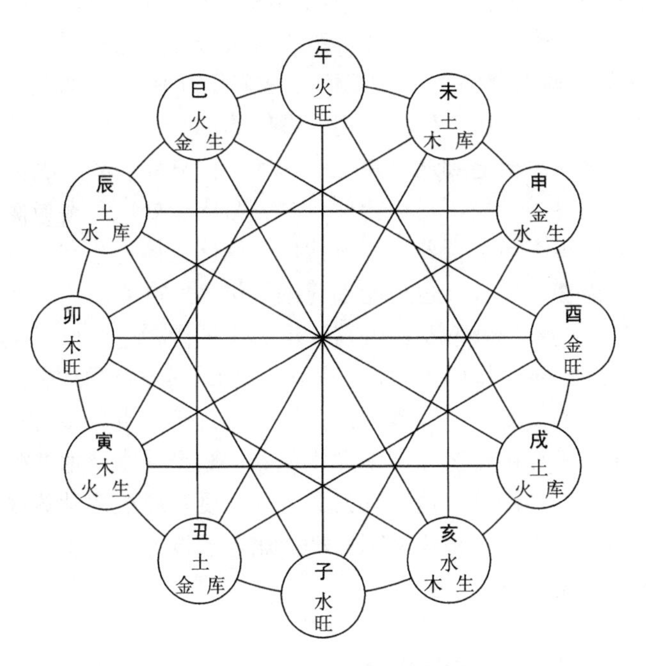

图 2-3　培育有机体发育成长过程

从图 2-3 中可以看出，有机体发育成长过程是一个全要素参与的能量聚焦、扩散、存储的不断涨落、转换形态的相生、相冲、相化过程。从子到亥顺时针周而复始，永不休止。

制度规则，属火。以火为例：火在“寅”长生，在“卯”沐浴，在“辰”冠带，在“巳”临官，在“午”帝旺，在“未”衰，在“申”病，在“酉”死，在“戌”墓（库)，在“亥”绝，在“子”胎，在“丑”养，循环一周回到“寅”再长生。火在最强盛时受到对立面水的对等冲击，能量减少，但在“寅”和“戌”得到补充、积蓄而强化。火在正面受到消耗，又在侧翼受到资助。火不但可以联合同一生命周期中的质变点“寅”和“戌”的资源壮大自己；同时，火也可以利用水与“辰”和“申”而合化，以“贪合忘冲”之原理，分散转移水对火的冲击力。当然，“午”火也受到“丑害”“卯破”“刑伤”的影响，但“午”火可与“未”合化，并会同“巳”而将不利因素化解。

政府行政，属金。以金为例：金在“巳”长生，在“午”沐浴，在“未”冠带，在“申”临官，在“酉”帝旺，在“戌”衰，在“亥”病，在“子”死，在“丑”墓（库)，在“寅”绝，在“卯”胎，在“辰”养，循环一周回到“巳”再长生。金在最强盛时受到对立面卯的对等冲击，能量减少，但在“丑”和“巳”得到补充、积蓄而强化。金在正面受到消耗，又在侧翼受到资助。金不但可以联合同一生命周期中的质变点“丑”和“巳”的资源壮大自己；同时，金也可以利用“卯”木与“亥”和“未”而合化，以“贪合忘冲”之原理，分散转移木对金的冲击力。当然，“酉”金也受到“戌害”“子破”“刑伤”的影响，但“酉”金可与“辰”合化，并会同“申”而将不利因素化解。

可见，创新发展总会遇到这样那样的困难，但只要其因时因地制宜，善于利用各种资源，化解各种矛盾，一定能使自身生命成长处在动态平衡的安全健康状态之中。创新要提供充足的营养让各产业亿万创新主体每个发展阶段发育成熟，延长旺盛期，不能拔苗助长，也不能超前进入将来发展阶段。譬如，社会经济中心的工业，其初始的手工业，虽在五宫，但占用资源极少，像初生枝芽内部，质地空虚。随着经济发展，人们收入水平提高，受工业品需求弹性持续增高的作用，不断吸收其他产业的资源而逐渐强大，置地充实，国家也会跟着强大起来。如果哪天制造业停止增长，中宫工业出现虚化现象，整个国家必然开始衰退，美国、日本、英国、法国、德国等发达国家为此例证。受发展经济学的误导，一些发展中国家（如巴西）认为产业结构中第三产业比重超过工业比重是规律，提前去工业化，结果国家未盛先衰。

2.1.4 善治——治理的基本要求

善治是维护社会经济持续不断地向前发展，调动所有的要素，化解所有的矛盾，通过全面整合，实现公共利益不断提升的社会经济全面均衡。为此应该营造适合善治环境、条件和保障措施。

1. 激励创新

创新是由某种激励所致，而激励又是由满足一定需求而引发。利用供需平衡计算需求与供给的差距可得激励程度之大小。从激励到创新的中间环节所包含的各种关系和决定影响着创新，现代经济学委托代理理论方法较好地阐述了激励创新机制。但不是委托代理的家庭血缘关系、公有制集体关系、合作关系等众多的激励创新机制需要深入研究。应该建立多维多均衡模型，测度各种关系支配下的激励创新机制。

溢出效应包含着激励，也是创新的源泉。应建立空间溢出激励创新模型，量化各种溢出激励创新行为。

交易成本的降低意味着相对收益的增加，具有激励创新效应。基础设施、互联网和电子信息技术建设能有效地缩小经济距离，从而大幅度降低交易费用，提高经济效益，强化激励创新。应建立信息化激励创新模型，测度信息化激励创新行为。

2. 全要素

善治是全要素参与的系统结构有秩序化运动，排除某一种要素，或固定某一要素静止不动，整个系统结构将被锁定，治理就会被终止。因此，应建立全要素函数模型，模拟其要素间的变量关系。

3. 治理链

治理链是治理参与主体按系统创新目标要求形成的秩序链状结构，体现各个治理主体在整个治理过程中的衔接、合作和价值传递及利益输送关系。应建立创新链模型，贯通并量化治理主体之间的相位和结构功能关系。

4. 治理发展趋势

治理发展趋势主要为学科融合、多技术集成、网络创新组织全球化、发明创造持续深化、治理链条纵横贯通、有形与无形合一、法制与德治结合，等等。治理发展趋势决定了资源的流向及其流动机理。应建立模型模拟资源流动机制。

5. 整合

整合是根据系统一致性变动原理，通过维度耦合、结构调整和要素融合，实现其价值提升的一种并行治理方式。应建立模型量化整合创新机制。

6. 治理本质

生产力本质是由稀缺要素决定的，治理本质是一个稀缺珍惜要素逐渐被充足通用要素替代的交易费用不断降低的过程。应建立模型模拟稀缺要素被替代的过程。

7. 善治实现

善治能否实现，很大程度上取决于治理决策与执行者能否得道，即治理者能否清楚社会经济发展运行规律，并以其规律设置一套行之有效的治理机制。在某种意义上说，治理就是建立社会经济持续稳定健康运行秩序。机制与秩序都是规律的体现。机制与秩序都是行为者默认并共同遵守的一系列原则、规范、规则和程序。机制与秩序是规律的两个面。机制内向，是阴面；而秩序外向，是阳面。规律、机制和秩序是一体的，可以通过秩序的量化去测度机制，从而把握规律。

2.2　社会经济发展运行规律

规律与机制研究自古以来都是学术界关注的主题。古代规律称为“道”，机制谓之“德”。老子的《道德经》为规律与机制研究的完美之作。

“言道以无形无名始成万物”（王弼，2011）。规律是无形的，它给出了世界所有事物产生、形成和发展的机理。虽然规律很难用语言文字加以描述，但人们可以用某种手段将其“复制”出来。复制“道”的过程称为“建德”，即建立机制。

老子曰：“建德若偷。”王弼注：“偷，匹也。建德者，因物自然，不在不施，故若偷匹。”（王弼，2011）道为阳，德为阴。阴受阳影。建德就是接受道的投影，即建德犹如复制道痕。道虽无方，但可聽（听）之，“聽”为“德”之假。有道是，“道隐无名。夫唯道，善贷且成”。

2.2.1　生产力性质决定规律

马克思主义认为，在社会经济关系中，生产力决定生产关系，生产关系总和构成的经济基础决定上层建筑。那么，生产力又是由什么决定的呢？生产力是生产要素的组合。生产要素都具有不同程度的稀缺性。在不同稀缺程度的要素中，必有一种要素是最稀缺的，它决定了生产多少以及如何生产，生产力的性质最终由最稀缺的生产要素所决定。在物质生活资料稀缺的世界中，物质生活资料生产起着决定性的作用。谁拥有最稀缺要素的权力，谁就可以取得社会经济生活中的控制权，从而获得政治上的统治权。最稀缺要素的所有者就是这个历史阶段中社会的统治者。围绕最稀缺要素所形成的生产关系，体现了社会经济性状的本质。

生产能力本质由最稀缺要素的性质所决定，最早揭示这一规律的是中国的易学八卦。八卦是由三种要素组成的模块，模块的性质由较稀缺爻的性质所决定，如元素爻“⚊”为阳、“⚋”为阴，那么系统模块☶、☱、☵、☲、☳、☴的性质分别为：阳、阴、阳、阴、阳、阴。此组取象为卦，分别是：艮、兑、坎、离、震、巽。

经济形态是经济性质状态，是经济结构实质的表现，是经济结构演进的结果。结构演进的动力是需求的变动，推力是技术进步，基本条件为资源流动，而其实现途径则为要素替代。结构是要素的组合。结构演进是要素配置优化。优化是要素替代过程。要素替代在生产过程中是以廉价的要素代替昂贵的要素，即以稀缺性低的要素代替稀缺性高的要素。在总的历史发展进程中都表现为各个历史阶段中最稀缺要素的更替。整个人类文明史的各个阶段因其最稀缺的生产要素不同，而表现出不同的生产力及社会经济形态。综观人类各历史阶段的社会经济，无一不是以当时最稀缺要素的性质所决定。

1. 劳动的部分稀缺性

在旧石器时代的中晚期，随着人口的增加及物质生活资料的稀缺，人们开始栽培作物和驯养牲畜来补充采集和狩猎食物的不足，原始农业的出现标志着人类通过生产活动来满足物质生活需要的开始。原始农业生产中，土地和简陋的生产工具（石器）不稀缺，只有劳动表现为一定程度的稀缺。人类的生计，一方面仍依赖于自然，一方面依靠生产劳动。劳动的部分稀缺性为这个历史阶段的基本特点。

2. 劳动保护能力的稀缺性

当人类基本上能依靠自己的劳动来维持生计时，劳动成为稀缺的要素，但不是最稀缺的要素，此时最稀缺的要素是劳动与劳动成果保护的能力。因为战争掠夺是当时一种正常的经济行为，战利品不仅有生活物品，而且包括劳动力（奴隶）。劳动和劳动成果掠夺的能力是武装。而武装具有明显的规模效应和外部性。武装集团保护和掠夺效率远大于个体和弱小团体。武装集团头目早期可以是部落首领、酋长、领主，后来是国王以及分封下的诸侯。武装集团具有的控制力能够保护劳动和劳动成果不被掠夺。劳动和劳动成果保护能力这一稀缺要素的拥有者——国王或领主，成为该社会的统治者。这个历史阶段包括整个奴隶制社会。

随着国家封建制度的产生和发展，劳动保护能力逐渐集中到中央集权的国王手中。国王提供了保护农民及其农业的劳动生产等公共物品，作为回报，农民就需要向他们献贡、劳役或赋税。以劳动保护为宗旨的按人丁征收的税是土地税的7～9 倍。这说明了这一时期土地虽然稀缺，但不是最稀缺，而最稀缺要素仍为劳动及其成果保护能力。这一历史时期包括欧洲的中世纪以前非奴隶制的大部分社会，也包括中国西周前直至秦朝。李建德（2000）认为，这一时期应延伸至秦、汉，直至以后的唐、宋。

3. 土地的稀缺性

中国秦、汉至唐、宋是由劳动保护能力稀缺性社会向土地稀缺性社会过渡时期。随着农业生产技术进步和农产品增多，人口逐渐增加，劳动力相对增长速度加快。相对于劳动边际产出，土地的边际产出日益提高。这必将导致土地真正成为最稀缺的生产要素。与此相对应，土地可以自由买卖、农产品可自由交易和农民可自由迁移形成了封建私有制，相对明晰的产权激发了农民生产积极性，劳动投入增加刺激了人口增长，人均资源的下降提高了土地的稀缺性。尽管新王朝均田政策可一定程度降低土地稀缺性，但封建强权豪夺和超经济强制却加速了土地集中，又增加了土地的稀缺性。劳动剩余征集的标准逐步从人丁向田亩转变，意味着从劳动与劳动保护的稀缺性相结合向劳动与土地的稀缺性结合转化。唐初尚能实行均田，说明土地还不是十分稀缺。但唐朝所实行的人丁税与土地税并举的两税法是由劳动保护稀缺向土地稀缺的过渡。明朝的一条鞭法的新税制，实行了赋役合并，以田为纲，以银代役，摊丁人田的征税法，从一个方面说明了土地已成为最稀缺的生产要素。

土地为最稀缺要素的社会经济较劳动保护为最稀缺要素的社会经济表现出如下特征：

（1）人身依附性减弱。在劳动保护为稀缺要素的社会中，劳动者人身完全依附于统治者，而在土地为稀缺要素的社会中，劳动者不再依附于统治者，而是依赖于土地生产要素，劳动者生命权得到法律保护，主人或官户不能随意杀害奴仆和客户。

（2）合约关系建立并得以发展。在宋之后，在全部垦田中，国有土地占5%左右，自耕农的小土地占30%左右，而出租土地的地主的土地占60%～70%。土地与农民之间的关系最具代表性的是租佃关系。地主将自己的土地租给佃客耕种，土地的数量、地租的多少，统统记载在契约之上，为两方共同遵守。不同生产要素所有者的关系用契约的形式予以确定。地租以实物租为主，以分成租（对分制租为主）和定额租分配产品。在经济较发达的地方如以太湖流域为中心的两浙地区，货币定额地租占多数，而且佃客可以将自己租佃的土地佃种权通过买卖而转让，“田骨”与“田皮”、“田底权”与“田面权”划分得十分清楚。

（3）生产要素自由流动。土地自由买卖、农产品自由交易和劳动者自由迁移，既是经济较发达的标志，又是经济得以持续发展的条件。要素自由流动和身份弱化下的生产契约关系的发展，使中国成为当时世界上最富强的国家。

4. 资本的稀缺性

封建生产方式创造了更高的生产率，有可能供养更多的人口。而人口的增长形成了更大的物质生活资料的需求，并由此产生了对更高生产力的压力或要求。为提高生产率而分工专业化，有关的技术改进和发明创造受到重视，生产工艺和工具不断得到革新和改进。生产资料的重要性愈来愈突出，其稀缺性也愈加显露。

随着需求的增加，市场的发育，社会分工的细化，日益复杂的生产工具和日益复杂的生产方式被逐渐发明出来。这意味着在生产过程中所需要的生产资料日益增加。能够拥有先进生产技术和生产资料的人，在居民中的分布也就逐步下降。通俗地讲，这犹如简单工具人人具有，而复杂工具只有少数人才有的状况一样。换言之，生产资料的稀缺性日益增加。蒸汽机这一动力机的发明，彻底改变了人畜为动力的低下生产力的状态。一场工业革命全面开始，内燃机、发电机和电动机的相继出现，成百上千倍地提高了生产率，凝结在机械中的资本边际生产力远远大于劳动的边际生产力，资本无可争议地成了生产过程中最稀缺的生产要素。

随着工业革命的完成，生产也完成了向资本主义生产的过渡。资本要素的所有者是资本家。资本家通过生产过程获得了控制剩余的权力，而且实际上得到了其中的大部分。与在任何一种私有制生产方式中一样，资本家成为这种生产方式中在政治上的统治者。

5. 知识的稀缺性

与大机器生产方式相适应的资本主义经济形式，从自由竞争到垄断，资本始终是最稀缺要素。伴随科学技术的不断进步，生产过程中知识含量逐步增多，资本的边际报酬开始降低。随着信息时代的来临，知识作为一种生产要素的边际产出愈来愈高，逐渐成为最稀缺要素，社会也将进入知识为最稀缺要素的时代。知识成为一种独立的生产要素是与现代企业发展密切相关的。在企业组织出现以前，用来指导生产活动的是经验。经验不能等同于知识，知识是已经上升为理论认识的经验。

业主在企业经营管理中需要应用知识，而且是系统知识，如投资、信贷、会计、统计、交易、市场、产品营销等，但这些知识还不是一个独立的生产要素，它渗透在资本之中，人格化于资本家身上。知识是资本的一种存在形式。凡是拥有资本的人，一般都能受到良好教育而获得知识。凡是有知识的人，大都是有钱的并拥有一定资本的人。经营管理知识是资本家的必备条件。资本所有者在社会中的分布与经营管理才能在社会中的分布不会出现大的分离。具有一定专业知识的管理职员，与一般员工无本质区分，只是按要素契约行事的劳动者，其技术与管理方面的知识从属于劳动要素，尚未成为一种独立的要素。企业中技术与管理人员还没有形成一个社会的独立阶级。

在现代企业中，分工愈来愈细，专业化和自动化程度愈来愈高，管理层次愈来愈多，经营网络关系愈来愈复杂，对经营管理才能的要求也大大提高。这样的专门化知识并不是接受过一般的教育就能获得的，也不是拥有了投资知识就能拥有的。管理知识从资本运营知识中分化独立出来，并且与资本运营知识中仍然由资本所有者拥有的投资知识形成高度互补的关系。这时，除非企业家家族的成员本身受过职业经理人的训练，不然他们就很难在高阶层管理中发挥重要作用。由于家族式企业的利润通常总能保证其成员能有一笔很大的个人收入，因此这些家族也就缺乏经济刺激，懒得在经理职位晋升的阶梯上多花时间了。即使资本家的子弟个个奋发图强，精通业务，也很难充实到所有要控制的岗位。况且，现代企业为股份制公司，股东分散，企业所有者只能委托职业经理人来经营管理企业。形成企业所有权与经营权的分离。这本质上反映了管理知识作为一种新的独立要素在生产过程中的出现，其基础是资本分布与经营才能的分布的不一致，以及拥有投资知识的人与拥有管理知识的人的分布的不一致。知识作为独立生产要素的标志，是职业经理人成为社会的一个阶层并完全市场化以及知识产业化。

知识成为独立的生产要素拓展了教育的功能。教育由原来的政治功能转变为经济功能。企业职工在职培训成为企业制度的一种安排。主要为企业培养人才的普通高等学校的大学本科、硕士研究生（特别是工商管理硕士）和博士研究生教育得到普及性的发展。知识不仅以独立的要素分享企业剩余，而且知识生产的场所终于超越了非营利组织范围，不仅老的以知识为最终产品形态的企业，如律师事务所、会计师事务所等得到了更大的发展，而且一类新企业，如各种发展研究所、广告公司、咨询公司、产品设计事务所等纷纷涌现。它们主要依赖知识投入，其产出同样是知识。知识要素独立于机器大生产而获得了具有剩余性质的收益。与此相对应，在产业资产中技术入股、专利入股逐渐普遍。在这些场合，知识具有了资本的形态，而且成为全社会的需求与供给行为。一个以知识要素的重要性逐步替代资本要素重要性的新的历史时代开始了。

要素替代发生在历史各个发展阶段，从各时期稀缺要素的更替中，可以观察到社会经济形态的演进轨迹。

6. 历史各发展阶段更替过程中最稀缺要素的替代

每个历史阶段的社会经济结构所表现出的特性，最终是由当时最稀缺的生产要素所决定的。最稀缺要素量的多少和质的高低决定了生产力的大小和性质，最稀缺要素的所有权关系决定了社会经济制度，最稀缺要素的替代过程就是社会变迁和结构演进过程。

劳动保护能力稀缺要素替代劳动稀缺要素表明社会由原始的人与自然关系结构转化为奴隶制的人与自然和人与人两重关系结构，即由单边简单结构进化为双边复杂结构。

最稀缺要素知识对资本的替代、资本对土地的替代、土地对劳动保护能力的替代显示了奴隶社会到封建社会、封建社会到资本社会、资本社会到未来社会的演进过程。

奴隶制社会为二极结构，一极为劳动的提供者奴隶，另一极为劳动的保护者奴隶主。土地、劳动者和劳动场所固定，要素配置结构无弹性，经济行为军事化，生产效率低下，经济活动无活力。这种结构必然向具有多层次弹性和活力的封建结构演进。

封建私有制下的经济是多层次的。土地、农产品自由买卖以及劳动力自由迁移提高了资源配置效率，形成不同规模层次的农业经济实体。封建社会是二层的，下层由农民组成，上层由官僚、官商和士绅组成。上层社会通过地租、高利贷和各种超经济强制搜刮下层社会的劳动剩余以供其奢侈消费。封建经济的政治等级化结构抑制产业和商品经济发展，必然被资本主义的地位平等的市场经济结构所替代。

资本主义经济和现代经济已构成巨大复杂的系统结构。专业化和社会化程度愈来愈高，资本已渗透到每个经济环节。但资本的利润率都在下降，经济增长逐渐依靠科技进步，知识逐步成为一个独立要素发挥作用，横向经济联系强化，社会经济逐渐呈现出多元网络结构。

7. 各历史发展阶段内最稀缺要素的替代

每个历史阶段有各自不同的最稀缺要素，最稀缺要素决定了生产可能性曲线的位置。换言之，最稀缺要素决定了“蛋糕”的大小。为了将“蛋糕”做大，就必须增加最稀缺要素，或用丰富的要素替代稀缺要素，以各种措施降低最稀缺要素的稀缺性。

在劳动为最稀缺要素的社会里，为了增加劳动而增加人口，为了替代劳动力而驯养家畜，开垦荒地改进工具，广种薄收等，从而改变了劳动力与自然资源的配置结构。在劳动保护能力稀缺的社会里，暴力是这种稀缺要素的表现形式，发挥规模效应是其特征之一，降低内耗、集中全力对外是提高劳动保护能力的主要手段。由此，国家出现，奴隶逐步得到解放成为农民，而且可以自由迁移，土地和农产品自由买卖，资源配置结构得到一定程度的优化。

在土地为最稀缺要素的社会里，土地关系是社会经济关系的核心。垦荒扩大耕地面积是增加土地要素的主要方式。抑制土地集中是降低土地稀缺性的主要措施。官僚地主强取豪夺，兼并土地，往往使抑制土地集中的政策流于形式。土地兼并愈来愈强，失地农民愈来愈多。当无地农民积聚到一定程度时，农民战争爆发。农民战争实际上是土地战争，是土地稀缺性发展到极端的产物。农民战争的结果是改朝换代，土地得以一定程度上的均化，土地稀缺性降低。而后是下一个土地兼并—农民战争—土地均化的循环。土地稀缺引发可替代性要素劳动力的发展。为提高产量必须增加投入，而土地稀缺，只能增加劳动投入，对劳动力需求的增加刺激了人口的高增长。人口增长造成对土地需求的增加，从而加大了土地稀缺性。土地稀缺性引起劳动替代投入过量，造成劳动边际报酬递减，以至为零。农业劳动力价格走低，廉价的劳动力为工业化提供了条件，大量农业劳动力与土地分离而与资本结合，经济结构进化，国民经济转型。

在资本稀缺的社会里，资本积累机制是经济增长的轴心。为增加资本，出现了股份制的社会融资形式，并在此基础上形成了股份制公司，现代企业涌现。增加劳动投入，用劳动替代资本是降低资本稀缺性的措施之一。劳动力包含质和量两个方面：以劳动力量的增加来替代资本表现在劳动密集型经济中；以劳动力质的增加来替代资本表现在技术密集型经济中。

随着文化教育的普及与提高，科技进步，特别是信息技术的迅速发展，劳动者素质不断提高，凝结在劳动者素质中的知识成分比例也逐渐提高，劳动边际报酬也随之提高，当知识相对价格高于资本时，知识就成为最稀缺的要素。社会为增加知识要素而努力，并且以资本替代方式来降低知识的稀缺性，那将是一个知识普及的过程（陈凯，2009）。

2.2.2　创新推动社会经济发展规律

1. 创新理念

提起“创新”，一般都会引用西方人称作“创新理论之父”的约瑟夫·熊彼特的说法，认为创新是企业家为垄断利润而发起的“创造性破坏”（creative destruction），把一种未曾有过的生产要素和生产条件引进生产体系中去，以实现对生产要素或生产条件的“新组合”，表现为一种新的“生产函数”。

熊彼特的创新理论主要包含两部分内容：①最大限度地获取超额利润是创新不竭的动力，创新是经济利益驱动的结果。创新者能从创新中获得私人收益（private benefit），对个人而言私人收益是效用，对企业而言是利润，而政府支持创新是由于创新的外部性和创新带来的社会收益。②创新是新的技术取代旧的技术。由于这是一种破坏性的过程，对既得利益者造成威胁，创新体系也随着旧均衡的破坏、新均衡的产生而变迁。

"创新理论之父"无论从时间上说，还是以理论的系统性讲，真的轮不上熊彼特，应该是两千多年前中国的董仲舒。熊彼特的创新理论是物理功利性的，而董仲舒创新理论不仅赋有物理功利性，而且具有生物再生性。

董仲舒更化论的基础是阴阳五行。创新激励要素有阳必有阴，如果阳者是有形的物质利益，那么阴者则是无形的精神仁义。利与义兼容，两者任何一方都不可偏废。"天之生人也，使人生义与利。利以养其体，义以养其心。心不得义，不能乐；体不得利，不能安。义者，心之养也；利者，体之养也。体莫贵于心，故养莫重于义。"虽"民之皆趋利而不趋义"，但"义之养生人大于利"，故治理者要"重仁廉而轻财利，躬亲职此于上而万民听，生善于下矣。故曰：先王见教之可以化民也"（董仲舒，2012）。

董仲舒认为创新犹如春气之生草，是一个传承、再长、发育和成长过程。"天道积聚众精以为光，圣人积聚众善以为功。故日月之明，非一精之光也；圣人致太平，非一善之功也。明所从生，不可为源；善所从出，不可为端，量势立权，因事制义。故圣人之为天下兴利也，其犹春气之生草也，各因其生小大，而量其多少；其为天下除害也，若川渎之写于海也，各随其势倾侧而制于南北；故异孔而同归，殊施而钧德，其趣于兴利除害一也。是以兴利之要，在于致之，不在于多少；除害之要，在于去之，不在于南北"。"生育养长，成而更生，终而复始，其事所以利活民者无已。天虽不言，其欲赡足之意可见也。古之圣人见天意之厚于人也，故南面而君天下，必以兼利之"（董仲舒，2012）。

创新是新陈代谢的更化，即新要素、新结构和新系统对旧要素、旧结构和旧系统的替代。新，意味着稀缺，稀缺肯定价格高，价格高就昂贵。生产要素价格高，产品成本也高，利润就低。为了降低成本，人们在生产过程中，尽量用非稀缺的廉价要素替代稀缺的昂贵要素，进行要素功能转换及要素重新组合，这个过程称为技术进步及技术创新。可见，创新不是要素，而是要素的新组合。换言之，创新不是"东西"，而是"南北"，即创新不是有形的物品，而是无形的手段，它是替代机制作用下的要素不断改变其组合形态的演进过程。

社会经济发展是生产力性质改变的结果，即稀缺要素替代的过程，而稀缺要素替代又是一个创新过程，所以创新是推动社会经济发展的动力之一。创新驱动主要沿着技术、知识、组织、体系和社会五种路径进行。

2. 技术创新

技术创新始于技术与经济相结合。亚当·斯密（2010）在其《国富论》中就曾提出了分工可以提高劳动生产率的思想，分工的结果是带来生产的专业化，从而为创新打造基础。发明和技术变革增强了生产力，是创造国民财富的主要驱动力量。

马克思（2004）也认识到了劳动分工和技术进步之间的内在联系。他在《资本论》第一卷“资本的生产过程”第四篇“相对剩余价值的生产”中论证后得出：劳动的专业化分工是机器产生的前提。

技术被视为人类为达到特定的目的而设计的方式方法，这种方式方法主要包括与其有关的知识、过程和人工产品的部分要素（霍尔等，2017）。技术创新就是对前述方式方法的改进。

技术创新是将竞争能力转化成竞争优势的传导机制与循环运动。它更强调以需求和应用为导向，以企业为主体，通过管理和组织创新，挖掘潜力，培育新技术，生产新产品。在科研机构和政府部门协同参与，改善企业外部创新环境。

技术创新是企业获取有别于竞争者垄断优势的有效途径。从投入产出的视角看，企业内部的制度安排需要致力于激发研发人员的创新活力和能动性，并积极寻求与外部创新资源的对接与联合。围绕企业发展目标和技术创新活动的全过程，开展持续稳定的合作。因此，从这个意义上讲，技术创新是企业主动适应环境变化的理性选择，企业是技术创新活动的主要设计者和推进者。

技术创新的关键在于，技术创新能力的传导不同于一般的辐射与平流，而是需要有介质接触才能进行能量、动力与信息的传导。所以，将技术创新能力转化为竞争优势，所需要的传导机制是技术创新活动的投入产出的过程。也正是这一过程的循环运动，驱动经济社会不断向前发展（杨东方，2012）。

技术创新是一个全要素参与的创新链组合传导过程，创新链由基础科学-应用科学-实验技术-共性技术-应用技术-专有技术-商业应用连接而成。创新链的每一个环节都承载传递着创新驱动的能力与质量，成功的技术创新活动离不开各个环节之间的有机结合与结构功能匹配。企业与研究机构、高校科研力量的相互协调配合，将技术创新成果转化为生产力。参与技术创新活动的各个主体不仅要合作、促进、提高，还要协调、有序、均衡地发展。依照技术创新的研究开发链，贯通每一环节，高质量、高效率地运行，推动科学发现、基础研究，向原理样机、应用实验、应用开发研究转化，继而进入中试阶段或转化为生产性技术的应用转化研究，最终实现创新技术或新产品生产技术的产业化和商业化。技术创新大致可分为以下四个连续的实践环节（李凌，2018）。

第一环节：科学发现与基础研究。推进知识高效流动的“知识分配力”，是影响创新能力和创新绩效的重要因素。基础研究本质上是知识再生产、知识共生产的过程，知识流动的状况不但影响基础研究的能力和水平，也影响基础研究成果的高效应用（李正风等，2012）。基础科学研究（基础研究）是指认识自然现象、揭示自然规律，获取新知识、新原理、新方法的研究活动（金银哲，2011）。

第二环节：原理样机或应用实验、应用开发研究。原理样机是还没有应用功能的仅供使用的模型，试验样机虽然是有实际功能的机器，但尚需通过试验进行对应用技术的开发研究。原理样机或应用实验等应用开发研究是连接基础研究和应用转化研究的中间环节，这一中间环节如果不通，再好的创新知识和高新技术理论也难以走出“空中楼阁”，成为支撑产业升级和经济发展的新动力（李凌，2018）。

第三环节：中试或转化为生产性技术的应用转化研究。中试是中间性试验的简称，是科技成果向生产力转化的必要环节之一，中试的成败对于创新成果产业化的成败至关重要。有研究表明，科技成果经过中试的，产业化成功率可达80%；而未经过中试的，产业化成功率不足30%。因此，要实现科技成果转化与产业化，需要建立旨在进行中间性试验的专业试验基地，通过必要的资金、装备条件和技术支持，对科技成果进行成熟化处理和工业化考验的应用转化研究（曾莉，2010）。

第四环节：产业化和商品化。新技术产业化就是高新技术通过研究、开发、应用、扩散而不断形成产业的过程。它以高技术研究成果为起点，以市场为终点，经过技术开发、产品开发、生产能力开发和市场开发四个不同特征阶段，使知识形态的科研成果转化为物质财富，其最终目的是高新技术产品打入市场，获得高经济效益。高新技术产业化的各阶段相互联系、相互依存，构成了依次递进的线路，使高技术沿产业链不断向商业化应用端延伸和扩展。新技术商业化则是使新技术充分实现其价值的有效手段，一项创新技术只有实现了商业化，才能真正体现出它对企业和社会的价值，最终促进经济社会的快速发展（李凌，2018）。

3. 知识创新

知识创新是指在世界上首次发现、发明、创造、应用某种显著性变化的原理、结构、功能、性质、方法，或首次引入应用知识要素和知识载体的一种新组合（张风等，2005）。

知识创新的载体主要有人力资本。人力资本是通过教育和培训投资形成的无形的知识技能。20世纪50年代末60年代初，美国著名经济学家西奥多·舒尔茨（Theodore Schultz）和加里·贝克尔（Gary Becker）认为，美国社会经济发展的巨大变化及其内在动力是人力资本，它是推动美国社会经济变迁与革新的主导力量。这一理论把人力资本视作推动经济发展的源泉，把知识创造引入传统的增长理论，突破了传统经济学中物质资本积累、边际生产力递减无法支撑经济长期增长的局限性。而且在企业资本构成方面，物质资本与人力资本一起构成企业的生产力系统，其中居主导地位的是以知识、技术、信息和能力等为主要内容的人力资本，而不是土地、厂房、物质资料及资金等有形的物质资本。市场经济环境下，在企业的成长、竞争与发展过程中，人力资本的影响力已经逐渐超过了物质资本的影响力，成为企业发展的首要资本，是现代经济发展极其重要的内生变量和决定性要素之一（李凌，2018）。

人力资本在高技术产业的发展中主要通过内部效应和外部效应促进经济增长，而高技术产业本身就有着高智力、知识密集等特点，所以高技术产业中的人力资本具有创造性、异质性、高流动性、低替代性、难以监督性等特殊性（李凌，2018）。

（1）创造性。高技术产业中的人力资本是创造性的人力资本，他们可以不断地改变研发方式、管理方式等来不断改变生产效率，从而促进产业的持续发展。

（2）异质性。高技术产业中的人力资本在拥有知识、技术、能力以获得基本报酬的同时，更多的是通过技术创新、经营创新及决策管理创新来实现人力资本的边际报酬递增。这种异质性的人力资本在不断提高自身创新能力，更好地促进技术进一步转化为现实的生产力。

（3）高流动性。高技术产业中的人力资本素质相对较高，而高素质的人才资源就意味着人才流动的高可能性。

（4）低替代性。高技术产业中的人力资本在大部分情况下都是不可替代的，因为在高技术产业中的许多人才都有着特殊的才华，他们的特殊创意可能会造就一个新的产业。高技术产业中的人力资本具有很高的资产专用性，难以替代并且有着较高替代成本。

（5）难以监督性。高技术产业发展中，企业家和研发人员都面临着巨大的研发风险和经营风险，一旦失败，较难确定外部环境因素影响与内部人员主观失误造成损失的比重。此外，高技术产业中大部分是复杂的非程序性脑力劳动，所以对人力资本的效率难以准确计量，从而形成监督困难。

根据高技术产业中的人力资本的上述特征，采取相关政策措施，通过教育、研发和培训等多种渠道，提升人力资本存量，为高涨的知识创新活动及知识经济的兴起奠定扎实的基础。

知识创新主要采用外力推动、契约平台和生态演替三种推进模式（龚玉玲等，2010）。

（1）外力推动模式。外力包括知识创新市场需求和支撑条件。社会化生产和人民生活水平不断提高对知识的广泛需要是知识创新的直接动力。知识创新提高了生产力水平、提升了劳动效率、降低了劳动成本、减小了劳动强度，知识创新提高了人类的生活质量并扩展了人们的活动空间。供给和需求都是创新成功的重要决定因素，而市场需求和条件支持是创新成功的基础。

（2）契约平台模式。知识创新如以规范且稳定的方式操作，就形成一种契约平台模式。它是在科研计划管理机构相关条件支持的前提下，以国家、区域、系统、单位等课题或项目的形式予以约定，做出一种硬性创新规定；或是机构、企业、单位、个人等根据自身或约定用户发展的需要部署创新计划，这类科研计划都是以有关合同条款为架构，按照契约的内容进行知识创新，且创新内容、创新标准、创新效果、完成时间、消耗资金等在契约中都有约定，是一种强制性知识创新。

（3）生态演替模式。知识创新过程的长期性和不确定性，决定了知识创新不是一种由发明到扩散的简单线性模式，而是一种交互的学习过程，是不同主体和组织相互作用的产物。知识创新主体是一个由企业、科研机构、教育部门、中介服务机构、供应商和客户等组成的复合体，知识创新离不开其他知识主体的协作。知识创新活动是一种动态的、相互反馈的非线性过程，也是一种连续性的互动过程。一般知识创新的栖息地，是由大学、研究机构、风险投资机构、高新技术产业、高质量劳动力等多种要素共同构成某种复杂的、动态的、相互依存的演进关系的集群，遵循生态学的进化原则，适者生存、优胜劣汰。这是社会竞争的必然，也是生态演替的要求。

以上三种知识创新模式既是相对独立的，也是相互联系的。外力推动型知识创新模式是一切知识创新的前提和基础，如果没有市场需要和条件支持，一切知识创新就失去了存在价值。但该模式结构松散，效率低下，缺乏制度保障和竞争环境。契约平台型知识创新模式具有目标明确、规则规范、拥有一定的强制性等优势，但该模式在指令性计划和职业创新的主导下，有过度实行知识产权保护的嫌疑，缺乏更深入的竞争和活力，往往容易导致知识保护主义。生态演替型知识创新模式是以外力推动型和契约平台型知识创新为基础，按照生态系统的竞争法则运行，能者上、庸者下，既尊重社会知识需求需要，又具有一定的契约规范，还能够引入市场化机制，激发创新活力。在克服了前两种创新模式不足的同时，生态演替型知识创新模式使知识创新更优质高效，更具有生命力与可持续性。

4. 组织创新

组织创新是近代西方世界兴起的主要原因。诺斯等（2014）认为，“有效率的经济组织是经济增长的关键，一个有效率的经济组织在西欧的发展正是西方兴起的原因所在”，因为“有效率的组织需要在制度上做出安排和确立所有权以便造成一种刺激，将个人的经济努力变成私人收益率接近社会收益率的活动”，而且化解了风险，稳定了资本（包括人力资本）积累扩张过程。如 16～17 世纪，荷兰“商业组织中的新因素在于对公众利用有利的商业机会的方法所进行的创新，这一方法比早先德国和意大利的大而集中的家族公司所拥有的方法更加灵活变通。股份公司和代理商就是重要的好例子。例如在暂时性的组合中，入股的资金入伙使许多小商人可以提供资助远洋航行所必需的大量资金，并使所含的严重风险得到分担。付出一定佣金利用其他市场上的同行商人进行买卖，也使小商人得以参与本地市场以外的贸易。这些组织技术为小商人提供了参与重大冒险事业和横贯大陆贸易的手段。尽管大体上商人仍组织成家庭经济或小伙伴关系，但他们的方法已比较复杂了。他们不仅对交易的可能性消息灵通，而且善于利用它们。商人的人力资本在这一时期增长惊人。正规商业学校已成为一种公认的做法。复式簿记技术已被广泛传授，并成为标准的会计惯例”。

现实世界中任何复杂的生产过程一般都包括了资本、劳动力、土地、专业知识和其他投入的所有者之间的很多交易，而这些交易是存在费用的。如果所有生产都必须通过市场关系进行，那么，对某种物品的生产感兴趣的生产组织者，必须知道与他所进入的交易相关的无数价格，因此，他面临着收集和评价信息的大量费用；另外，他在为每个交易准备、协商以及缔结各种契约性安排时，还需要耗费巨额成本。理性生产组织者总是希望找到一种方式将这些交易费用最小化。而被称为非市场契约性安排的“企业”这种经济组织可以通过交易内在化消除或极大地减少交易费用，因为企业一个契约取代了市场一系列契约。“在企业这一契约中，要素为获取一定报酬（可以是固定的也可以是浮动的），同意在一定限度内服从企业家的指挥。这一契约的本质在于它只能限定企业家的权力范围。它只能在该范围内指挥其他的生产要素”（Coase，1937）。因此，企业成为产业中主要的经济组织。

企业是成本核算单位，随着企业规模不断扩大，管理成本也随着增加。当管理成本大于规模效应后，企业规模扩张停止。就企业规模而言，小有小的优势，大有大的难处。农民经济组织的农户，由于家庭血缘关系，其管理成本近乎等于零。仅凭这一点，农户就可以在现代企业激烈竞争漩涡中生存。由于农户限制规模效应的发挥，常常被现代经济发展规划列入优化淘汰的对象，一些经济发展管理者也习惯用管理企业的方法管理农户。但农户不是小型企业，因为：①农户劳动不计成本，也无工资成本与利润概念；再小的企业，劳动必须计入成本，并进行成本与利润核算。②农户说的是“生计”；企业讲的是“利润”。③农户成员关系是血缘亲情关系；企业劳资关系是雇主与雇员的雇佣关系（马克思称为剥削与被剥削的关系）。④农户几乎没有监督费用；企业必然有监督成本。⑤再小的企业也是法人，有工商营业执照，投资仅负有限责任；农户都是自然人，无工商营业执照，投资承担无限责任。⑥农户自己支配的生产要素与企业的生产要素具有本质的差别。企业的生产要素只发挥经济高效功能；农户的土地、劳动力和资金不仅具有经济高效功能，而且承担着家庭社会福利保障功能。在广大的农村地区，福利保障尚未实现社会化，农户的生产要素经济高效功能性很低，任何圈地连片集中规模开发，都会激化矛盾，导致无序的更低效率。农业经济组织创新及其规模经营的推进速度要与农村福利社会化进展速度相协调。

成本最小化和效率最大化是决定组织规模的潜在基础。如果大组织比小组织、合作组织比单个组织、联合组织比独立组织的总价值要高，那么组织规模就会扩大；反之，规模就会缩小。

5. 体系创新

技术、知识和组织创新的系统化延展，就形成了创新体系，其不断进化就形成了体系创新。体系创新是集成化的技术、知识和组织创新，它的推动和运行，需要科学发现、基础研究、应用实验开发中试、应用转化研究，直到首次商业化的相关机构组成一个协作系统，是由政府、企业、高校、科研机构、智库、教育培训、科技推广和中介之间相互作用形成的多层次隶属关系平台，规划、引领和调控一系列创新的高效运行。

创新体系是一个各创新主体构成的责、权、利空间分布格局，依据一套规划协调各利益主体的行为，配置各方的资源。创新主体建立需要与经济社会发展的阶段水平相一致，不同的经济发展阶段水平需要定位不同功能的创新主体与之相对应。创新是一个持续不断的上升过程，如果创新主体的功能与社会发展阶段不相一致，那么，创新体系就不能发挥很好的作用。

创新体系是耦合系统，其本质内涵是高效整合：①技术、知识和组织要与市场整合。技术创新成功的标志是技术发明的首次商业化，技术创新成果必须使其发明者获得商业上的成功，满足社会和市场的需求。②创新链的整合。技术创新强调研究要与项目设计部门、发展部门、生产制造部门与营销部门有效整合。③创新项目内外整合。随着科技不断向综合化方向发展，创新所需要的技术和知识越来越多，创新项目建立以知识为基础的联系网络成为信息化时代的显著特征，创新项目必须有效利用内部和外部资源。④发展共享经济匹配创新资源。许多创新产品具有公共品性质，其资源也多为公共资源。资源需要根据条块差异做到合理的结构功能匹配。

随着共享经济、服务经济和数字技术的高速发展，特别是互联网和信息技术的普及与应用，产业链在空间和时间维度上压缩，国际贸易和跨国投资借助互联网的力量消除了时空差异，互联网具备无限的虚拟容量，大幅度降低信息不对称，极大地降低了社会经济生活的交易成本，加之网络外部性作用，从而将传统的边际投入收益递减转化为收益递增，通过一系列的创新深刻影响生产、交换、分配和消费各个环节，使传统经济活动不可能做到的大量新的科教文化和商业实践成为可能，使体系创新急速向扁平化和平台化方向转变和发展。

扁平化主要表现为资源纵向流动渠道大量缩减，传统价值链分裂会产生新兴业态，如研发设计、采购、生产制造、销售、售后服务，以及与之耦合的政府科研项目审批、验收、人力资源的管理、财务审计管理、法律监管等，分离析出第三方设计和制造机构及代理公司、第三方物流企业、猎头公司、专业咨询公司、会计师事务所、法律事务所等。另外，数字技术和信息化打破传统产业边界固定化及其相互间的分立，使不同产业部门融合，生产交换产品与服务，引领资源在更大范围内合理配置，开拓出新市场及巨大利润空间，形成新兴业态。

网络平台是一种与现实耦合的虚拟空间，该空间可以引领或促成双方以及多家客户之间的交易。基于平台竞争机制形成的资源利用结构形态称为平台经济。平台提供者为供求双方提供信息空间、促成市场交易、降低交易费用、提升交易效率。平台经济促进产业融合，产业结构组团式优化。基于数字技术和互联网平台的大规模需求导向的集成交易，必将引领要素资源更大范围的高效配置，进而催生更多新产品和新服务。发挥供求双边市场效应，使消费者网络结构功能与生产者网络结构功能更加匹配，支持金融、财务、法律、物流、技术、人力等资源优化配置和合理流动，体现高质量发展的本质要求。

6. 社会创新

“技术-经济”与“社会-制度”是系统耦合的，技术经济决定快速发展必然引起社会制度的变革。技术、知识、组织和体系创新一定会产生社会创新。社会创新是资源的空间载体、空间配置和空间流动的创新，通过制度、组织和文化等路径实现。

土地既是重要的资源，也是资源的载体。有关土地的制度是社会制度的基础，是社会创新的始发者。中国土地制度的变迁过程说明了这一点。

周朝土地分封公有，经济效率低，但国家易控制。春秋时期，齐国管仲对之进行“均地分力”改革，即国有土地实行使用权平均分配的“联产承包责任制”，极大地调动了农民的生产积极性，加之国有民营市场经济的发展，齐国随之称霸。

管仲治理下的齐国称霸后，各国纷纷效仿，改革土地井田制，如“初税亩”“作丘赋”“尽地力之教”，等等。秦国商鞅（约公元前395年～公元前338年）则对井田制进行改革，开阡陌，吸引各国人来秦开荒种地，谁开垦的荒地属谁所有，而且可以交易，土地私有并市场化以及“六废六立”（废宗法，废井田，废封建，废礼乐，废世袭，废末利；立小户，立税赋，立郡县，立刑律，立军功，立本业）的配套改革彻底解放了秦国生产力，秦国率先崛起并统一全国，这种制度延续两千多年未有根本性的改变。

土地可以市场化，但买卖的应该是使用权，土地所有权当属国家，不能出卖。秦后土地完全私有市场化形成单一产权结构，政府失去控制它的把手，结果形成如下格局：①土地买卖引发土地兼并，土地落入官僚地主手中，大批农民失去土地，破产被抛向社会；②由于工商业不发达，失地农民难以就业，落草为寇，成为农民土地战争义军；③官僚地主收地租兼放高利贷，其利远远高于产业利润，产业实体发展无动力，土地小规模出租，小农经济成常态；④小农积蓄资金置买土地，并非扩大经营而是出租土地收取租金耗散于科举应考，以及家庭生活消费，土地规模效应失效；⑤工农业细小化导致产业资本积累扩大机制失灵，使中国资本主义一直处于萌芽状态，难于有质的突破。

现在我国执行土地公有制下的国家批租多层次实体使用制度。虽然有些学者认为这种制度存在产权不清、寻租空间大的诸多弊端，但在赋予土地使用者 70 年使用并可延期的权利后充分调动了土地使用者投入的积极性，同时土地最终所有权归国家，节省了巨额土地征收中的交易费用。显然，利远大于弊。当然，还是要继续通过土地法规建设、阳光操作及反腐败行动，最大限度地压缩寻租空间。

在土地制度基础上发展起来的劳动、资本、企业、产业，以及金融、期货、股票、交换、分配、消费、利率、汇率、税率等构成一个庞大的规则系统。社会上任何一种创新活动都植根于这个广阔的制度框架中，创新是一个规划结构调整的过程。社会创新不是某一个人或某一团体单打独斗就可实现的，是社会全要素集体的共同努力创造出公平、合理规划、规范和文化认知，支撑新的领域向前发展。

网络化滋生了大量的交易平台，社会创新得到了新的载体——创新空间，社会创新活动在创新空间内发生、转移、扩散、成长、整合，极大地提升了社会创新的发展速度。

2.2.3　社会经济无害而安平泰发展规律

社会经济发展规律成千上万条，最深刻的莫过于老子的社会经济无害而安平泰发展规律。老子曰："执大象，天下往，往而不害安平泰。"（王弼，2011）也就是说，宏观上观察，社会经济永远往前发展，如果发展过程中不出现严重的分化现象，那么社会就会平安和健康。

纵向考察社会经济发展，从优到劣依次可分为"元""亨""利""贞""悔""吝""害""凶"。"害"表明阴阳分离、分崩离析、两极分化，状态接近"凶"。除去"害"及其两边"吝"和"凶"，"元""亨""利""贞"都是安平泰的状态。"悔"是由"坏"变"好"的临界点，为"渐吉"（陈凯，2015）。

阴阳阖之为"元"，是人们追求的团圆、和谐和统一状态。"阖家幸福"是中国人相互祝福的最佳用语。正是这种阖之吉、分之害的理念，促成了中华民族大统一的格局。纵观中国几千年的变迁史，天下合久必分，分久必合，但大统一的时间远大于分裂的时间。当然，中华 56 个民族维持在一个大家庭中，除去大统一大吉利的理念之外，还有其独特的社会经济结构和行之有效的去害治理措施。

1. 大统一的超稳定结构

如图 2-1 所示，国家社会经济及治理被纳入一个"九宫八卦"之中，中央调动周围八宫的资源，使其整体及各部分组成的结构与功能相匹配，维持大统一的格局动态平衡。

建筑物得以保持一体是有混凝土的黏合，社会各部分统一靠通信“黏合”（维纳，1978）。中国大统一格局的黏合主要是靠儒生（金观涛等，2011）。

儒生又称士，位居九宫，排在士、农、工、商之首，是社会精英。古代中国知识分子主要出身于富裕农民家庭，从小饱读诗书，熟习儒家经典，大部分通过科举或其他途径被选拔为国家官员，小部分为乡村绅士，是民间自治组织的领袖。

儒生政治观点、意识形态和人伦首先与社会主体取向同一，社会流动性大，组织能力强，能耦合意识形态结构、政治治理结构和社会经济结构，将国家一体化意识形态融入每个人的日常生活中。

2. 抑制两极分化

无害就是社会无两极分化。在《论语·季民第十六》中孔子指出：“闻有国有家者，不患寡而患不均，不患贫而患不安。盖均无贫，和无寡，安无倾。”（孟子等，2016）历史上，每个王朝初期自耕农占的比例较大，由于土地自由买卖，官僚地主集租、税、费和高利贷于一体，通过各种手段兼并土地，将自耕农的土地化为己有。大量自耕农失去土地成为无业游民。两极分化加剧，社会失去安平泰。历代国君都曾采取措施抑制土地兼并：①下令取缔土地买卖。如唐高宗曾发布“禁买卖世业分田”，玄宗下令“天下百姓口分永业田，频有处分，不许买卖典贴”，“若有违犯，科谴敕罪”。②均田。如北魏孝文帝太和九年（公元485年）颁布均田令，对不同性别的成年百姓和奴婢、耕地都做了详尽的受田规定。③对土地财产增税。如汉武帝实行算缗制度，让地主自报财产，按其值的10%征税。如地主不肯如实上报资产，隐瞒、转移等，知情者可告发。被告者，如查证属实，财产全部没收，本人充军一年，被没收财产一半分告发者。但封建君主作为地主阶级的代表，抑制土地兼并的法令往往“雷声大，雨点小”。当社会两极分化达到不可调和时，社会不得不以农民土地战争的形式进行强制除害措施。

3. 遏制分裂

周天子统一天下，分封诸侯，最终国家分裂。汉高祖分封皇亲国戚和有功之臣为“列侯”和“诸侯王”，结果导致吴楚七国之乱。鉴于历史教训，公元631年唐太宗拟实行一种宗室勋贵的世袭州刺史制度，即刻遭众儒臣上书谏阻，未能实施。明清建朝初期分封藩王，都出现藩王之乱。因此，国家应在独立萌芽阶段就开始遏制分裂，从人力资源上削减分裂势力。

限制人身依附关系的发展不仅可以促进市场经济主体独立人格的建立，而且可以抑制地主佃户的农奴化，削弱皇室、贵族、豪门望族和大地主的雇工、奴婢、仆役的私产化倾向。秦汉时期，已不允许对奴婢动用私刑，杀奴的权力已收归国家掌握。秦律规定：小隶臣“非疾死者，以其诊书告官论文”。汉朝，已禁止报官杀奴，奴婢“犯法”要由国家处置。西汉董仲舒建议除去主人杀奴之威。西汉末年，王莽之子杀奴婢，王莽追其自杀。宋朝法律已严禁私设公堂、“私第处罚”。北宋国家保护客户在生产上的权益不受抑勒，佃户有退佃的权利，如果主人非理阻拦，可以向官府起诉（宋会要，1957）。

军事割据是对国家统一的最大威胁，中国历代皇帝牢牢掌握着军队的指挥权和统率权，带兵的武官只有军队的管理权，调动军队的“虎符”一半在皇帝手中，而且军队实战也是在皇帝亲信的“监军”监督下执行。除镇守边疆的将领外，内地将领“前后命帅，皆用儒臣”（旧唐书，1975）。

2.3　治 理 机 制

2.3.1　顺势而为

“欲粟者务时，欲治者因世（势）”（桓宽，2017），王夫之（2013）在《宋论》中曰：“顺必然之势者，理也；理之自然者，天也。”又曰：“天者，理而已矣；理者，势之顺而已矣。”董仲舒（2012）指出：“故为治，逆之则乱，顺之则治。”社会经济之治理，顺势而为。

1. 治理之势

古代国家治理中的“势”，某种含义类似于现代语言中的“政权”。我们强调权力在人民，古代则强调权力在君主。如《管子》曰：“明主之治天下也，威势独在于主而不与臣共，法政独制于主而不从臣出。”“明主之治天下也，凡人君之所以为君者，势也，故人君失势，由臣制之矣；势在下，则君制于臣矣；势在上，则臣制于君矣。”“权势者，人主之所独守也，故人主失守则危。”（管子，2015）

商鞅（2011）对“势”的意义做了进一步的解释：“凡知道者，势、数也，故先王不恃强而恃其势，不恃其信而恃其数。今夫飞蓬遇飘风而行千里，乘风之势也；探渊者知千仞之深，县绳之数也。故托其势者，虽远必至；守其数者，虽深必得。”

韩非（2010）对势的解释较为详细，他认为：“柄者，杀生之制也。势者，胜众之资也。”也就是说，势为生杀大权和控制群众的资本。

韩非认为国家治理任贤不如任势。“民者固服于势，寡能怀于义”。“上古竞于道德，中世通于智谋，当今争于气力”。国内民众服从于权势，国家之间只承认实力。韩非谈到治理时，强调依势压服，但否定儒家的以理服人的思想有失偏颇。

治理要守自然之道，法、术、势兼备，名正言顺。《韩非子·功名》曰：

> 明君之所以立功成名者四：一曰天时，二曰人心，三曰技能，四曰势位。非天时，虽十尧不能冬生一穗；逆人心，虽贲、育不能尽人力。故得天时则不务而自生，得人心，则不趣而自劝；因技能则不急而自疾；得势位则不推进而名成。若水之流，若船之浮。守自然之道，行毋穷之令，故曰明主。
>
> 夫有材而无势，虽贤不能制不肖。故立尺材于高山之上，下则临千仞之谷，材非长也，位高也。桀为天子，能制天下，非贤也，势重也；尧为匹夫，不能正三家，非不肖也，位卑也。千钧得船则浮，锱铢失船则沉，非千钧轻锱铢重也，有势之与无势也。故短之临高也以位，不肖之制贤也以势。人主者，天下一力以共载之，故安；众同心以共立之，故尊。人臣守所长，尽所能，故忠。以尊主御忠臣，则长乐生而功名成。名实相持而成，形影相应而立，故臣主同欲而异使。人主之患在莫之应，故曰，一手独拍，虽疾无声。人臣之忧在不得一，故曰，右手画圆，左手画方，不能两成。故曰，至治之国，君若桴，臣若鼓，技若车，事若马。故人有余力易于应，而技有余巧便于事。立功者不足于力，亲近者不足于信，成名者不足于势。近者不亲，而远者不结，则名不称实者也。圣人德若尧、舜，行若伯夷，而位不载于世，则功不立，名不遂。故古之能致功名者，众人助之以力，近者结之以成，远者誉之以名，尊者载之以势。如此，故太山之功长立于国家，而日月之名久著于天地。此尧之所以南面而守名，舜之所以北面而效功也。

韩非认为治理应符合天道。天道从众。“为治者用众而舍寡”。遁天道不是被动适应，而当主动为之。商鞅、慎到、申不害三人分别提倡重法、重势、重术，韩非综合了他们的思想，提出了法、术和势整合的理论。用现代语言概括，法是规范，术是司法的手段，势是执法的资本。“抱法处势则治，背法去势则乱”。“无威严之势，赏罚之法，虽尧舜不能以为治”。

韩非遵循规律的法、术、势整合方法是国家治理理论的重要组成部分，其精华仍有借鉴的现实意义。秦国用该理论先后征服了六国，实现了国家的统一。不过该理论也强化了秦的强权政治的暴力化倾向，毁灭了先秦时代思想领域的竞争与繁荣，破坏了经济均衡秩序，从而导致秦的灭亡。但秦的政治治理体系并未消亡，而是被后续王朝所传承。

2. 势中之序

势多指发展趋势。发展趋势是发展规律的表达，也是发展秩序的体现。

秩序指的是系统要素的时空动态有序化排列，社会经济秩序是资源利用时空关系的合成演化形式，即社会经济运行规律的程式化体现过程。“道无方，以位物于有方”“道无体，以成事之有体”（王夫之，2013）。秩序是经济社会运行机制的表现形式，是行为主体规范，既有底线，又有规矩。《论语・为政》（孟子等，2016）中，子曰：“道（规律）之以德（机制），齐之以礼（秩序），有耻（底线）且格（规矩）。”

秩序变动主要因素有要素异质性、要素相位和时空扩缩。哈耶克（2000）指出：“秩序的重要性和价值会随着构成因素多样性的发展而增加，而更大的秩序又会提高多样性的价值，由此使人类合作秩序的发展变得无限广阔。”

1）市场经济秩序扩展

市场经济秩序是从生产领域开始的，马克思等（1979）指出：“在再生产的行为本身中，不但客观条件改变着，而且生产者也改变着，炼出新的品质，通过生产而发展和改造着自身，造成新的力量和新的观念，造成新的交往方式，新的需要和新的语言。”中国经济改革是从农业联产承包开始的，而后承包制扩展到乡镇企业、城市工业，以及各种经济组织。契约现象成为人们日常生活中最普遍、最基本的现象，它不仅成为构建新型社会关系和社会组织的一种可供借用的理论资源，而且在人们的思想上产生了新的范式，用以解释人们普遍接触的各种契约关系。与此同时，各种旨在维护市场主体权益和降低市场交易成本的社会中介组织开始出现，现代扩展性市场经济开始发育成长，进而整个社会结构、政治制度、文化体系乃至社会行为主体精神世界都发生持续性的深刻变革，各种现代性因素错综复杂的互动关系，共同构成了人类文明秩序的扩展进程。市场主体的发育壮大，促进了社会个体权利意识、平等意识、法律意识和民主意识的觉醒，造就了新的社会行为主体。市场经济体系的发育，不仅改变了经济生活的节奏，而且重塑了整个社会生活规则。随着市场逻辑向社会生活各个领域的全面渗透，市场体系及其与之相适应、相补充的政治制度、社会结构和文化体系共同构成了一个庞大的市场社会生活秩序（何显明，2008）。

2）国家治理面临新挑战

随着市场化改革的深入，社会资源配置方式的深刻变迁，更是极大地促进了社会生活秩序的结构性变迁。从社会个体的生存方式、思维方式和价值观念，到社会关系的构成规则；从社会组织的行为逻辑，到各级政府的角色定位及其合法性基础；从经济、社会体制到国家与社会关系等，莫不正在经历着一场历史性的变革。国家传统治理体系面临新变化（何显明，2008）。

第一，市场化进程中社会个体权利意识出现历史性觉醒，民众对自身合法权益的执着捍卫，表明法律意识、平等意识、民主意识日益增强，将会以各种方式拒斥公权力的任意扩张，自上而下的强制行为将面临越来越大的社会阻力。老百姓不仅不会奉献自己的合法权益，而且还可能公然质疑政府行为的合法性和合理性。政府未经人民赋予的严格界定的权力边界及其自身确立的行为准则，将会因此面临前所未有的质疑和挑战。

第二，市场化进程中社会资源的日益分散，导致政府再也无法通过垄断社会资源来控制社会成员，维护封闭的社会秩序。在计划经济时代，国家（政府）的权威性及其实现的“统一思想、统一意志、统一行动、统一步调”的社会控制，如行政指令、红头文件、政治动员以及意识形态宣传等，是建立在国家垄断所有社会资源，社会成员的生存与发展完全依附于国家的基础之上的。市场化进程中社会个体和社会组织资源获取和利益实现的渠道、方式的日益多元化，从根本上改变了社会成员不得不完全依附于国家的局面。于是，国家与社会个体和组织的关系不再是传统的命令服从关系，而是嵌入了大量横向的契约性关系和博弈性行为。在市场主体依赖地方政府获取某些稀缺资源，并利用权力的庇护关系规避政治和政策的任意干涉的同时，地方政府也依赖私营企业解决当地的就业问题，加快地方经济的发展。在激烈的区域发展竞争面前，通过经济增长绩效、社会治理绩效来争取地方民众特别是地方精英的支持，已经成为地方政府巩固自己权威的重要途径。过去那些成效显著的社会控制机制，实施成本日益提高，而实际效果却日益式微。治理资源的重新挖掘和治理方式、治理手段不得不进行创新。

第三，市场化进程中社会大流动的开放性格局，导致国家（政府）无法借助以往的城乡分割以及严格的户籍管理体制，对社会秩序进行静态的网格状管理。市场体系的扩展，社会多层次、全方位的开放，必然带来各种社会资源和生产要素在越来越大的空间范围的自由流动，带来社会成员日益频繁的机械流动和有机流动。原先依赖森严的户籍制度实施的社会福利匹配管理遇到了严峻的挑战。同时，随着市场体系不断突破地域性的限制，经济区域与行政区域的重合性日益降低，传统的等级制的行政体制弊端也日益明显地暴露出来。

第四，社会利益结构的日益分化，导致各级政府越来越难以以全民利益或公共利益的天然代表身份进行公共决策和利益整合。竞争机制是市场机制的核心。社会资源的稀缺性决定了只要我们承认了社会个体的自主选择权利，社会成员对稀缺性资源的竞争就无法避免。有竞争，就会有成功和失败，就会有社会利益格局的分化。依法享有各项民主权利，享有市场主体自主选择权利的社会成员，根据自身的价值偏好努力实现个人收益的最大化，由此导致社会利益不断分化，并在这种分化过程中形成各种利益矛盾和利益冲突，这是现代开放社会的生活常态。在社会利益高度分化的背景下，社会阶层分化达到一定的复杂程度时，社会往往很难形成某种一致的选择，或对事物进行一致的优劣排序。政府如何从利益的直接分配者转变为社会利益冲突的协调者，通过建立有效的公共选择机制，避免社会两极分化和社会阶层矛盾激化冲突，实现多元利益主体共存双赢，就成为公共决策面临的一个新的重大课题。

第五，市场机制在社会资源配置中的基础性地位的奠定，使得政府角色的重塑、政府功能的再造问题变得日益紧迫。一方面，市场主体的充分发育及其在私人物品供给方面所发挥的主导作用，要求政府必须加快退出竞争性领域；另一方面，市场失灵现象的广泛存在，以及公众日益增长的公共服务需求，又要求政府切实承担起公共物品供给的职责。于是，政府角色的转型就成为市场化进程中公共管理体系改革的主题。

第六，市场体系扩展所导致的中国经济日益广泛、深入地融入世界经济一体化进程，以及外来资本大量涌入中国，并渗入各种经济社会生活过程之中，也使各级政府的管理模式和行为方式遇到了前所未有的挑战。一方面，各级政府都面临着“入世”带来的按国际规则办事的考验；另一方面，经济、文化及政治的全球化，又要求各级政府能够有效地应对世界文明的示范效应所撩拨起来的公众对政府行为的种种可能超前的期待。

第七，市场化进程所交织的社会结构转型与体制转轨的社会大变革，使各级政府应对社会风险的能力面临巨大的挑战。从某种意义上说，转型期中国社会面临的潜在社会风险挑战是空前的。这里既有西方某些国家“民主模式渗透与颠覆”风险，也有“全球化高科技风险、生态风险和社会风险”（贝克，2018），更有中国特有的社会转型与体制转轨交织，以及现代化时序错位、发展战略失误带来的特殊风险，还有国家人口和疆域的超大规模对各种风险的放大作用。而在社会生活秩序已经发生重大变迁的背景下，政府既无法单方面应对各种突如其来的风险，又无法像以往那样通过垄断社会资源来实现全民动员，所以迫切需要建立适应新的社会生活秩序的公共事务管理模式。

3）民主治理讨论

市场经济体制改革必然引发政治体制改革，走向宪政的学术研究一度进入高潮（蔡定剑等，2011）。问题不在于要不要进行政治体制改革，焦点也不是搞不搞宪政，关键是建立什么样的政治体制，以及宪政的具体内容是什么。中国政府已经明确表态：全面推进依法治国必须走对路。要从中国国情和实际出发，走适合自己的法治道路，决不能照搬别国模式和做法，决不能走西方“宪政”“三权鼎立”“司法独立”的路子。宪政研究顶层受阻后，进入较低层次的治理理论研究。

比较成熟的国家治理理论出自古代中国，但现在学术界治理理论则引自西方。有关“治理”概念的理解和运用分歧较大，但并不影响在一些基本问题上的讨论，其中也不乏形成许多共识。

（1）治理主体。传统治理主体被认为是一元的，即以政府或公共机构为唯一权威主体，而现代意义上的治理是多元的。“现代意义上的治理将打破传统的以政府或公共机构为唯一权威主体的模式，参与公共事务治理的既可以是公共机构，也可以是私人机构，或公共机构和私人机构的合作。多元性的治理主体通过相互沟通、相互合作，共同形成一种多中心、互动式、开放型的治理结构”（何显明，2008）。“各国政府并不完全垄断一切合法的权力，政府之外，社会上还有一些其他机构和单位负责维持秩序，参加经济和社会调节”（塞纳克伦斯，2000）。确切地说，“治理是政治国家与公民社会的合作、政府与非政府的合作、公共机构与私人机构的合作、强制与自愿的合作”（俞可平，2002）。治理主体再增加，也不会降低政府作为治理核心的主导作用。越是多元，越需要整合，政府统帅的角色会越强。

治理一定是科学理性高效地运用国家权力来实施的治理，而不是西方政治学理解的弱国家、去中心、反权威的管理。公共权威的多元化和社会治理结构良序发展，以及多维政策协同，是把国家作为治理核心才有意义。

（2）治理运行模式。“从权力运作向度和方式来看，现代意义上的治理将改变传统的单向度的自上而下权力运作模式，建立起一种上下互动、权力双向运行的管理模式，通过合作、协商、伙伴关系等方式实施对公共事务的有效管理”（何显明，2008）。俞可平（2016）认为，自上而下权力运作是“统治”，现代国家治理的本质是民主治理。“治理的概念是，它所要创造的结构或秩序不能由外部强加；它发挥作用，是要依靠多种进行统治的以及互相发生影响的行为者的互动”（斯托克，1999）。权力运作方式的这种改革，意味着从等级行政向复合行政的转变。参与治理的行为主体在此不再形成一种等级式的隶属关系，而是结成一种平等的合作关系或伙伴关系，它们通过多元互动，找到共同的利益和目标。由此，“参与”“谈判”“协商”成为治理的三大关键词（唐贤兴，2000）。将中国传统治理模式称作“单向度的自上而下权力运作”是一种误解，中国四维治理模式强调纵向与横向的均衡、上下关系的和谐、左右结构功能的匹配。中国传统治理模式有坚实的哲学基础，《周易》中的“连山易”和“归藏易”就是分别量化社会经济纵向和横向关系的（陈凯，2015）。

（3）协商民主（deliberative democracy）。当今西方政治思想学者（博曼等，2006）根据政治选举之后公共事务治理存在的问题，提出通过完善治理过程的民主程序，建立公民广泛参与的民主协商机制，通过自由平等的对话来消除冲突，保证公共理性和普遍利益的实现，扩大公共政策的合法性基础，从而有效地回应多元文化和多元社会的不同利益诉求，增进政治话语的相互理解。国内学者（陈家刚，2007）认为，协商民主的核心概念是协商或公共协商，强调对话、讨论、辩论、审议与共识。协商民主既可以理解为一种公民广泛直接参与的治理形式，也可以理解为一种每个参与者能够自由表达、愿意倾听并考虑相反观点的公共政策的民主决策机制。协商民主不是对占据西方主流地位的代议制民主的代替，而是对它的补充。它试图将协商从一种政治手段上升为多样化的制度安排，把协商主体从精英扩展到广大公民，促使现代民主从注重选举，转向关注政治与行政的微观具体过程。

西方学者协商民主的民主治理理论是在西方现有的宪政体制和代议制民主的政治框架下，优化社会治理结构和公共选择机制的理论尝试。它们不是对西方现有治理模式的制度框架的否定，而是试图从运行机制或微观机制上对此进行补充和完善。作为正在致力于民主政治建设的转型国家，有着根本不同的政治前提和制度环境。忽视这一前提，单纯用民主治理和协商民主理论来阐释中国政府创新实践，有可能造成对这一创新实践的内生逻辑的严重误读。以多中心治理和协商民主来展望、设定政府创新实践的前景，甚至以此作为中国行政体制改革和民主政治发展的主题，则可能陷入政治发展的误区。创新协商民主的制度形式，从微观政治或治理层面丰富民主参与的渠道，当然有着重要的现实意义，但是我们却不能因为它容易为既有政治制度框架容纳而过度拔高协商民主的功能，甚至视之为民主政治建设的主体工程。否则，极易造成对根本性问题的遮蔽。同样，推进政府与民间组织及公民的合作治理，如果忽视了对政府权限、职责的严格界定，则可能演变出政府权限没有得到有效限制，其职责却因多元治理而被进一步模糊的糟糕局面（何显明，2008）。

在西方主导的民主治理语境中，西方民主治理标榜为具有普世价值的绝对优秀治理模式，而中国社会主义民主治理被认为是“集权统治”或“集中治理”的终将被代替的落后治理模式。其实，作为社会经济发展规律及其运行机制的管理方式的西方“民主治理”与中国“集中治理”无优劣之分，只有适用与否之别。民主体现在政府行政的全过程，西方全民初选出的领导人，在其大位到手后，再无实质性约束，可一意孤行，肆意妄为。这种先民主后独裁的决策过程，无科学性而言，更容易脱离客观规律；而中国社会主义民主，在初选领导人时进行了严格的民主程序，如组织部门的多层次民众打分评价、财务部门的审计、纪检部门廉政考查、业务部门的绩效考核、精英阶层的协商推荐、党政联席会议的民主讨论、人民代表大会或职工代表大会的投票表决，确保优秀人才进入领导层。基层领导和村委委员则实行村民一人一票全民选举，保证基础政权牢牢掌握在人民手中。中国各级领导层都由一个委员会组成，每一个行政决策，事先须经充分的科学论证，形成决议后投票表决通过，才能形成政策执行。中国政体实行民主集中制，在民主与集中间取得均衡，既保证充分的民主，又避免了可能产生的偏差。

3. 治理导向

新时代的国家治理体系和治理能力现代化，中国已经明确表示，决不能走西方“宪政”“三权鼎立”“司法独立”的路子，而是在中国特色社会主义民主制度框架内对治理资源的充分发掘与利用，降低交易费用，由中国共产党领导人民建构发达民主国家的路径探索。

1）国家治理现代化的文化意蕴

任何一种制度形态都有与之相匹配的文化基础，中国文化有无限的包容性，能容纳不同地域各种异质性文化而和谐共荣。中国包容性文化有坚实的哲学基础。如图 2-2，看似水（壬）火（丙）互不相容的东西，其实是可以化为一体的。壬水与丙火势不两立，壬水（阳）欲将敌者丙火（阳）灭之。但处在下风的火不想与上风的水正面冲突，于是丙将其“妹妹”丁“嫁”给壬，丁（阴）壬（阳）结为“夫妻”，合化为木，木生火，双方成为秦晋而耦合一体；又比如图 2-3，北方的子水，正面受到南方午火的冲煞，子水不但可以整合同一生命周期中的质变点辰（水库）和申（水长生）三合得以补充、积蓄而增强自己的力量，同时子水也可以找午火的亲密战友寅和戌去与午火搞合作，以贪合忘冲之原理，分散转移火对水的冲击力，化解矛盾，组成一个利益相关的网络系统。受此理念的影响，人民都在自家府门前两侧，立上一双石狮子（寅虎的同类），以此化解一切迎面冲来的煞气。中国文化“以人为本”（管子，2015），其他一切都是“末”，是手段，可用易学原理变通融合。

西方自由主义公民型的政治文化，中国拿来并非替代自己集中统一文化，而是选择性吸收其精华以补充完善自己的治理方式方法，形成中国特有的民主集中制文化。社会主义国家并不反对民主，认为民主是现代化治理模式的本质与核心，“人民主权”和“人民当家作主”，以及“确保人民真正享有管理国家和社会的主人权利”一直是中国政治文化的根本价值指向。十九大报告也郑重提出“以人民为中心”的发展思想，要“健全人民当家作主制度体系，发展社会主义民主政治”，“要体现人民意志、保障人民权益、激发人民创造活力，用制度体系保证人民当家作主”。

西方政治文化中共和主义对公民美德、责任、参与、国家认同等价值理念与中国传统政治文化资源中的“共和”理想多有契合，也与当代中国的社会主义核心价值观及在其指引下的国家治理理念相吻合。党的十九大报告提出，“培育和践行社会主义核心价值观”，“广泛开展理想信念教育，深化中国特色社会主义和中国梦宣传教育，弘扬民族精神和时代精神，加强爱国主义、集体主义、社会主义教育，引导人们树立正确的历史观、民族观、国家观、文化观。深入实施公民道德建设工程，推进社会公德、职业道德、家庭美德、个人品德建设，激励人们向上向善、孝老爱亲，忠于祖国、忠于人民”。

2）把控民主与集中的平衡关系

中国国家治理采用民主与集中制，结合中国传统治理的精华与现代国家治理的文明成果，形成相对西方民主更为优越的中国特色社会主义民主制度体系。这种实体民主在国家与社会治理过程中要能得到有效的运转，必须战胜并克服一系列的挑战和困境，不断调整姿态，时刻把控民主与集中的平衡关系。

弱化管控型思维。子曰："民可使由之，不可使知之。"（孟子等，2016）在古代，从政为民之“父母官”，是封建官僚的自我期允。国家管理为“牧民”，人民是被管控和教化的对象。新中国成立后，人民当家作主。但行政管理“代民作主”的思维仍然根深蒂固。随着改革开放的推进和市场经济的开启，我国的民主集中制度逐渐深入，民众公民意识逐渐增强和成熟，对民主的需求也越来越强烈，进而与管控型思维之间的张力越来越大，固化了的思维模式成为中国民主政治发展的最大障碍。去除管控型思维定势成为必然，民主决策成为法定的程序。

强化程序民主。实体民主与程序民主是民主政治建设的两个基本维度。实体民主侧重强调民主的价值性内涵和目标性设定，具有一定的抽象性和概括性，程序民主则更为注重民主的过程、规则、机制和策略，具有一定的具体性和应用性。我国以国体、政体和基本政治制度确立的主权在民的原则和人民当家作主的地位，为民主发展确定了最终价值和理想追求，但有时过分注重结果正义而忽视程序正义，甚至认为在最终价值追求的过程中可以采取代民主的手段，为一些机会主义者压制民意、滥用权力提供了制度空间；程序民主体现在治理领域，是对国家政治制度的具体运作和程序设定，以过程化、规则化、程序化确保人民主权的实现。一定程度上而言，“没有程序，就没有现代文明的政治秩序；没有程序理性，就没有现代文明的政治秩序的理想境界”（朱海英，2004）。我们要十分重视民主的具体实施过程，在立法、决策、执行、司法、监督、选举、管理、公开等各个领域确定民主程序并纳入法律体系，建立并完善程序性的保障机制，实现民主程序的细致化和可操作化。

3）重在创新及提高治理质量

政府治理能力的衡量标准不仅是经济增长与维持稳定局面方面，其重心考察的是对国家核心制度与基本制度的执行与创新能力，以及治理质量的提高。随着中国经济的发展，转型期的矛盾会越来越凸显和扩大，社会对政府治理效果标准会越来越高，发展主义思路、经济绩效导向的评价、强力维持稳定的措施等已不足以满足人民对国家治理预期的要求，只有通过国家治理制度不断创新才能使国家摆脱转型期的困境，保持经济新常态下的国家有序化发展。

在新时代的国家治理中，我们应该贯彻党的十九大报告倡导的新发展理念，更加注重治理的体制机制创新，提高治理质量，而要实现政府治理能力由经济发展向制度创新和治理质量提升的转变。首先改变我国政府官员的晋升机制，由以GDP经济绩效为中心转向对善治绩效的衡量；进一步建立健全政治绩效的测评指标体系，把民生、民主和人民福祉提高能力和法治建设能力作为硬性指标，并加大民意在民主测评中的分量；鼓励地方制度创新，加大对官方或民间智库为政府治理创新奖和社会治理创新奖评定的支持力度，继续坚持以组织为主体的奖项评定的同时，增设个人创新奖项，对在国家治理领域具有创新性精神和创新性措施的个人进行奖励。同时要努力寻求政府与智库组织的合作机制，对由智库评定的创新组织或个人予以官方确认，构建创新及提高治理质量治理激励机制（罗大蒙，2018）。

4）支持地方政府创新实践

支持地方政府创新实践，促进传统治理模式向现代治理模式变迁，能以较少的成本实践治理预期发生机理和演进逻辑。地方政府创新是适应市场化进程所引致的经济社会生活秩序变迁对公共事务管理模式挑战的产物，是政府转型与民主政治发展双重历史主题在政府角色及其行为模式变迁上的反映。它适应了中国民主政治发展和政治行政体制改革微观先行的政治逻辑，反映了地方政府作为国家政治意志的代理人和地方公共事务治理主体，通过创新政府运行机制，将体制内资源和体制外资源、传统控制机制与现代治理技术有机整合在一起，努力提升公共事务治理的有效性以缓解传统治理模式危机的努力（何显明，2008）。

2.3.2 无为而治

“无为而治”是《道德经》最为鲜明的主张。从字面上讲，“无为”就是无所事事，什么都不做，无所作为。关于老子“无为而治”的思想，一般理解是一种“不作为”的主张，表现的是一种消极无为的政治态度，或者对万物的发展不加干预，任其发展，放任自流。但认真体悟《道德经》，不难发现，这样理解“无为而治”甚为偏颇。其实，“无为而治”是指无形的治理、遵道的治理和道化万物的治理。

1. 无形的治理

治理是统筹运作系统化、层次化和程式化规律及机制的整合。社会经济组织活动是有形的，而其规律是无形的。基于社会经济发展规律基础上的社会经济组织活动治理机制应该是无形治理与有形治理的结合。

《道德经》开章写道：“道，可道，非常道；名，可名，非常名；无，名天地之始；有，名万物之母。故常无，欲以观其妙；常有，欲以观其徼。此两者，同出而异名，同谓之玄。玄之又玄，众妙之门。”这一章翻译成现代语言是在讲：世界是物质的，物质存在粒子性和波动性两种状态（同出而异名），当在牛顿力学科学层次上观察对象时，物质呈粒子态，它是有形的，有关信息是显性的，如经济活动中的有形资源、企业、法规条例、国家机器等，我们可以对它定义（可名）用以观其徼（状态、模式、结构、边界、终结、结果）；当在量子物理科学层次上观察对象时，物质既呈粒子性状又现波的性状，当以波的性状出现时，它是无形的，有关信息是隐性的，如意识形态、人文精神、教化思想、道德理念等，对这种非常状态，我们用以观其妙（趋势、频率、概率、联系、程序、过程）；物质处在常态（有，粒子态），我们可以对其描述、分析和测度（可名），揭示其规律（可道）；物质处于非常态（无，量子态），其机理是一种非常道，我们只能利用现有技术将其隐性信息转换为显性信息，将非常道转换为常道。在这种信息传递、变通、转换（玄之又玄）中，重在把握转换的机制与要领（门），这种信息转换的法门就是周易八卦（陈凯，2015）。

人的行为受其思想所支配。对人的治理实际上是对其思想的引导、感召和同化。“王者乘势，圣人乘幼，与物皆宜”（管子，2015）。作为国家领导者，要树立、维护和推行自己国家和民族的意识形态、价值体系和行为规则。社会主义核心价值观基本内容包括富强、民主、文明、和谐、自由、平等、公正、法治、爱国、敬业、诚信、友善。这24个字的社会主义核心价值观分三个层次。富强、民主、文明、和谐是国家层面的价值目标，自由、平等、公正、法治是社会层面的价值取向，爱国、敬业、诚信、友善是公民个人层面的价值准则。

《管子·乘马》曰：“无为者帝，为而无以为者王，为而不贵者霸，不自以为所贵，则君道也。贵而不过度，则臣道也。”（管子，2015）“无为而治”是精神领袖所为，能做到者，可成为国家最高领导人。政府各部门为政而不为政务所累，显得无可操劳的，是把握住了社会经济发展规律和治理机制的称职官员。为官平易近人、谦虚谨慎、廉洁奉公，不超越应守的规范。

2. 遵道的治理

“无为而治”的“无为”是指凡事要“顺天之时，随地之性，因人之心”，不能凭主观愿望和想象行事，无主观臆断的作为，无人为之为，是一切遵循客观规律的行为。只有按照事物发展的规律办事，因势利导，善于把不利条件转化为有利条件，才能成功。“无为”就是科学地、合理地、客观务实地作为，也就是言行实事求是，与时俱进。它不走极端，也不消极，而是积极地遵循规律的作为。

1）有所为与有所不为

“无为而治”的治理思想的第一层含义是在决策上应“有所为，有所不为”，即要求管理者在“小事”上有所不为，在“大事”上有所为。只有在“小事”上有所不为，然后才能在“大事”上有所作为。汉代学者刘向指出：“将治大者不治小，成大功者不小苛。”

在现代企业的管理中，任何一个管理者都会遇到两类事情：一类是事关企业全局和长远利益的大事；另一类是相对次要的琐碎的小事。随着经济的快速发展，各种企业的规模都在迅速地扩大，部门层次增多，即使是精明能干、智慧超群的企业家，也无法事无巨细，事事“有为”。因为任何一个管理人员的能力、体力、时间都是有限的，而不是法力无边的“神”，所以一个高层的管理人员应做到在小事上“有所不为”，而在大事上“有所为”。

2）顺自然而为

“无为”并不是其表面的含义，并非禁止人们的一切行动，而是要求人们顺应自然地有所作为和行动。“自然”是“道”的本性，因此，由“道”产生自然界的万事万物也是“自然而然”，并非人为如此。

“人法地，地法天，天法道，道法自然。”即认为宇宙万物都是以“自然”为本性的。这里所说的“自然”，并不是指存在于人类之外的自然界，而是指“道”和由它派生的宇宙万物“本性如此”的自然存在。在社会经济治理中，只要不违背客观经济规律，不任凭主观想象发号施令，就能获得社会经济的成功。

3）上无为而下有为

在国家治理体系中，要想在自己职位上“无为而治”，就应该不要过度干涉下属的具体事务，让称职的下属“有所作为”。例如，在宋朝，宋仁宗深知“无为之道”，认识到“君无为”要以“臣有为”为先决条件，否则，“无为而治”的理想是难以实现的。有一次，大臣向他请教如何实现“无为而治”。他说：如果君主手下有得力的群臣，代替君主操劳政事，又不存私心，人君就可以“无为而治”了。这里，谈到高层管理者要实现“无为而治”的条件，就是要有聪明能干且为人正直的得力助手。这样高层管理者才能实践“无为而治”的管理理想，抽出更多的时间思考政府、企业、组织的未来和长远利益。

4）限制管理者乱为的权力

老子强调“无为而治”，并不是无的放矢地空发议论，而是因为当时的统治者滥用权力，祸害百姓。他揭露当时的社会现实说：“民之难治，以其上之有为，是以难治。”当官的滥用权力，胡作非为。这是造成许多社会祸害的根源。“始制有名，名亦既有，夫亦将知止，知止可以不殆。”本来管理者和民众都能质朴自然是最好的，但后来有了官职（始制有名），既然有了官职，那就必须限制他们的权力（知止），限制了他们的权力，才可以避免危险（不殆）。限制管理者的权力，本来就是“无为而治”的题中应有之义。管理者的权力范围越小，“无为而治”的范围也就越大；反之，社会能够“无为而治”的范围越大，需要管理者“有为”

去治理的范围也就越小。在一定程度上限制政府的权力，才能充分发挥社会自我管理的功能。

3. 道化万物的治理

老子曰：“我无为，而民自化；我好静，而民自正；我无事，而民自富；我无欲，而民自朴。”领导者学习老子的“无为而治”，那么民众就会自然化育；领导者喜欢清静，民众就自然纯正无私；领导者对民众不横加干涉、扰乱，民众就自然会富足常乐；领导者自己没有贪欲，民众就自然会淳朴不贪。

做到“无为而治”，治理者选择正确的价值取向引导民众，上善若水，循序渐进，潜移默化。“不尚贤，使民不争；不贵难得之货，使民不为盗；不见可欲，使民心不乱。是以圣人之治，虚其心，实其腹，弱其志，强其骨。常使民无知无欲，使夫知者不敢为也。为无为，则无不治。”圣人之治，应是使民众经常保持平常心态，让他们衣食无忧，削弱他们争强好胜的志向，使他们身强力壮。常使民众返朴守淳，不生妄想，使那些自以为聪明的人也不敢轻举妄动。这样，对国家社会的管理就不需要特别的举措，天下也能治理得很好。反过来说，社会上为什么人人争权夺利，盗抢成风，人心不稳？根本原因是管理者厚此薄彼，贪得无厌，不顾民众的死活。如果是这样，不论制定出多少严厉的惩罚措施，社会的混乱也是不可避免的。

道化万物，在于变通。把握变通法则，可以化治理行为于无形。如征税，民众一般为被动接受，如果国家税收有道，则人们将缴税变为积极主动的自觉行为。《管子·地数》记述了化征税无形的典故：

> 桓公问于管子曰：“吾欲守国财而毋税于天下，而外因天下，可乎？”管子对曰：“可。夫水激而流渠，令疾而物重。先王理其号令之徐疾，内守国财而外因天下矣。”桓公问于管子曰：“其行事奈何？”管子对曰：“夫昔者武王有巨桥之粟贵籴之数。”桓公曰：“为之奈何？”管子对曰：“武王立重泉之戍，令曰：民自有百鼓之粟者不行。民举所最粟，以避重泉之戍，而国谷二什倍，巨桥之粟亦二什倍。武王以巨桥之粟二什倍而市缯帛，军五岁毋籍衣于民。以巨桥之粟二什倍而衡黄金百万，终身无籍于民。”

第二篇 低 碳

第3章 低碳经济

低碳经济是指在可持续发展理念指导下，通过技术创新、制度创新、产业转型、新能源开发等多种手段，尽可能地减少煤炭、石油等高碳能源消耗，减少温室气体排放，达到经济社会发展与生态环境保护双赢的一种经济发展形态。

3.1 低碳经济的概念及内涵

3.1.1 低碳经济的提出背景与概念

1. 提出背景

“低碳经济”源于人类对碳排放所引起的气候变化、地球变暖所达成的共识，想通过经济发展过程中减少碳排放，应对气候变化给人类生存带来的危害。“低碳经济”在2003年第一次出现在英国的政府文件中，其白皮书中提出“我们能源的未来：创建低碳经济”。“低碳”是一个相对的概念，与国家的发展现状及发展过程中所面对的各种问题密切相关，针对不同的国家，低碳具有不同的标准。随着全球经济的快速发展，能源危机问题日益加剧，气候问题日益严重，对英国的影响很大。国家能源安全受到威胁，环境污染及气候恶化问题日益严重，在此双重压力下，英国开始反思经济发展过程中存在的问题，开始反思经济发展对环境气候的影响，进而提出了“低碳”的概念，希望借此改变其经济发展方式，实现经济健康、持续发展。英国政府提出的“低碳”理念为世界各国解决所共同面对的气候及环境问题指明了方向，提出了一种新的经济发展模式，解决了经济发展与环境保护之间的矛盾，得到世界各国的理解、认同与支持，在全球范围内掀起了“低碳发展”的热潮，这是人类社会的一次重大进步。英国政府不仅提出了“低碳发展”和“低碳经济”的理念，而且制定了明确的低碳发展目标，针对导致全球变暖的碳排放问题，以1990年的碳排放量为基准，至2010年碳排放量减少20%，预计至2050年碳排放量减少60%，实现低碳发展，建设低碳社会。为实现所制定的低碳发展目标，英国政府采取了一系列的措施，开发、制定、引入了一系列金融工具及政策法规，通过各种措施促进英国的低碳发展。

日本政府也非常重视低碳发展，并与英国政府一起于2007年6月主办了关于

“低碳、可持续”的主题研讨会，描述了低碳社会的发展远景。为促进日本的低碳发展，日本政府致力于新能源、可再生能源及绿色能源的开发研究，大力发展太阳能、风能、氢能源、水能源等新型能源，同时对日本国内的产业结构进行调整，限制甚至停止高能耗、高污染产业的发展，对高能耗产业及产品的能耗标准做出了严格的规定，鼓励高能耗产业向国外转移。

美国在发展低碳经济方面也做出了很大的努力，制定了《低碳经济法案》，将低碳经济提升到法律的层面，通过法律手段促进低碳经济的发展，同时还公布了与低碳经济直接相关的报告，制订了发展低碳经济的具体计划，出台了促进新能源领域发展的各种优惠政策。除英国、日本、美国外，众多其他发达国家及发展中国家也都为促进低碳经济的发展做出了很大的努力，低碳发展已成为世界经济发展的主旋律。

2. 概念

虽然低碳的概念已得到世界各国的理解与认同，但到目前为止对于低碳经济还没有形成一致的概念，一般认为低碳经济具有能源消耗量低、污染轻、碳排放低的特点。低碳经济的实质是指通过技术创新和制度创新来降低能耗和减少污染物排放，建立新的能源结构，目标是解决能源危机、减缓气候恶化和促进人类的可持续发展。

低碳经济的核心内容是低碳技术。为实现低消耗、低排放、低污染等排放目标，必须直接或间接地采用和依赖低碳技术。而低碳技术的实施需要相应运行机制、政策体系、制度框架的辅佐。通过在市场运行机制、政策法规体系以及制度框架上的创新，推动我国低碳技术的发展，改善我国的能源框架体系，降低对石油、煤炭等传统化石能源的依赖，推动新能源技术的开发和应用，减少碳排放，改善人类赖以生存的自然环境，改变传统的经济发展方式和人们的生活方式。低碳理念和低碳发展是人类的又一次重大进步，提高能源效率、开发利用清洁能源、减少碳排放、实现绿色发展是社会和经济发展的必然要求，是能源技术领域的重大创新和发展，是经济产业结构的重大变革，是人类生存和发展理念的重大转变。

实现低碳发展的关键是对能源系统、技术体系和产业结构的变革。要加快新能源技术的开发和应用，改变传统的高碳能源体系，建立起新型环保的绿色新能源系统；加大新技术的开发力度，改善、淘汰落后的高碳技术，推动先进的低碳技术的应用和普及，建立起先进的低碳技术体系；调整产业结构，改变经济发展模式，建立起系统的低碳产业结构。改变人们的发展理念，变革传统的生产方式和消费模式，建立起利于低碳发展的政策法规体系，培育促进低碳发展的市场机制。

3.1.2 低碳经济的内涵

“低碳经济”由英国率先提出，目的是在发达国家和发展中国家建立相互理解的桥梁，其本质是提高能源效率和解决清洁能源结构问题，核心是能源技术创新和政策创新。英国虽然率先提出了低碳经济的概念，并明确了自身实现低碳经济的目标和时间表，但并没有对低碳经济的概念加以界定，也没有给出可以在国际上进行比较的指标体系。对英国等发达国家来说，追求的目标应该是绝对的低碳经济；对发展中国家而言，目标应该是相对的低碳发展。低碳经济，重点在低碳，目的在发展，是要寻求全球水平、长时间尺度的可持续发展。各国有多种方式实现发展，而每种发展方式的碳排放情景往往存在差别。在给定大气中温室气体浓度的情况下，发展的路径、速度和规模会受到一定的约束。通俗地讲，低碳经济就是为了实现公约的最终目标——“把大气中温室气体浓度稳定在防止气候系统受到威胁的人为干扰的水平上”，在保持经济增长的同时，减少温室气体排放。政府采取低碳经济政策的终极目标就是切断经济增长与温室气体排放之间的联系。对于低碳经济的内涵，目前有以下两种说法：

一是零碳，即绝对的低碳。目前全球只有一个国家，即马尔代夫明确提出要在几年内实现碳净排放为零的发展目标。该国的产业发展基本上没有以工业为代表的第二产业，而是以第三产业为主，旅游业是该国的支柱性产业，占该国经济发展的比重较大，能源消费主要是太阳能及生物能源等清洁能源。因此，其有条件实现碳净排放为零的低碳经济的目标。但是，对剩余的所有经济体而言，实现碳排放量为零的目标没有相应的国内条件，而且也没有必要。

二是满足一定碳减排目标且目标逐年提高的低碳。这更符合大多数国家的国情，因为低碳经济不是贫困经济，是要在不太影响一国 GDP 的前提下来发展，其发展受到一个国家或地区的经济发展阶段、能源禀赋、技术发展程度以及人们消费模式的影响，处于不同发展阶段的经济体要在充分评估自身条件的基础上发展低碳经济。对发达国家和发展中国家来说，由于经济发展阶段不同，技术发展水平存在一定的差距，碳减排目标的设定也应各异。发达国家已经完成了工业化进程，大量利用化石能源消费拉动经济增长的时代已经过去，而其产生的碳排放要由全球各国共同承担。而对发展中国家来说，经济发展速度刚刚提上来，大多数国家还处于工业化增长阶段或起步阶段，技术发展水平较低或很低。对这些国家来说，温室气体的排放是生存和发展的充要条件。因此，要发展低碳经济，国际社会对处于不同发展阶段的发达国家和发展中国家要求的碳减排程度要有差异。

截至目前，世界各国对于发展低碳经济的道路选择差距不大，这些政策工具的选择基本做法是一样的，只是各国具体采用的经济发展道路是由其自身的国内基本国情来确定的，都有各自本土的特色。综合来看，主要的管制措施有以下几种：

一是为解决市场失灵问题而采取的政府管制、财政税收等政策工具。经济学中主要以外部性及公共品的性质来解释市场失灵问题。根据经济学中针对市场失灵问题的解决办法，各国政府普遍采用的办法有政府管制措施、税收政策、补贴政策以及建立碳基金等方式。其中，政府管制是指政府通过设定污染物的覆盖范围，对不同社会主体采取差异化的管制政策，制定严格的排放标准和能耗标准；碳排放税是指对于有污染物排放的企业，政府根据不同的排放物对大气所造成的污染程度不同对这些排放主体征收不同比例的税，这是目前各国政府普遍看好的政策工具之一；补贴是指给予减排成本较大，但其减排效益对于社会贡献较大的企业一定的资金或物质的补助，以弥补其成本，激励这些企业减排；碳基金就是通过设立基金来为发展减排技术的企业提供资金支持。

二是以产权理论为基础的政策工具，这一观点认为外部性问题的产生与产权的确定紧密相关，只有确定了污染产生的来源才可以明确由谁来治理，即“谁污染谁治理的原则”。碳交易的产生最初是要通过市场化的机制来达到减排的目的，其原理就是污染与治理必须是同一个社会主体。由于碳交易制度是市场化的机制，市场配置资源的效率也在不断提高，因此这一排放权交易制度被大多数国家普遍采用。目前，全球最大的碳排放交易项目是2005年《京都议定书》（全称为《联合国气候变化框架公约的京都议定书》）实施后建立的跨国间的碳排放交易，该协议也是世界上第一个给各成员国分配减排数量的强制性指标。

三是自愿交易机制。这一机制是指发达国家中一些承担较大社会责任的企业自愿承担的减排责任和义务，这些企业的社会责任意识较强烈，自愿承担减排责任以减少政府的减排负担。标签计划、ISO14000认证等都是鼓励社会企业进行信息公示的工具选择。通过这些标准认定后，企业可以获得较好的社会认可，在社会上树立承担良好社会责任的企业形象。

3.2　低碳经济体系基础

3.2.1　低碳经济体系概述

暖化现象、海平面上升、气候异常等全球环境变迁日益严重，迫使人类必须认真思考如何减少开发产生的环境负荷，以避免全球环境的持续恶化，而期望能以永续的方式与环境共存。在各种环境负荷中，温室气体排放为造成温室效应的最重要因子。1997年签署的《京都议定书》，以及2009年底完成的《哥本哈根协议》，即是各国控制温室气体排放的集体共识。面对日益恶化的自然环境，人们感受到越来越大的压力，开始了对经济发展和经济增长方式的反思，在这样的背景下提出了低碳经济的理念，低碳经济是指通过新技术的开发和推广应用以减少化石能源的消耗、以新技术新能源促进经济发展的经济模式，是对传统经济发展方式的反思和变革，是低碳能源时代的经济发展模式，与我国的可持续发展理念的要求相一致。

低碳经济体系是以通过新技术的开发和应用以降低能源消耗和碳排放为基础，以低碳社会的建设和发展为核心，依靠人们思想观念的改变来维持，以完善合理的监督管理体系和考核体系为保障，是一种会随着技术水平不断提高而不断完善的经济模式。

低碳技术创新是指通过新技术的开发和利用，降低能源消耗量，减少对环境的污染和破坏，减少碳排放量并且提高能源效率和单位能源消耗所带来的效益，实现能源的节约和高效利用以及对自然环境的保护和改善。低碳技术创新体现在很多方面，宏观上表现为发展理念的转变，由传统的发展方式转变为低碳发展；中观层面上体现在能源观念的转变，注重能源效率的提高和碳排放的降低；微观上体现在科学技术的创新，通过新技术的开发和应用，各行各业改变发展模式，实现低碳发展。低碳技术创新是发展低碳经济的基础，决定了低碳经济发展的方向，对低碳经济的发展起着至关重要的作用。

碳交易是利用市场机制发展低碳经济的正确选择。碳排放量通过碳交易这一经济手段实现其金融价值，使得其能够在不同国家和行业之间进行流通。低碳经济发展是通过新能源技术的开发和推广应用、各产业的技术创新以及产业优化和转型而减少对石油、煤等化石资源的消耗，提高能源效率、减少能源消耗、降低碳排放的新型发展模式，需要政府、企业做出巨大的经济投入，需要人们转变思想观念，需要引入市场机制，通过市场机制带来激励和竞争，激发政府和企业积极性，使企业自发主动地进行低碳发展，从而实现经济效益和环境效益完美的结合。因此，碳交易是实现低碳经济的重要手段。

低碳城市是在低碳理念树立、普及的基础上，促使城市及其辖区生活方式及生产方式的低碳化转型，以更少的资源投入、更少的碳排放实现更高的生活质量和更高的生产效益的城市建设和发展模式，具有如下特征：经济发展方式以低碳发展为主体；居民在日常生活中采用健康、科学的生活和消费方式，低碳理念深入人心；政府以低碳发展为目标，按照低碳理念的要求进行城市建设和规划；城市公共体系和公共设施符合低碳经济的要求，注重能源节约和高效利用。城市是人们生产和生活的中心，是经济发展的重点，城市的能源消耗量占据了能源消耗总量的绝大部分，城市发展模式会对经济发展模式产生至关重要的影响。在发展低碳经济的过程中必须重视低碳城市的建设，建设低碳城市是发展低碳经济的重要任务，低碳城市建设是低碳经济体系建设的核心，决定着低碳经济发展的道路，是低碳经济发展能否成功的关键。意识决定行为，意识转变才能使人们的行为习惯发生根本的转变，低碳理念深入人心，全民低碳意识的提高才能使人们的消费行为变得科学合理，才能使人们放弃传统的过度消费和便利消费的习惯，在日常的生活和工作中注重能源的节约，实现生活和工作的低碳化，将低碳理念切实地融入日常生活。

另外，随着全民低碳意识的提高，国家制定的各项促进低碳发展的政策和法规将得到更有效的落实和实施，低碳技术将得到更高效的开发、推广和应用，能够促进低碳产业革新，促进低碳城市的建设和发展。全民低碳意识的提高对我国低碳经济的发展至关重要，是我国低碳经济实现可持续发展的长久动力。发展低碳经济，建设低碳经济体系需要完善的政策体系作为保障。只有具备完善的政策体系，发展低碳经济的各项行为才能变得有据可依，利于低碳经济发展的各项工作才能有序顺利地推行；才能营造出利于低碳技术创新的环境，使先进的低碳技术得到有效的推广和普及；才能使碳交易顺利开展和推进，为低碳城市建设提供有效的指导。

指明低碳城市建设的发展方向，是转变人们意识、改变人们行为习惯的重要途径。发展低碳经济已成为当今世界经济发展的主要方向。我国为实现国家经济的低碳发展也做出了很大的努力。调整国家经济发展战略，推进产业结构调整，为保障促进低碳经济发展的各项工作能够有效地进行，国家以我国实际情况为基础，积极吸收借鉴发达国家发展低碳经济的成功经验，制定了一系列的政策法规，并进行了一系列的积极尝试，努力探索我国的低碳经济发展之路。但同时还必须认识到我国现阶段的不足，我国促进低碳发展的法规政策与国外发达国家相比还存在一定的差距，还不能完全与国际接轨，我国亟需进行低碳政策体系的建设与完善，为我国低碳经济的发展提供更有力的支持，为我国低碳经济的可持续发展提供保障。

综上所述，技术创新、碳交易、低碳城市建设、民众意识的提高和完善的政策体系共同构成低碳经济体系，各个方面相辅相成、相互协作，缺一不可，共同影响着低碳经济的发展，促进低碳社会的建设，形成完整的低碳经济结构功能体系，当然这一体系的建设也是一个不断发展、不断完善的过程，需要我们在实践中不断地修正和补充。

3.2.2 低碳经济体系发展

低碳经济的发展需要通过技术手段实现，技术是制约低碳经济发展的关键因素，但同时也是推动低碳经济发展的重要力量，应对气候变化、实现节能减排要靠技术的不断进步和不断创新。因此，技术创新是低碳经济体系构成的基础。低碳技术创新主要涉及能源、交通、建筑等几个领域。

1. 发展新能源

面对越来越严重的生态和环境危机，人类迫切需要改变化石燃料在世界能源体系中的支配地位，以减少二氧化碳的排放。新的可再生能源技术加上广泛的节能技术进步，能够不断降低甚至消除对碳化能源的依赖。世界正处于“能源革命”的初期，提高能源效率，发展无碳能源，设计新的能源体系，增加对新能源的投入，加强对新能源的政策支持，将是这场“能源革命”的主要内容。在世界范围内，新能源的开发与利用不仅使全球经济迅速去碳化成为可能，而且可能成为经济发展和创造就业机会的巨大契机。同样，能源体系的创新也是低碳经济技术创新的重要一环。随着能源价格不断创下历史新高，以及全球范围内面临的减排压力，减少能源浪费，用既定的能源获得更多的经济产出，如今被认为是减少对化石燃料依赖的最直接、最经济也是见效最快的方法。

能源效率是衡量从能源利用获得有用服务的能力。实现以更低的能耗获取更高的价值，有利于能源的节约、保证能源的供应，有利于促进技术创新、推动科技进步，是有效降低碳排放的重要举措之一。努力提高能源效率已得到国际社会的一致认同，是应对日益严重的环境问题的重要措施，已成为世界主要国家能源战略的核心目标之一。

在注重提高能源效率的同时，发达国家也都十分重视在新能源领域的研究，致力于新能源的开发和使用，重视新型低碳燃料的研究，大力发展石油、煤等传统化石燃料的清洁技术及绿色发电技术。为促进我国低碳经济的发展，我国也应加大在能源领域的研究，大力发展新型燃料技术和绿色发电技术，重视包括煤制油、氢燃料、乙醇汽油等新型燃料技术，加强对风能、太阳能发电等低碳能源领域内新技术的研究力度，并在全社会范围内推广、应用和普及先进的节能及可再生能源技术。近年来随着各行业技术水平的提高，我国的能源强度已有很大的改善，但与发达国家相比还有很大的差距，以及很大的下降空间。我国应从经济发展的实际情况出发，根据经济发展的需求调配能源消费结构，使能源消费结构变化与城市化燃料供应的关系更加紧密。因此，增大石油和天然气消费的目标投向应是最大限度地提高各类城市的气化水平和高质量燃料供应。在城市及区域交通方面，应更多地鼓励建立高效和快捷的公用交通运输系统。净煤技术（clean coal technology，CCT）、碳捕捉与封存（carbon capture and storage，CCS）技术都是目前国际上积极发展的低碳技术。我国今后几十年在提高能源效率方面还有很大的潜力，将在低碳经济时代大有作为。我国要抓住全球低碳经济发展的机遇，积极开展国际合作，努力探索提高能源效率的新技术，不断提高现有能源的利用效率，并针对行业特点，提出切实可行的提高能源效率的途径，普遍提高各行业的能源效率。

要从根本上解决二氧化碳的排放问题对环境造成的压力就必须使用可再生能源，逐渐替代近年来各国使用的化石能源和核能。目前，很多国家都在核动力研究方面投入了巨额的资金和大批的人力，核能所具有的优势也是其他一些能源所不能比拟的。但在日本第一核电站发生事故后，各国开始对核能的应用产生反思。清洁的可再生能源将成为首选，如推动风能及太阳能等再生能源发电，生物质能源作物种植，废食用油回收与推动垃圾车使用生物质柴油等。

目前，在很多国家和地区，太阳能、风能、生物能和地热能都已经投入使用，其使用范围涵盖工业、农业以及建筑业。未来生物质能、海洋能、水力等再生能源是另一类可能的开发能源。但此类能源不稳定性较大，具有很大的时间和地域性限制，开发和储存存在较大的困难，而且开发成本很高，尚未形成合理的开发及应用模式，但是其潜力巨大，能显著降低空气中二氧化碳含量的增加速度，相信伴随着技术的进步，终将为人类所用。可再生能源终有一天会取代化石能源，低碳甚至无碳社会最终会成为现实。

根据水电水利规划设计院（2020）的《中国可再生能源发展报告 2019》的统计，在全球市场的回顾中，截至 2019 年底，再生能源供给占全球最终能源供给总量的 34.7%，其中包括传统生物质能发电、大型水力发电与再生能源发电（小型水力发电、新型生物质能发电、风力发电、太阳能、地热与生物质燃料）等。再生能源以非常快的速度在成长且未来具有相当大的潜力，这迫切需要市场与政策的支持来加速它们商业化使用。

可再生能源极其丰富，为了建立低碳甚至无碳经济，使更多可再生能源得以应用和普及，还需要更多不同方面的创新，例如太阳能发电、风力发电、波浪发电，以及提升供给与运输效率、天然气取代煤发电、核能、汽热（电）共生、先期碳捕捉与封存科技等。根据 IPCC 报告，至 2030 年，科技与措施主要有三项，包括碳捕捉与封存科技（由燃煤发电）、尖端核能科技、尖端再生能源（包括潮汐与太阳能），由此可看出未来趋势均以低碳与无碳发电为主。所以，未来科技发展必须要搭配已知的技术，降低成本，更需要社会各部门的积极行动，以及国际合作，如此才可以达到一个可持续发展能源的未来。

新能源技术的开发者和企业需寻找一个有显著成本改善的空间，增加市场渗透率并逐渐降低成本，而仅仅依靠企业本身很难承担相应的研发及推广费用，很多新技术也因此被扼杀在摇篮中，此时，政府或者相关部门相应的政策和资金支持就显得尤为重要。现在，新能源技术的研究正处于这一阶段，而且新能源的研发具有高技术、高投资、高风险的特点，尤其需要强有力的资金支持，因此，新能源要想取得长足的发展，满足低碳社会的要求，必须要增加对其投入。新能源开发的资金主要来自政府、相关企业和社会公益组织，通过它们的资金支持才能推动新能源的研发和普及。

2. 提倡低碳交通

跨政府气候变迁专家委员会《减缓气候变迁》科学报告指出，1990～2004年，全球温室气体排放约增长70%，其中，城市交通占13.1%，是仅次于能源供应和工业生产的第三大排放部门。城市化进程的加快伴随着交通设施的健全，在客观上也对城市交通的能源供给与低碳交通提出了新的挑战。因此，发展低碳交通主要应从以下几个方面进行：①从发展低污染车辆相关技术、推广自行车和步行、推动共乘、减少旅次、开发生物质燃料及低碳驾驶等各方面推动各项策略，相关减碳策略包括推广低污染的油气双燃料车辆、开发电动汽车；②大力发展以步行和自行车为主的慢速交通系统，构建自行车道路网及停车架、公共自行车租借系统等措施，全面推广骑乘自行车，达到健身与减排之目的；③积极发展轨道交通等公共交通工具，持续健全公交车网络建置并加强服务质量，以提升大众运输工具使用率；④建立平台推动共乘制度；⑤善用网络资源减少旅次；⑥采用更环保的生物质燃料减低污染及倡导推行停车熄火等低碳驾驶习惯等。

随着全球经济的快速发展，世界范围内的汽车保有量不断提高，使得汽车对能源的需求和二氧化碳的排放量快速增长，如今汽车已成为全球石油能源紧缺、二氧化碳过量排放的主要原因之一，发展节能及使用清洁能源汽车的需求十分紧迫，各汽车企业不断加大对新型汽车的研究力度，在混合动力汽车、燃气汽车及电动汽车领域的研究也已取得了一定的成绩。其中电动汽车已逐渐成为汽车产业的发展方向，成为各国产业竞争的战略制高点。在大力发展低碳经济的今天，发展新能源汽车对我国能源安全、节能减排以及汽车产业实现跨越式发展同样具有重大意义。

发达国家十分重视汽车产业的发展，对汽车的碳排放和能耗提出了很高的要求，并制定了严格的法规对汽车产业加以限制。在表征汽车燃油经济性的众多指标之中，二氧化碳的排放量已成为重要的度量标准之一，我国对于相关标准的制定也正在进行尝试，随着世界各国对汽车排放问题的重视程度不断提高，可以预见在不久的将来，汽车排放问题很可能被列为全球协议议题，低碳交通及新能源汽车将成为世界交通领域的发展方向。

随着科技水平的不断提高，在各领域内出现了各种各样的智能系统，智能系统的应用有效地提高了生产效率，提高了能源的利用效率，可以预见未来的世界将是智能化的世界，智能化将逐渐走入人们的日常生活中，智能电网、智能家电、智能汽车等，全新的能源互联网将逐渐形成。

随着技术水平的不断提高，在技术性、经济性和方便性等方面均具有优势的外插式电动汽车将成为新能源汽车发展的方向，外插式双模动力电动汽车有望成为汽车产业发展的突破口，外插式纯电动汽车将成为汽车产业发展的主要方向，在电动汽车领域内将出现多种技术并存的格局。目前，在一些城市已经出现了双动力公交车，相信电动汽车的时代即将到来。因此，我国想要在未来汽车行业占据一席之地，必须紧跟时代步伐，抓住机遇，大力发展电动汽车及相关技术，争取在这一新兴行业获得发展优势。

因此，无论是从环保角度还是从经济角度考虑，我国都必须加紧电动汽车的开发脚步，争取在电动汽车市场上获得先发优势。目前我国在电动汽车领域的研究已取得了一定的成绩，对电动汽车的核心技术已有了较多的了解，电动汽车配套体系也已基本形成，在电动汽车领域已具有了一定的竞争优势，只要我们不断创新，保持住已经拥有的先发优势，相信在电动汽车发展领域我国一定会走在世界前列，为世界的低碳事业发展做出独特的贡献。鼓励发展城市公共交通系统和快速轨道交通系统，如轻轨和地铁系统，这些是低碳交通的标志。公共交通系统和快速轨道交通系统具有运量大、污染小、方便快捷等特点，尤其是在当今环境压力巨大、大城市交通拥堵严重的情况下，发展公共交通和轨道交通更是刻不容缓。

伴随着生活水平的提高，人们对生活的便捷性和高效性的要求越来越高，私家车拥有的比例也越来越高，这给城市交通带来巨大压力的同时也提出了更高的要求。城市交通拥堵问题与相应城市交通规划发展战略相关，有研究资料表明，若机动车辆行车越顺畅，将越增加民众使用自用车辆的意愿。发达国家的一些大城市提出“公路权”的使用规范，即除紧急车辆、特殊用车以外，将行人及自行车的路权列为优先，其次为大众运输工具，并利用汽车牌照号限制各种路权的使用。在提出限制措施的同时，积极发展以城市轨道交通作为改善低碳排放的出行方式，通过城市轨道交通在运量、效率、能耗等方面的优势，有效应对城市交通问题，推进低碳城市建设。

汽车尾气排放是CO_2排放的主要来源之一。交通运输部门在温室气体排放量控制方面可采取改善运输工具的能源效率及发展运用低排放或无碳燃料技术的方法；通过制定法律法规等运输需求管理，提供低污染的经济型运输方式和财政支持；合理规划城市交通系统建设，通过调整交通方式和公路布局，有效削减未来城市道路交通的能源需求和温室气体排放，城市交通网络建设应为群众乘坐公共交通工具出行提供方便。轨道交通是发展公共交通工具的最佳选择，在不具备发展轨道交通条件的地段，可以鼓励使用公交车等其他公共交通工具。此外，还可以借鉴西方发达国家“弹性工作制”的做法。北京市政府曾在奥运期间实施错峰上下班以及单双号分行政策，起到了很好的缓解交通拥堵的效果，间接减少因交通高峰拥堵造成的“碳排放高峰”，在一定程度上起到了污染物减排的效果。

步行和自行车出行越来越少的原因：①道路设计不合理，非机动车的空间被机动车挤压，出行空间的减少已严重影响了非机动车出行的顺畅性和安全性；②交通配套设施发展落后于经济发展，配套设施不完备导致自行车无法融入现代交通系统之中；③欠缺汽车文明出行，现在的交通事故增多，机动车经常挤压人行横道，城市内没有形成完善的步行、自行车出行的慢速网络，这使得人们不得不放弃步行和自行车出行。

倡导慢速出行的前提是做好以下几个方面的工作：①改变“汽车本位”思想，树立起正确的“大交通”理念，统筹兼顾各种出行方式，为非机动车出行创造更多便利条件。改善目前以机动车为主的出行环境，完善基础设施建设，在道路规划方面进行改善，规划出自行车专用车道，以提高自行车出行的便利性。②在出行安全性方面，将自行车道与机动车道进行有效隔离，可通过护栏或是行道树的方式进行，提高自行车出行的安全性。③在停车设施方面，增加自行车停放场所规划，提高自行车停放的便利性，避免因停车困难而影响人们自行车出行的积极性。④在公共交通方面，改造现在不合理的公交车站点，降低交通事故的发生率。⑤加强绿色“交通”环保意识，政府要出台切实可行的政策措施，并在基础设施建设方面采取有效的行动，推动我国自行车产业的发展，倡导新的生活理念，使绿色、健康的生活方式成为一种时尚，从根本上改变人们的观念，增强人们的环保意识。

同时，为鼓励居民步行或者骑自行车出行，政府还应出台一定的政策予以保障，在倡导步行及自行车出行方式的同时，应为步行者和骑行者营造安全舒适的出行环境，给在交通中处于弱势地位的步行者和骑行者充分的保护，规定步行、自行车优先的交通方式，实现步行出行系统和自行车出行系统的安全、便捷、舒适。对步行出行系统和自行车出行系统的改善工作应着重于出行空间和出行环境两个方面。要保障在各路段、路口具有有效的出行空间，并保障出行空间能够发挥具体的效用；创造良好的交通环境，切实实现步行、自行车出行的舒适性与安全性。因此，提倡步行、自行车出行需要政府及相关城市规划部门做好相应的政策保障工作。

3. 增加绿色建筑

绿色建筑的范畴是从材料、水、土地、气候等地球资源，以及营建废物、垃圾、污水、排热、二氧化碳排放量等废物两层面角度来定义的，将绿色建筑定义为消耗最少地球资源，制造最少废物的建筑。同时采用绿化、基地保水、日常节能、二氧化碳减量、废物减量、水资源、污水垃圾改善这七大指标，作为绿色建筑初期的评估体系。而后加入“生物多样性”与“室内环境指标”组成九大评估范畴，作为最新绿色建筑评估的主轴。实现建筑低碳化是发展低碳经济的关键。

目前，我国建筑领域的能耗很高，建筑能耗总量占我国社会能耗总量的比例已达 33%，随着我国社会工业化的发展和城镇化建设进程的加快，建筑能耗总量在不断提高，占社会总能耗的比例在不断上升。发展绿色建筑，实现我国建筑行业的低碳发展，做好建筑领域的节能减排工作，已成为我国节能减排的重点工作之一，对实现我国的低碳发展至关重要。同时，随着人们观念的转变和低碳意识水平的提升，低碳建筑将逐渐被社会所认可并接受，低碳建筑的经济效益、社会效益和环境效益也将逐渐实现。

我国北方地区城乡建筑取暖总面积约 215 亿 m^2，其中燃煤取暖面积约 83%，取暖用煤年消耗约 4 亿 tce，散烧煤取暖成为我国北方地区冬季雾霾的重要原因之一。2018 年全国建筑全过程能耗总量为 21.47 亿 tce，占全国能源消耗总量的 46.5%。目前，中国各级政府已采取了一系列有效的政策措施，包括北方采暖地区既有的居住建筑供热计量及改造工作，大型公共建筑节能管理工作，可再生能源建筑应用示范工作等。节能建筑比重逐年提高，如果节能工作进展较好，到 2030 年，中国的建筑能耗将显著降低。由建筑产业活动造成的环境负荷是多样且复杂的，实施建筑节能和推广绿色建筑是建筑业实现低碳发展的有效途径。如何减少建筑生命周期二氧化碳排放，如何建立全面的低碳排放体系策略指标，以有效控制和降低建筑的碳排放，并形成建筑物的再生循环以减少温室气体的排放，是尤为重要的。随着低碳经济的发展和低碳理念的提升，世界各国都致力于低碳城市的建设，其中节能住宅已成为建设低碳城市的一大热点。各国政府在推动建筑节能方面可谓不遗余力。

1）朱棣文的白色屋顶计划

美国能源部长、诺贝尔物理学奖获得者朱棣文在低碳建筑领域有很独到的见解，他提出如果将全球屋顶的颜色全部改变为白色，如果将人行横道的颜色全部变更为浅色调的水泥色，全球二氧化碳的排放总量将大幅减少，其效果相当于减少全球车辆 11 年的碳排放总量。据称，如果在未来 20 年里将全球的屋顶都涂成“浅色”，能节省 240 亿 t 二氧化碳。相比于全球的二氧化碳排放量 240 亿 t 来说，这就像是地球关闭了一年。有研究结果表明，白色屋顶能够有效地缓解在炎热天气中的室温升高，可因此而减少约 20%的空调用电，能耗的降低意味着碳排放的减少，有利于缓解全球日益严重的气候问题。而且，相比黑屋顶来说，白色屋顶的花费仅仅多 15%左右。关于白色反射性屋顶的尝试正在全世界展开。在美国，屋顶覆盖材料的制造商们正争先恐后地研究新产品，希望能够把“白色屋顶计划”覆盖到家家户户。我国借鉴美国的发展经验也正在开展自己的“屋顶计划”，对我们来说“屋顶计划”主要是指屋顶太阳能电池，目前也已经取得了一定的发展，相信在不久的将来必将为绿色建筑的发展做出贡献。

2）零排放建筑

“零排放”是污染物排放和碳排放均为零的活动，即通过使用清洁能源并采用先进的技术实现清洁生产，实现资源的完全循环利用，进而实现污染物和二氧化碳的零排放。零排放需要解决两个方面的问题：一是控制生产过程中废物的产生；二是对生产过程中产生的废物的回收再利用。“零排放”概念正在成为建筑行业的新宠。2000 年，全球共有 573 项建筑工程申请 LEED 认证（美国绿色建筑委员会颁布的能源与建筑环境认证）。到了 2008 年，这一数据飙升至 16000 项。英国曾提出让所有非住宅建筑物实现“零碳排放”；而美国、加拿大、日本等也陆续推出降低贷款利率、减税等政策鼓励房地产开发商建造节能建筑。“零排放建筑”代表了未来建筑业的发展方向——低能耗、高效益。

3）低碳工业化住宅

低碳工业化住宅是以减少碳排放为前提，采用先进的科学技术手段，在住宅设计中实现标准化设计，住宅建设所需的构件实现工业化生产，住宅建设的过程实现机械化，建设过程中实现组织管理科学化，以先进的大工业化生产方式替代传统的生产方式建造住宅。低碳工业化住宅是通过采用先进的科学技术手段、工业化的生产方式来建造住宅，是对传统住宅建造方式的升级。工业化的方式提高了住宅生产过程中的生产效率，生产效率的提高可有效降低生产建设过程中能源的消耗。对比传统的生产建设方式，通过工业化生产仅能耗一项就可减少 20%～30%。另外，通过工业化的方式还能有效减少建设过程中的环境污染，提高住宅的整体质量，降低成本，降低物耗、能耗，从而达到清洁建设，减少二氧化碳排放的目标。工业化住宅的建设代表了未来建筑行业的发展趋势，是科技水平不断提高的必然选择，是发展低碳经济的必然要求，既符合当前低碳经济的大潮流，又能有效利用和组织人力、物力、财力，以最小的消耗打造现代化的住宅，满足人们日益提高的住房要求。

第4章 碳 交 易

碳交易是温室气体排放权交易的统称，在《京都协议书》要求减排的6种温室气体中，二氧化碳为最大宗，因此，温室气体排放权交易以每吨二氧化碳当量为计算单位。在排放总量控制的前提下，包括二氧化碳在内的温室气体排放权成为一种稀缺资源，从而具备了商品属性。

碳交易市场在美国、澳大利亚、欧盟等国家或组织起步较早，目前中国正积极推进碳交易市场的发展，国家发展和改革委员会在2011年10月批准在北京市、上海市、天津市、重庆市、湖北省、广东省和深圳市陆续开展碳交易试点工作，并在2013年率先启动了深圳碳排放权交易市场。2017年底，中国启动碳排放权交易。2021年元旦起，全国碳市场发电行业第一个履约周期正式启动。2021年6月25日，生态环境部等多部委宣布全国碳交易市场开启。2021年7月16日9时15分，全国碳市场启动仪式于北京、上海、武汉三地同时举办，备受瞩目的全国碳市场正式开始上线交易。2022年1月，全国碳排放权交易市场第一个履约周期顺利结束。截至2021年12月31日，全国碳市场已累计运行114个交易日，碳排放配额累计成交量1.79亿t，累计成交额76.61亿元。2022年7月15日，全国碳市场一周年系列活动在武汉举办，四份“碳协议”签署。

4.1 国际碳交易市场概述

碳交易是指围绕碳的交易，由于企业污染的排放物主要以二氧化碳为主，并且排放的其他大气污染物中碳占比相对较高，因此以碳交易来表示不同社会主体产生各类污染物的交易。对于碳交易市场主要有两种说法，其中一种是将碳交易市场指定为只是碳排放权交易的市场，而另一种说法则认为碳交易市场既包括碳排放权交易的市场，也包括与碳排放权交易相关的各种金融活动和交易。相比较而言，本章所说的碳交易是指碳排放权的交易，即以碳排放权这种无形商品为买卖对象的交易。

1. 碳交易的背景分析

国际碳交易市场是以碳排放权为交易对象，不同经济主体之间进行交易的市场，其思想产生时期要比在法律上的生效时间早大约30年。碳排放权交易的思想萌芽于1968年，美国经济学家Dales在其《污染、财产与价格：一篇有关政策制定和经济学的论文》中首次提出排放权交易的相关设计，将排放权定义为在符合法律规定的条件下，权利人向环境排放污染物的权利。如果允许这项权利在特定条件下进行交易，便成为可交易的排放权。但是，碳排放权在法律上被认可是在1997年《京都议定书》通过之后。为了应对全球气候变化问题，联合国于1992年5月在纽约总部通过了一项国际公约——《联合国气候变化框架公约》，并于同年6月在巴西里约热内卢召开有全球各国政府首脑参加的国际会议。环境问题是“里约会议”上讨论的主题，世界各国就是否签署《联合国气候变化框架公约》及公约的具体内容设置进行讨论，会议的核心内容是要将全球温度控制在一个合理的范围内以应对气候变化带来的危害。经过将近两年的时间，该公约于1994年3月21日正式生效，这标志着人类共同面对气候变化问题走出了关键性的第一步，具有里程碑式的意义。公约规定各个缔约国每年集中举行一次会议。1997年12月11日，该公约的第三次缔约方大会在日本京都召开，会上通过了《京都议定书》。由于《京都议定书》规定了各个缔约方的具体减排目标，因此，各国衡量其国内的实际发展状况，经过了长达8年的时间，该协定最终于2005年2月16日强制生效，而作为世界超级大国的美国并没有签署这一协定。由于该协定减排目标设定具体，其被视为比《联合国气候变化框架公约》更具有影响性，至今都具有深远的意义。协定规定了2008～2012年附件一中的各个缔约方的减排目标，要求各国或各区域采取各自的减排措施，另外，除了给参与的各方规定要达到的减排目标外，《京都议定书》还制定了三种以市场为基础的减排机制，这也被视为碳交易市场的起源。

2. 碳交易的经济学分析

碳交易的经济学理论起源于科斯定理。碳交易是将碳排放权视为一种商品，允许碳排放权这种商品在市场上流通，以达到谁污染谁治理的目的。通过市场化的运作模式可以更有效率地促进低碳经济的发展。

1）碳排放权的本质

碳排放权本质上是一种产权，社会经济主体拥有排放碳污染物的权利。但是，市场经济并不是完全由市场做主的经济体制。目前，全球范围内没有一个国家是完全自由化没有政府干预的市场经济发展模式，一个很重要的原因是市场失灵问题的存在。外部性是市场失灵的一种表现形式。经济学上的外部性是指经济主体的社会活动给其他经济主体带来了影响，使得私人经济活动引起的私人成本与社会成本、私人收益与社会收益不一致的现象产生，这是20世纪初由英国经济学家马歇尔和庇古提出的。外部性分为正外部性和负外部性，其中，负外部性是指私人成本小于社会成本而私人收益大于社会收益的情况。碳污染物的排放即是产生负外部性问题的一个代表，不仅使得以生产性企业为主的经济主体给自身带来了危害，更将这种危害扩展到自身以外的社会其他经济主体上。经济学上治理外部性的方法主要有两种，理论上均可以达到资源的最优配置，实现帕累托最优。一种是经济学家庇古提出的征税和补偿方法，以“谁污染谁治理”为原则，对污染物排放大于治理的企业征税，反之，对企业给予补偿；另一种是由美籍英裔经济学家罗纳德·科斯于 1960 年提出的科斯定理，其核心观点是明确产权，这一产权界定为碳排放权交易奠定了理论基础。

2）碳排放权交易的制度约束

虽然碳排放权是一种人人都理应享有的权利，但是，当这种权利被无限制使用并带来较多的负外部性影响，造成市场失灵的状况时，政府适当进行干预调控就成为必要。政府通过制度规定碳排放数量的多少，对曾经无限制的碳排放量规定允许排放的上限正是碳排放权交易产生的基础。通过给各约束企业规定可排放污染物的上限以及超出排放上限的惩罚机制：一方面使碳排放权成为一种稀缺资源，激励企业减排；另一方面也使碳排放权成为一种可以用于买卖的无形商品，充分利用市场机制达到发展低碳经济的目的。

3）碳排放权交易的动因

制度约束使企业面临排放成本的压力，企业超额排放碳污染物面临被处罚的罚金成本或者进行减排的技术开发与使用等成本。对单个企业来说，在交易成本存在的前提下，企业最优排放量由边际成本与边际收益决定，边际成本与边际收益相等时对应的碳排放量即是企业的最优排放量。随着碳排放量的增加，企业造成的边际社会成本也在递增。企业污染物排放量越大，在规模经济的影响下，减排的边际成本逐渐降低。

4.2 国际碳交易市场机制和体系

4.2.1 国际碳交易市场机制

1. 国际碳交易市场减排机制

鉴于相对公平的原则，以温室气体的历史排放量和人均排放量为依据，《京都议定书》对发展中国家和发达国家分别确立了“共同但有区别的减排责任”，在该协定运行的第一个阶段，即 2008～2012 年，发展中国家暂时不需要承担减排的责任，这就将缔约方划分为附件一中的缔约方和非附件一中的缔约方。目前，国际碳交易市场仍是在《京都议定书》建立的三种机制为指导的准则下运行，分别是国际排放贸易（International Emission Trading，IET）机制、联合履约（Joint

Implementation，JI）机制和清洁发展（Clean Development Mechanism，CDM）机制。可以看出，这三种减排机制是按照参与主体在《京都议定书》中所承担减排目标的大小来确定的。IET 是指附件一中的国家可以互相进行减排单位的交易。JI 是指附件一中的国家可以通过节能减排项目的合作来获得碳排放权。CDM 是指非附件一中的国家基于项目的活动所产生的减排量可以作为附件一中的国家获取排放权的依据。通过这一机制，附件一中的国家可以实现其排放的目的，同时，通过引进这些国家的技术和资金，非附件一中的国家也可以通过学习技术来提升自己。从附件一中的具体国家可以看出，附件一中的国家主要是发达国家，非附件一中的国家主要是发展中国家。因此，可以认为 IET 和 JI 是发达国家间的市场减排机制，CDM 是发达国家和发展中国家之间的市场减排机制。在这三种机制的配合下，国际碳交易市场得以运行。

2. 国际碳交易市场监管机制

监管机制包括对交易主体和交易对象的监督、管理，对污染物排放数量的计量和计量方法的评定，对各个受管制对象是否按时按标准履约的情况进行报告和披露，以及其他涉及碳交易实施过程中的规范性要求的监管等。自 1997 年以来，国际碳交易市场采取联合国统一登记、各国或各区域分别集中登记的监管机制。联合国针对碳交易市场的三种运行机制分别设置了不同的监管机构。针对 IET 下的各种数据登记，国际交易日志（International Trade Log，ITL）肩负这一任务，以国家或区域为单位在 ITL 处详细记录配额排放单位（Assigned Amount Units，AAUs）、欧盟配额排放单位（European Union Assigned Amount Units，EUAs）等碳排放权的发放、交易、转让和注销等事件。由于欧盟排放交易系统是全球规模最大的交易系统，因此，在设计之初，ITL 系统的设置就将各国的注册系统与欧盟注册系统相衔接。联合履行监督委员会（Joint Implementation Supervisory Committee，JISC）记录全球各种 JI 中 ERUs 的买卖与转让等。清洁发展机制执行委员会（Clean Development Mechanism Executive Board，CDMEB）用于记录全球 CDM 运行过程中各种 CERs 的交易。在有排放约束的国家内部设立国家注册系统，各个国家的碳排放权登记系统分别与联合国对应的登记机构相联合。

3. 国际碳交易市场价格形成机制

价格是市场供需达到相对平衡的产物，但在不同的市场结构下碳排放权的定价又会有不同的形式。通常认为碳交易市场是一个不完全竞争市场，从碳配额的配给到碳排放权价格的决定，既受到政治方面的影响，也受到好多大型公司的影响，即存在市场势力。根据不同参与主体，碳交易市场可以分为一级市场和二级市场。在一级市场上，目前，国际主要碳交易市场普遍采用免费分配和竞价拍卖相结合的方式。在二级市场上，按照交易场所的不同，碳排放权价格的决定又分为两种：一种是场内交易价格，即交易所交易价格；另一种是场外交易价格，即交易所外交易价格。对于交易所交易价格，碳排放权价格的形成采用连续、集合竞价的方式，与证券市场的股票价格形成及交易形式类似。对于场外交易市场，其价格的决定主要依据交易双方达成的约定。

4.2.2 国际碳交易市场体系

1. 国际碳交易市场结构

从现阶段来看，国际碳交易市场发展规模日益壮大，按照减排的强制程度来划分，国际碳交易市场分为强制性碳交易市场和自愿性碳交易市场。强制性碳交易市场是指在《京都议定书》规制范围内的对缔约国强制性的碳交易要求，以国家制度和行政命令为指导在市场机制下进行的交易；自愿性碳交易市场是指不在《京都议定书》规制范围内的基于自律性管理的碳交易市场。

其中，按照碳交易市场交易对象的不同，强制性碳交易市场和自愿性碳交易市场又分别分为基于配额的市场和基于项目的市场。基于配额的市场是指基于“总量控制-交易”的市场，《京都议定书》虽然确定了国际碳交易市场机制，但并没有给各国分配具体的排放配额，因此，附件一中各国将分配到的减排额度分配给各企业，各企业再结合自身的减排成本和减排能力确定碳排放权的买卖数量，并在二级交易市场进行碳排放的买卖，以国际排放贸易机制为主要代表。基于项目的市场是指以同一国家或者不同国家的不同企业之间的合作项目产生的碳减排量为交易对象，特定的能带来减排实效的项目经过核证后确定的碳减排额度使项目的投资方获得减排额度，项目的被投资方提供场所，这一市场主要以联合履约机制市场和清洁发展机制市场为主。

根据市场的层次分类，配额市场和项目市场又分别进一步细分为区域性碳交易市场、国家级碳交易市场和地市级碳交易市场。其中，区域性碳交易市场以欧盟排放交易体系为主，国家级碳交易市场以澳大利亚新南威尔士温室气体减排交易体系和美国芝加哥气候交易所为主。截至目前，全球主要的碳交易市场主要有芝加哥气候交易所、欧盟碳排放交易体系、澳大利亚新南威尔士温室气体减排交易体系等交易市场。

（1）芝加哥气候交易所成立于 2003 年，这是全球首个具有法律效力的、以国际准则进行管理的自愿性碳交易场所。

（2）欧盟排放贸易体系是目前全球范围内规模最大且较全面复制了《京都议

定书》中关于全球碳交易市场构建的初设的碳交易市场，这一体系分三个阶段进行。第一阶段是2005年1月1日至2007年12月31日，这一阶段是试行期，目的在于通过最初的实践，确立基础的需求设施和施行机制，通过经验的累积为随后的几个阶段及未来更大的碳交易市场的运行做准备。在这一阶段，27个成员国将碳排放权的分配计划都集中交付给欧盟委员会，由欧盟委员会按照一定的分配原则将碳排放权分配给这一体系中的成员国，再由每个国家给所在国的企业发放碳排放权。由于担心碳排放权一旦具有一定的标价会使得各国的企业竞争力下降，对企业激励不足，因此这一阶段各国的碳排放权都是免费的。第二阶段是2008年1月1日到2012年12月31日，这一阶段的减排目标正是实现其在《京都议定书》中做出的具体减排目标的承诺。第三阶段是2013年1月1日至2020年12月31日，在这一阶段，欧盟委员会扩大了碳排放的贸易项目的覆盖范围，增加了石油化工、航空等领域内的碳排放。

（3）2007年，澳大利亚加入《京都议定书》，为实现承诺的减排目标，澳大利亚政府着手建立碳交易体系。澳大利亚新南威尔士温室气体减排交易体系正是在这个背景下以2003年设定的初步减排计划为基础正式成立的。澳大利亚政府对电力零售商和其他碳排放部门规定碳排放的上限，在总排放量受到限制的情况下，各个交易主体在交易所内进行碳排放权的买卖。另外，澳大利亚设立了场外交易市场，方便碳交易的市场参与者进行基于项目的合作等活动。

2. 国际碳交易市场交易主体

按照碳排放权的供求分析，国际碳交易市场的参与者可以分为碳排放权的供给者和需求者。

综合来看，按照是否受到减排约束，可以将碳排放权的供给者分为两类。一类主要是受排放约束的国家和企业，在达到减排额度后还有剩余碳排放数量的国家或企业，可以通过出售额外的减排量获得一定的经济收入。具体到每一个碳交易市场来看，碳排放权的供给者就是各个市场有额外减排数量的企业。另一类是没有受到减排约束但通过发展节能减排项目从而产生了经核证的减排数量，进而在二级市场中将其出售给碳排放数量的需求方的国家和企业。按照获取碳排放权的目的不同，可以将碳排放权的需求者分为最终使用者和中介，最终使用者是指有排放约束的国家或企业在既定的排放数量下难以满足自身发展的需要进而产生了超额的碳排放，从而需要买入碳排放权以达到承诺的减排目标，避免受到惩罚。当市场上现存的碳排放权数量不足或者获取的成本较大时，企业可以选择综合衡量其投入与产出，选择通过在本国或其他国家开展节能减排项目来获得碳排放权，这一动机催生并促进碳项目市场的发展。中介是指为碳排放权的供需双方搭建平台、传递信息的机构或组织，项目市场中经核证的减排单位可以进入二级市场进行交易，为达到供需的平衡，也为获取经济收益，不少企业和金融机构积极参与到碳交易市场中，发展出更多以碳排放权为基础的衍生商品。

3. 国际碳交易市场交易对象

交易对象也称为“交易产品”或“交易工具”。按照交易产品的形态，国际碳交易市场上交易的产品可以分为碳排放权基础产品和碳排放权的各种衍生产品。

碳排放权的基础产品包括各个碳交易市场的交易产品。《京都议定书》确立的三种减排机制分别形成了对应的碳交易市场。AAUs 是在 IET 市场中进行交易的产品。减排单位（Emission Reduction Units，ERUs）是 JI 市场中的交易对象。核证减排单位（Certificated Emission Reductions，CERs）是 CDM 市场中形成的交易对象。欧盟碳排放交易市场中的交易对象是 EUAs。这些都是碳排放权买卖、转让的对象，统一使用吨二氧化碳（t CO_2）为交易单位。与证券市场类似，在上述原生性交易对象的基础上衍生出一些用于规避风险或套利的交易工具，以碳排放权期货、期权与远期产品为主。

4.3 国际碳交易市场发展现状

（1）国际碳交易市场的市场数量不断增加。

自 1997 年《京都议定书》通过以来，世界各国陆续根据其制定的三种机制建立碳交易市场，全球范围内的碳交易场所、新建的碳交易试点不断增加，场外交易市场在联合履约机制和清洁发展机制的指导下也接连开展，市场细分规模不断扩大，一级、二级市场建立速度也在加快。

2002 年 4 月，英国最先在国内建立全球首个碳交易市场——英国交易体系，开创了配额市场和项目市场交易的先河。运行三年多后，在 2006 年，为了全力配合与欧盟排放交易体系的接轨，该交易体系关闭。

美国虽然在 2001 年退出《京都议定书》，但是其国内减排的脚步并没有停止，2003 年，芝加哥气候交易所建立，这是全球首个自愿减排交易场所。日本一直以来都没有加入《京都议定书》，但是，随着世界主要大国、集团自 1997 年以来都在积极进行开展碳交易的计划，日本也于 2003 年开始计划碳排放交易，并于 2005 年建立了日本自愿性排放交易体系。

2005 年 1 月 1 日，欧盟排放交易体系启动，该体系涵盖 27 个成员国及 3 个非成员国，长期以来都是全球最大的碳交易市场。2007 年，澳大利亚新南威尔士温室气体减排交易体系在 2003 年的减排计划基础上正式成立，主要是基于项目的碳交易体系。2008年，新西兰启动碳交易市场，以实现其在《京都议定书》中承诺的减排目标。2008年4月，印度国内开始进行碳交易，这是最早建立碳交易所的发展中国家。2011年，国家发展和改革委员会宣布在全国7个省（市）开展碳交易试点工作，2013年，试点工作正式启动，中国迎来配额市场的首个交易年份。2017年初，中国福建省也开展了碳交易试点工作。到2020年，全球已有四大洲共21个排放交易系统运作，覆盖29个辖区，涵盖了全球碳排放的9%左右。截至2021年我国共有8个碳交易试点省市。根据世界银行《2016年全球碳市场发展现状与趋势》报告，全球有100多个国家和地区已经开始计划或考虑计划开展碳交易市场。截止到2016年底，全球共有36个国家，20多个地区、州、市已经开展碳排放权的交易市场，覆盖的碳排放数量为37亿t CO_2当量，占到全球温室气体年排放总量的13%（表4-1）。国际碳行动伙伴组织（International Carbon Action Partnership，ICAP）预测，如果中国碳交易市场建设完成，那么全球的碳市场的覆盖排放将上升到至少14%。

表4-1 国际碳交易市场发展规模

年份	国际碳交易市场的建立
2002	英国交易体系（于2006年关闭）
2003	芝加哥气候交易所
2005	欧盟排放交易体系与欧洲气候交易所、日本自愿性排放交易体系
2007	澳大利亚新南威尔士温室气体减排交易体系
2008	新西兰碳交易市场、印度碳交易市场
2016	中国碳交易市场试点

资料来源：根据本书参考文献中与国际碳交易市场相关的部分文献整理得出

（2）国际碳交易市场交易规模不断扩大。

作为一个新兴市场，自第一个碳交易市场建立以来，全球碳交易市场交易规模不断扩大。全球碳交易市场在2015年的碳交易数量为61.98亿t CO_2当量，对应的成交金额为828.73亿美元。全球碳市场交易量在2011年达到峰值，之后持续下降，2014年全球碳交易量较2013年下降17.8%，但是，碳交易金额不升反降，环比增长27.8%，原因在于欧盟排放交易体系推迟了碳排放权的拍卖，致使碳价升高；另一个主要原因在于欧盟《市场稳定储备》的公布提升了市场对碳交易的信心。在全球主要的碳交易市场中，欧盟排放交易体系占据首要地位，2015年，欧盟排放交易体系的清洁发展机制市场上发行的CERs是2300万美元，比2014年高出17%，对应的发行数量是1.22亿t CO_2当量。其中，一级市场的交易量是

5000 万 CERs，比 2014 年下降 17%。二级市场上的平均价格是 0.4 美元每吨二氧化碳当量。在联合履约机制市场上，2015 年 ERUs 的发行数是 20 万 t CO_2 当量，比 14 年少 1%，但在 2015 年 1 月 23 日，价格跌到 0.01 美元。

截至 2021 年 6 月，全球已经生效的 ETS 市场有 24 个，在建设中的有 8 个。现在国际上最成熟的是欧盟市场，从 2005 年开始建立，到现在已经是第四阶段。从交易量来看，欧盟最大，但是从覆盖的减排量来看，中国是最大的。中国虽然成立全国的统一的碳排放交易市场较晚，但它覆盖的排放量接近 40 亿 t，而欧盟覆盖的排放量在 20 亿 t 左右。从排放量来看，全球的碳排放交易市场覆盖 16%的全球温室气体排放总量，其中中国占接近一半的量，所以 2021 年中国市场的加入对于全球碳排放市场是一个里程碑。

4.4 国际碳交易市场发展中存在的问题

（1）碳交易市场分割带来诸多问题。

2009 年，欧盟发布了《哥本哈根协议》，核心内容是要以欧盟碳交易市场为基础在全球建立统一的碳交易市场。2012 年 8 月，澳大利亚与欧盟宣布同意对接对方的碳交易体系。这是各国或区域碳交易市场走向全球迈开的第一步。但是，全球碳交易市场对接中存在许多问题。各国或区域碳排放交易体系建立之初都是为了承担在国际公约中承诺的减排责任，在这一大背景下，各国碳交易体系都是基于本国国情建立的。市场分割带来的问题主要集中在四点：一是各国碳交易体系发展政策不同，发展政策的对接涉及政治层面的问题，关系一国主权的让渡；二是各国或区域的碳交易市场受到的法律约束不同，既有受国际法约束的，也有受地区法约束的；三是体系架构方面存在差异，既有强制性碳交易市场，也有自愿性碳交易市场，区域级、国家级、地市级碳交易市场并存，不同市场设置有不同的架构和组织结构，给对接带来问题；四是价格形成方式、价格高低不同。不同碳交易市场的价格设置不同，在市场对接过程中，价低的一方处于卖方市场，价高的一方处于买方市场，价低的一方比价高的一方更具有话语权，并获得较高的收益。另外，《巴黎协定》的生效确定了自下而上式的减排模式，受到的国际约束要远小于《京都议定书》的约束力度。在这一模式下，各国根据自身的经济发展结构、政治意愿自主设定减排目标，设计本国碳市场的各种构成要素，碳排放权的分配额度、分配准则和方法、监测减排力度等方面也都根据各国意愿。这些设计上的不同意味着各国在减排政策、治理力度等方面不统一，使得未来碳市场的对接耗时耗力进一步加剧。

（2）市场监管机制不健全。

碳排放权作为一种政策下的商品，政策属性决定了其始终在政府相关部门的监控下。但是，同时作为一个新兴的交易市场，碳市场相关监管政策方面设置并不全面带来许多社会问题。企业为获得信用证，交易信息披露问题跟进不及时，负面消息屡见不鲜，各种贪污腐败问题频现，受到大众的强烈谴责。欧盟等的排放交易市场存在严重的行贿受贿的不正当竞争现象及钓鱼行骗等严重危害投资者合法利益的行为。此外，以项目为基础获得碳信用的交易市场设计之初是在为发达国家降低减排成本的同时给发展中国家带去资金与技术的支持，实现两大阵营的互利双赢。但是，项目市场在发展过程中存在的碳补偿政策面临两大不确定性：一是信用的认证方式，碳信用额度具体怎么核算没有明确的定量标准，带来很多内部操作问题；二是碳信用涉及经济利益的争夺，各国或企业为获得碳信用证进行各种物质的不正当交换，这些都需要政府相关部门有效监管的制约。

（3）政策有效性受到质疑。

一是碳交易市场与碳泄漏并存，主要表现在受到减排约束的发达国家的能源密集型产品的生产企业为追求生产成本的最小化将生产转移到发展中国家，出现在发达国家减排而在发展中国家排污的现象。二是碳交易市场会降低企业在国际市场上的竞争力，碳交易市场的减排机制增加企业的生产成本，企业是拉动一国经济发展和增长的重要社会单元，这将直接影响一国的经济发展水平，这也是许多国家不加入《京都议定书》的主要原因。三是碳交易市场对发展可再生清洁能源的促进效果不强，可再生清洁能源的发展与技术创新和一国的资源禀赋紧密相关，两者共同决定了一国的能源消费结构。实践经验表明，碳交易市场虽然会在短期推动一国能源结构的调整，但是从长期来看，可再生能源技术发展的不确定性对企业的长期投资激励作用有限。四是碳交易市场实际减排量的多少不易估算。面对碳交易市场的这些不确定性，许多学者呼吁其他能源政策对碳交易市场的补充或替代。

4.5 我国碳交易市场发展现状

中国作为发展中国家，《京都议定书》在减排的前两个阶段暂时没有给中国分配减排数量。但是，作为国际社会中的重要一员，面对国际气候环境领域的协作及其他国家要求中国减排的巨大压力，从自身发展和参与国际社会活动的积极性角度出发都要求中国实施控制碳排放的措施。因此，长期以来，中国也一直致力于发展节能减排工作。

在各试点运行四年多之后，全国统一碳交易市场千呼万唤始出来。2017 年 12 月 19 日，国家发展和改革委员会经国务院同意正式印发了《全国碳排放权交易市场建设方案（发电行业）》。该文件的出台正式标志着我国碳排放交易市场体系的正式启动。尽管此次只纳入了发电行业，但随着碳排放交易市场的不断发展与完善，其他的高能耗、高排放行业也将会被逐渐纳入到碳交易市场。国家发展和改革委员会已经确立了“成熟一个、纳入一个”的基本原则，明确了中国碳交易市场的开放性模式，最终逐步扩大全国碳排放交易市场的覆盖范围。

目前，全球碳交易市场规模在日渐扩大。无疑，从 2009 年至今，国际社会上以碳减排为商品的新兴碳排放权交易市场逐渐完成，碳交易权成了投资界的热门商品。为了切实推进中国政府减排的承诺，2011 年以来，国家发展和改革委员会在北京、天津、上海、重庆、广东、湖北、深圳开展碳交易试点工作，2013～2017 年，这 7 个试点地区累计成交的配额碳排放交易量超过了 2 亿 t CO_2 当量，成交额已经突破了 46 亿美元。从试点的效果看，这些区域的碳排放总量及强度均出现了下降趋势。

广东作为全国最大的碳市场试点，截至 2017 年 12 月 15 日，累计成交配额 6527.06 万 tCO_2 当量，总成交金额 15.06 亿元，两项均占全国七个试点的 30%以上，并居全国首位。在全国碳排放交易体系建设中，广东充分发挥了试点的作用，并提供了宝贵经验。例如广东作为全国碳市场能力建设中心，发挥服务和带动作用，加强与泛珠三角区域和其他省市碳市场交流合作，不断扩大碳市场的影响力。广东根据国家要求，对电力等重点企业的碳排放数据进行了上报，又在协助国家建设配额注册登记系统、报告核查系统、交易系统等软硬件系统和各类平台方面，向国家提供了广东的试点经验。地方省市的试点对全国碳市场的建设做出了很重要的贡献。

鉴于试点的成效，《全国碳排放权交易市场建设方案（发电行业）》明确了发电行业（包括电热联产行业）率先启动全国性的碳排放交易体系，参与的主体主要是发电行业年度碳排放超过 2.6 万 t CO_2 当量及以上的企业。按照《全国碳排放权交易市场建设方案（发电行业）》部署，首次纳入碳交易的发电企业超过 1700 家，年度碳排放总量超过 30 亿 t CO_2 当量。

《全国碳排放权交易市场建设方案（发电行业）》还明确了建立全国碳交易市场的三个主要制度体系：第一，碳排放的检测、报告及核查制度（即 MRV 体系）；第二，重点排放单位的碳排放配额制度；第三，市场交易的规则制度。同时还明确提出建立四个方面的辅助支撑体系：碳排放的数据报送体系、碳排放注册登记体系、碳排放交易系统、碳排放结算系统。可以说，从制度体系及相关规则上看，全国碳排放交易市场具有成熟的制度基础，为其以后的运行奠定了基础。当然，也有不少人担忧，率先将发电行业纳入全国碳交易市场体系，可能会催生电价上涨。国家发展和改革委员会气候司副司长蒋兆理表示，“从长远来看，由于单位发电的能耗，化石能源消耗，特别是煤耗降低，资源消耗下降，成本是下降的。因此，在这种情况下，总体来讲，发电行业的成本是处于下降的趋势，而不是上升。”

目前，我国已经以国务院部门规章的形式出台了《碳排放权交易管理暂行办法》，后续我国还将继续推进碳市场的相关立法工作，以法律手段保障碳交易的公平公正。我国碳市场已设置了两级管理机制：国家发展和改革委员会侧重于宏观管理，负责市场规则的制定；地方发展改革委偏重于微观管理，包括重点排放单位的排放数据报送、核查、配额分配、履约清缴等。

此外，要做好对重点排放企业的监管，根本上还是需要由国家尽快制定出台相关的法律法规，依法对企业进行监管，并依靠法律来确保对违规企业的惩戒。在立法基础上，将企业的违规行为纳入失信联合惩戒机制也是有效监管手段。此外，还可以动员行业协会以行业自律的方式，从行业内部协助主管部门加强监管。要保证碳交易公平公正，首先是要建立统一、公正的制度规则，使不同行业、不同企业都按照统一的规则参与碳市场。碳市场主管部门、第三方机构都要严格按规定，尽量压缩自由裁量权，避免出现“特殊处理”的情况。其次是要做到充分的信息公开，碳市场的各项规则、配额总量情况、企业碳排放数据、履约情况等信息要及时向公众公布，让碳市场充分接受社会公众监督。最后是要保障沟通的顺畅，广泛听取企业等相关方的意见，及时完善相关规则。

目前，全球已有 18 个碳交易体系在运行，包括欧洲、北美等地区，其中最大的，也是目前相对最为成熟的是欧盟碳市场。欧美发达国家碳市场起步较早，欧洲碳排放交易体系、美国区域温室气体减排行动（Regional Greenhouse Gas Initiative，RGGI）等市场已成为全球碳市场建设的范例。在我国周边，韩国的全国碳市场也已于 2015 年正式启动。

发达国家碳市场的建设总体来说是成功的，验证了碳市场作为一种市场手段促进温室气体减排是切实可行的。与此同时，发达国家的碳市场也暴露了诸如配额超发等一系列问题，这也为我国碳市场的建设提供了宝贵的经验教训。例如，从欧盟碳市场中，最值得借鉴的是碳市场政策制定要透明，尽早释放明确的政策信号，使企业有明确的市场预期，能够提早做好前期准备工作，对于已经出台的政策法规要求则要有稳定性和严肃性，避免政策反复给企业造成不必要的负担。

此外，要注重建立完善的碳市场体系，丰富市场交易产品，促进市场流动性，培育活跃的交易市场，让企业有动力、有意愿真正参与碳交易，更好地发挥市场配置资源的作用，促进企业减排和低碳转型。

最后，要在积极实践中完善碳市场建设，全国碳市场的建设目前面临一些问题，比如碳排放数据准确性的问题，尽管暂时难以在碳市场启动前就建立足够完善的数据质量管理体系，但是政府主管部门、参与碳市场的企业仍应该积极行动起来，通过加快推进市场建设以及实践找到解决问题的方法。

第三篇　安　　全

第5章　能 源 安 全

国家的能源结构正在进行重大调整，能源安全的形态正在发生质变，这对我国所有能源企业和国家的政治、外交、军事、科技、产业结构提出了一个全新的挑战——能源安全。保障能源安全，包括影响能源稳定、经济、安全、清洁供应的各个方面，是维护经济安全和国家安全、实现现代化建设战略目标的必然要求。能源安全成为政府制定相关政策理论的重要课题。

5.1　能源安全概念

能源安全是一种非传统安全范畴，在国家安全中的地位越来越重要。能源安全从本质上具有多义性，它的概念具有多种内涵。也就是说，能源安全是一个难以完整定义的概念，其定义随时间、地点与目的不同而有所差异。能源安全是一个发展的概念，其在不同时期、不同国家有不同的含义。

5.1.1　从期限上定义能源安全

早期能源安全是指能源供应的充足与稳定性。IEA 在 2011 年提出了能源安全存在长短期之分。短期能源安全是指能源系统可以对供需平衡的突然变化做出迅速反应。长期能源安全则是指兼顾经济发展和环境保护的能源系统投资。对能源进口国而言，能源安全意味着要降低对外部能源供给的依存度。20 世纪 70 年代，能源安全的概念开始出现，由 Mason Willrich 第一次提出，他指出“能源安全是国际政治最为关注的问题”。最初研究的焦点在石油资源的安全，这是因为一些发达国家的能源结构是以油气为主，面临的能源威胁主要为石油供应中断风险，例如在 20 世纪 70 年代第一次石油危机爆发之后成立的 IEA 提出的国家能源安全概念是以“稳定原油供应和原油价格”为中心。也就是说能源安全的目的是以合理的价格和不危害主要国家的价值观和目标的方式保证充足的、可靠的能源供应，这些观点主要是针对石油进口国的能源安全而言。随着全球能源格局的变化以及更多国家对能源安全的关注，逐渐地，能源安全成为包括石油、煤炭、天然气以及电力在内的能源系统的安全，但也主要是研究能源的供需关系，即从“量”的视角研究能源供应安全。

然而，一些学者意识到对于能源安全应从长期的角度考虑更多的因素，能源安全也被赋予了更丰富的含义。亚太能源研究中心（Asia Pacific Energy Research Center，APERC）提出了四个维度的能源安全概念，即 4A（availability、accessibility、affordability、acceptability，可用性、可达性、可承受性、可接受性）的能源安全框架。美国商会 21 世纪能源研究所（U.S. Chamber of Commerce's Institute for 21st Century Energy）认为能源安全应当同时考虑供给的可靠性、地缘政治、经济形势、可靠性与环境等诸多方面。能源安全是一个关系到如何平等地提供可使用的、可负担的、可靠的、有效的、环境友好的、适合监管的和社会可接受的能源服务的复杂问题。类似地，B. Mufioz 和 J. Garcia-Verdugo 在 2015 年提出能源安全是一个多维的概念，包括技术、经济、社会政治、环境和地缘政治方面，并且各个方面是相互依存的。

综上所述，能源安全是综合概念，不仅包括能源系统的安全，还涵盖了能源与经济的依赖性发展安全、能源外交安全，以及气候、生态、社会等方面的安全。能源安全从供给和使用、“数量”和“质量”、时间维和空间维全方面研究能源、经济、环境和社会的综合安全。近年来，能源安全已经由最初的能源供给稳定的单一维度概念扩展为涵盖能源、经济与环境等诸方面的多维度概念。

5.1.2　从内涵上定义能源安全

能源安全通过多种尺度被描绘，并且根据不同国家能源使用时间或能源来源的差异各自具有不同的特殊性。狭义的能源安全是指能源供给安全。能源安全有 5 种基本含义：数量的含义、质量的含义、结构的含义、均衡的含义、经济或价格的含义。能源安全所要追求的是以最低的经济代价获取所需能源。对此我们从以下几个方面对能源安全的路径选择进行界定，即能源供给安全、能源生产和使用安全、能源运输安全、能源环境安全，以及能源安全预警机制。其中能源供给安全是核心，能源生产和使用安全与能源环境安全是前提，能源运输安全与能源安全预警机制是国家能源安全的有力保障。技术科技和社会工业化程度的不断提高，能源消耗和优质能源的开发增长迅速，而一些新能源和可再生能源发展落后于经济的发展，能源的保障程度引起了人们的关注。

能源是经济、社会发展的物质基础，能源安全在国家安全中扮演着重要角色。由于过去粗放式的经济发展模式，能源安全问题已经成为制约中国可持续发展的重要因素，引起了极大关注。“十三五”规划纲要提出要深入推进“能源革命”，大力发展低碳清洁能源，优化能源结构，推动科技创新，提高能源效率，构建全面安全的能源供应体系，维护国家能源安全，这不仅是社会和经济发展的必要条件，更是能源新常态发展的内在需求。

在全球发展低碳经济的背景下，随着中国经济步入新常态，能源系统开始向低碳、清洁、高效、安全的方向转型，呈现出了能源供应国际化、能源消费增速放缓、能源结构调整加速、清洁能源比例提高等新常态。同时，国内及国际政治、经济形势的变化对中国能源系统产生了深刻影响，中国能源安全的研究背景发生了变化。

5.2 我国能源现状分析

我国经济从高速度转向高质量发展，2016 年 GDP 增速为 6.7%，2017 年 GDP 增速为 6.9%，2018 年到 2019 年 GDP 增速均为 6%左右，增速较为稳定。高端制造业和中高端消费贡献逐步增大，体现了新动能的带动作用。我国能源消费增速从高速进入中速，2000～2010 年，我国能源消费年均增速为 9.4%，2011～2014 年，平均增速降至 4.3%，2015 年能源消费增速为 1.1%，2016 年为 1.3%，2017 年为 2.9%，到 2019 年能源消费增速达到 3.3%。在应对气候变化和环境治理约束下，我国能源消费结构持续优化，可再生能源所占比重不断提高。2015 年非化石能源消费比重达到 11.8%，2016 年提高到了 13%。

5.2.1 能源储量

国土资源部《中国矿产资源报告（2017）》显示，截至 2016 年底，我国煤炭探明储量为 15980 亿 t，石油查明储量为 35 亿 t，天然气查明储量为 545365 亿 m^3，煤层气 3344 亿 m^3，页岩气 1224 亿 m^3。煤炭依然是占储量绝对优势的资源。

2017 年我国能源消费结构进一步优化，煤炭占消费总量比例下降到 60%以下，完成了年初的既定目标。2016 年煤炭消费占比为 61.8%，石油为 18.9%，天然气为 6%，其他非化石能源为 13.3%。相比于 2016 年，2017 年除煤炭占消费总量比例下降外，石油、天然气和非化石能源所占比例均为上升，非化石能源消费增速加快。

自 2015 年以来，我国能源供给侧改革逐步深入推进，对我国能源供给端产生了显著影响。2016 年与 2017 年两年，煤炭去除了超过 5 亿 t 落后产能，以先进产能取代落后产能，较好地改善了煤炭供过于求的态势。国家统计局统计结果显示，2016 年煤炭产量 34.1 亿 t，连续第三年下降，国内产量减少促进了进口煤炭快速增长，全年共进口煤炭 2.6 亿 t。2016 年我国原油产量下降，仅为 19969 万 t，进口量约为产量的 2 倍。天然气国内产量和进口量双双上涨，产量为 1369 亿 m^3，进口量为 745 亿 m^3。据预测，2017 年非化石能源产量占比达到 17.6%，其装机占我国电力装机总量的 38.1%，达到历史上最高时期。但是也应该考虑到水电、风电、光伏发电如何消纳的问题，同时应注意到这些能源与煤炭相比的高成本性依然亟待解决。因此短时间内非化石能源难以成为我国能源消费的支柱。在能源结构逐步优化的过程中，要重视经济与环境的均衡发展，重视现实情况向战略方向迈进的节奏，重视能源的有序替代，促进化石能源和非化石能源的协同发展。

受去产能影响，我国煤炭价格反弹，煤炭进口快速增长，2017 年我国煤炭进口量累计超过 2.8 亿 t，同比增长 10%。随着能源结构逐步优化，石油、天然气需求上涨，但在石油减产、天然气产量小幅增长的情况下，2017 年我国石油、天然气对外依存度均再创历史新高，分别达到了 69%和 39%。

根据 2016 年 BP 世界能源统计年鉴：2015 年我国已探明原煤储量为 11.45 亿 t，占世界煤储量的 12.8%，剩余储量可供开采 31 年；已探明石油储量为 25 亿 t，仅占世界石油储量的 1.1%，剩余储量可供开采 11.7 年；已探明天然气储量 3.8 万亿 m^3，占世界天然气总储量的 2.1%，剩余储量可供开采 27.8 年。近年来原煤储产比和天然气储产比不断下降，石油储产比变化不大。化石能源的储量有限，而我国能源消费主要依赖化石能源，这种资源性约束和能源需求冲突的发展模式是能源供给安全风险的来源。中国原煤剩余储量实际上仅次于美国和俄罗斯，但是剩余可开采年数远低于俄罗斯和美国，俄罗斯剩余储量为 15.7 亿 t，但是其剩余可开采年数约 422 年。这说明能源储量是资源有限性的客观事实，但是能源开采利用的方式对能源的耗竭性具有关键影响作用（图 5-1）。

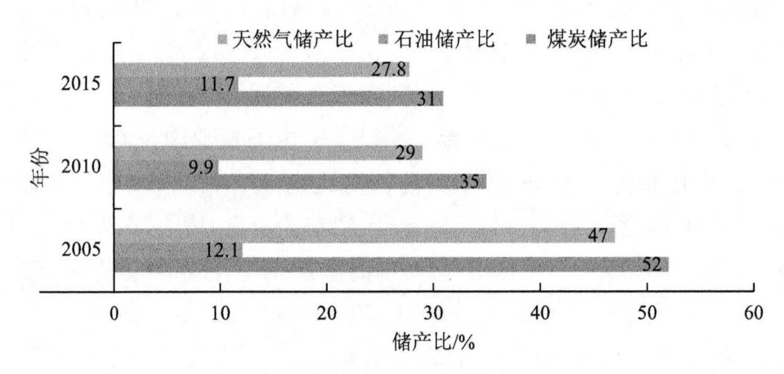

图 5-1 中国化石能源储产比情况

资料来源：BP 世界能源统计年鉴

5.2.2 能源生产

根据表 5-1，2005～2015 年，中国能源生产总量持续增长，2015 年我国一次能源生产总量是 36.2 亿 tce，相比 2005 年的 22.9 亿 tce，增长了将近 58%。2014 年

“能源革命”的战略思想提出以后，中国能源生产总量增长速度明显下降，2013 年中国能源生产总量环比增长率为 2.20%，2014 年降为 0.86%，2015 年降到了 0.04%，这种能源生产总量增长速度下降的趋势和能源消费总量增速下降趋势保持一致。但 2016 年，中国能源生产量出现了负增长，主要受国际低油价及国内煤炭去产能的影响，这使得中国能源净进口量高速增长，能源对外依存度大幅提高。

表 5-1　2005～2015 年中国能源生产总量及结构

年份	能源生产总量/万 tce	能源生产结构/%			
		煤炭	石油	天然气	非化石能源
2005	229036.72	77.40	11.30	2.90	8.40
2006	244762.87	77.50	10.80	3.20	8.50
2007	264172.55	77.80	10.10	3.50	8.60
2008	277419.41	76.80	9.80	3.90	9.50
2009	286092.22	76.80	9.40	4.00	9.80
2010	312124.75	76.20	9.30	4.10	10.40
2011	340177.51	77.80	8.50	4.10	9.60
2012	351040.75	76.20	8.50	4.10	11.20
2013	358783.76	75.40	8.40	4.40	11.80
2014	361866	73.60	8.40	4.70	13.30
2015	362000	72.10	8.50	4.90	14.50

资料来源：国家统计局网站

2015 年，中国一次能源生产结构中，煤炭、石油、天然气、非化石能源的占比分别为 72.1%、8.5%、4.9%、14.5%。中国能源生产结构一直以煤为主，尽管近年来煤炭生产比重下降，消费比重下降，但在相当长时期内，煤炭依然是我国的主体能源。我国石油资源有限，主要依靠进口，石油生产比重基本保持平稳状态，而天然气和非化石能源在能源生产中的占比呈现上升趋势。《能源发展“十三五”规划》提出，到 2030 年，天然气有望成为第三大主体能源。

5.2.3　能源消费

根据表 5-2，2015 年中国能源消费总量为 43.0 亿 tce，同比增速为 0.9%，增速远低于过去十年平均水平 5.3%。同期全球一次能源消费量仅增长 0.1%，其中中国能源需求减速做出了突出贡献。但中国仍然是全球最大能源消费国，能源消费量占据了世界能源消费总量的五分之一以上。2013 年、2014 年、2015 年，中国能源消费总量的增速分别为 3.6%、2.1%、0.9%。“能源革命”战略的实施和经济新常态下经济发展模式的改变，是能源消费总量增速放缓的主要原因，而能源消费总量增速放缓也是能源新常态的表现之一。

表 5-2 2005～2015 年中国能源消费总量及结构

年份	能源生消费量/万 tce	能源消费结构/%			
		煤炭	石油	天然气	非化石能源
2005	261369	72.40	17.80	2.40	7.40
2006	286467	72.40	17.50	2.70	7.40
2007	311442	72.50	17.00	3.00	7.50
2008	320611	71.50	16.70	3.40	8.40
2009	336126	71.60	16.40	3.50	8.50
2010	360648	69.20	17.40	4.00	9.40
2011	387043	70.20	16.80	4.60	8.40
2012	402138	68.50	17.00	4.80	9.70
2013	416913	67.40	17.10	5.30	10.20
2014	425806	65.60	17.40	5.70	11.30
2015	430000	64.00	18.10	5.90	12.00

资料来源：国家统计局网站

2015 年，中国一次能源消费总量中煤炭、石油、天然气、非化石能源消费占比分别为 64.0%、18.1%、5.9%和 12%。与同期相比，2016 年煤炭消费量出现了下降，而其他各品种能源消费量均呈现出不同程度的增长。2016 年煤炭消费比例为 64.0%，清洁能源消费比例为 17.9%，煤炭仍然是中国的主要消费能源。近年来，煤炭消费比重逐年下降，2016 年降至历史最低水平，清洁能源消费比重连续上升，能源结构持续改进。能源结构转型，既是产业结构转型升级的结果，也是发展低碳经济的内在要求，还是建设“清洁、低碳、安全、高效”的现代能源体系的必要途径之一。

5.2.4 能源价格

自 2008 年金融危机以来，煤炭价格经历了“过山车式”的剧烈变化。以大同混优 5500kcal 动力煤为例，2008 年 7 月大同混优 5500kcal 动力煤价格上升至自 2003 年以来的最高点 980 元/t，在经历快速下跌后，震荡上行至 2011 年 11 月的 850 元/t，2014 年 9 月跌至 470 元/t，2015 年全年更是一路下滑，到 12 月，煤炭价格已经跌至 370 元/t。2016 年是煤炭供给侧改革元年，产能和产量下降推动煤炭价格从最低谷一路升高，煤炭行业从全行业亏损转为多数盈利。2017年，在价格政策引导下，煤炭价格基本稳定，小幅震荡，国际港口煤炭价格变动趋势和国内基本一致。2016～2017年，去产能政策实施造成国内煤炭产量下降，进口量快速增加，带动国际煤炭价格上涨，也显现出我国对世界煤炭消费市场的巨大影响。

2014年国际原油价格出现“断崖式”下跌，WTI、Brent两个市场原油价格全年下跌幅度超过50%。2016年国际原油价格跌至30美元/桶以下，此后油价触底反弹，随着石油供应增量下降，需求缓慢上升，推动油价逐步上涨至50美元/桶左右。2017年全年油价震荡上扬，在经历了几度涨跌后，Brent油价上涨至65美元/桶以上，WTI上涨至60美元/桶以上。在新成品油定价机制下，国内成品油价格同国家油价波动趋势基本一致，在“地板价”设置下，国际油价下跌至谷底时，我国成品油价格出现了“地板价”运行区间，未能与国际原油价格联动。

近两年受到宏观经济形势变化、供给侧改革政策实施、国际政治力量博弈等因素影响，世界能源价格波动都较为剧烈，但由于煤炭的自给自足，我国对于煤炭价格具有较强的影响力，可以通过鼓励签订中长期合同和控制库存等方式控制价格波动。而我国对于国际原油价格的影响作用有限，随着我国石油需求的进一步扩大及国际市场参与度的提高，我国在国际石油定价权中的地位仍然有较大上升空间。自2003年以来，我国通过推出国内燃油基准价、燃料油期货等手段，着力在亚太石油市场形成有效的价格基准，以促进更为公平合理的国际原油贸易秩序，进一步形成并发挥我国在国际市场上的石油价格博弈能力。

5.2.5 清洁能源

近些年，我国能源清洁高效率利用的焦点主要集中在煤炭的清洁利用上，由于煤炭短时间内仍然是我国的主体能源，非化石能源远不能支撑起我国能源消费，“去煤化”不符合我国现实情况。出于可持续发展的要求，煤炭行业在全行业、全产业链的清洁、高效、可持续开发利用方面展开了深入研究，最大程度降低排放和污染。中国煤炭工业协会表示，煤炭行业着力从商品煤质量、燃煤发电、煤化工、燃煤锅炉、煤炭分级分质利用、废物资源化利用等多个方面来推进煤炭清洁利用工作，并且取得了一系列成果。煤炭直接/间接液化、煤制烯烃、煤气化、煤制乙二醇等一批具有自主知识产权的现代煤化工关键技术攻关和装备研制取得突破。现代煤化工产业开始向产业化方向发展，2017年12月，全球单套装置规模最大的煤制油项目——神华宁夏煤业集团年产400万t煤炭间接液化示范项目已经满负荷运转。煤电方面积极研发超超临界发电、煤基多联产、大型节能循环流化床等清洁高效燃煤发电技术，我国火电机组平均供电煤耗已达到 321gce/kWh，上海外高桥第三发电厂发电煤耗仅为 276gce/kWh，污染物排放远低于世界发达国家水平，是世界最为领先的燃煤发电厂。

5.2.6 政府治理能力

自 2014 年“能源革命”提出以来，我国陆续推出保障能源短期和长期的安全的政策措施。能源市场化改革方面，发布了电力市场、油气市场和可再生能源市场改革政策；市场监管方面，发布了推动煤炭中长期合同签订实施、煤炭价格监控、成品油定价机制、可再生能源消纳方案等政策；法律体系建设方面，修订了《矿产资源法》《环境法》《煤炭法》《节约能源法》；全面启动了全国碳排放交易体系；发布了“互联网 + 智慧能源”发展指导意见。短期干预政策和长效发展政策都体现了国家对于能源治理能力的不断加强，有利于保障我国能源安全。

总体上来看，我国能源可获取性、可支付性、可清洁高效利用性、政府能源治理能力有所提升，能源安全水平稳步提高。非化石能源生产和消费量占总量比重增长较快，但短期内无法起到支撑作用，应加强能源协同发展，提高能源安全性。石油、天然气对外依存度持续增大，给能源安全带来了一定压力，多样化进口和运输渠道在一定程度上分散了风险。在当前形势下，不符合实际情况的“去煤化”，以天然气和可再生能源取代煤炭，极易引发能源结构性短缺，降低能源安全水平。

5.3 我国能源安全主要问题

经过近 40 年的实践，能源安全涉及范围不断拓宽。能源安全不仅涉及石油，还包括其他形式的能源，比如电力、天然气和煤炭等。能源安全除了能源供应之外，还需要管理需求、减少浪费、提高效率。能源安全还包含环境的兼容性、可持续性和公众对能源生产与利用方式的接受度，也取决于能否有效地应对全球气候变化。我国能源安全主要面临能源需求持续增长对能源供给形成很大压力、资源相对短缺制约了能源产业发展、以煤为主的能源结构不利于环境保护、能源技术相对落后影响了能源供给能力的提高、国际能源市场变化对我国能源供应的影响较大这五大问题。

（1）能源需求持续增长对能源供给形成很大压力。

随着经济规模进一步扩大，能源需求还会持续较快地增加，对能源供给形成很大压力，供求矛盾将长期存在，石油天然气对外依存度将进一步提高。

（2）资源相对短缺制约了能源产业发展。

我国能源资源总量不小，但人均拥有量较低。资源勘探相对滞后，影响了能源生产能力的提高。虽然中国能源总量生产居世界第三位，但人均拥有量远低于世界平均水平。中国人均能源探明储量只有世界平均水平的33%，人均煤炭可采储量为90.7t，人均石油可采储量为2.6t，人均天然气可采储量为1408m^3，分别为世界平均水平的57%、7.69%和5%。

（3）以煤为主的能源结构不利于环境保护。

煤炭是我国的基础能源，富煤、少气、贫油的能源结构较难改变。我国煤炭清洁利用水平低，煤炭燃烧产生的污染多。这种状况持续下去，将会给生态环境带来更大压力。中国是世界上唯一以煤为主的能源消费大国，也是世界上煤使用比例最高的国家，占世界煤消费总量的27%。在中国现有的能源消费结构中，煤占68%、石油占22%、天然气占3%、一次电力占7%，而煤层气、风能和太阳能等清洁能源和可再生能源的开发利用则刚刚起步。与世界能源消费结构平均水平（煤占17.8%、石油占40.1%、天然气占22.9%、水电和核电占19.2%）相比，差距是十分明显的。在未来20年内，煤仍将是中国的主要能源。

（4）能源技术相对落后影响了能源供给能力的提高。

可再生能源、清洁能源、替代能源等技术的开发相对滞后，节能降耗、污染治理等技术的应用还不广泛，一些重大能源技术装备自主设计制造水平还不高。中国的能源利用率长期偏低，单位产值的能耗是发达国家的3～4倍，主要工业产品单耗比国外平均水平高40%，能源平均利用率只有30%左右。

（5）国际能源市场变化对我国能源供应的影响较大。

我国石油天然气资源相对不足，需要在立足国内生产保障供给的同时，扩大国际能源合作。但目前全球能源供需平衡关系脆弱，石油市场波动频繁，国际油价高位振荡，各种非经济因素也影响着能源国际合作。这要求我们统筹国内开发和对外合作，提高能源安全保障程度。

5.4 全球能源治理格局

5.4.1 全球能源生产与消费格局

随着全球环境不确定性和复杂性的增强，能源生产与消费格局也在悄然改变，许多棘手的挑战接踵而至。学者孙阳昭等（2013）将这些挑战问题总结为三个方面。

一是全球能源供应压力增加。这主要体现在新兴能源经济体的经济发展对于能源需求的快速增长，不可再生能源和环境承载力的有限性使得能源供应成为经济发展的难题。

二是全球能源的过度使用与环境可持续性的矛盾与日俱增。化石能源的大量消费加重了环境可持续性发展的负担，并且以化石能源为主导的能源消费结构难以在较短时间内得到改善。不可忽视的是，非化石能源的大规模使用也将产生新的环境问题。

三是能源安全与能源贫困问题尚未得到有效解决。一方面，世界经济的低迷处境导致全球能源消费增速大幅下滑，传统的能源消费国和生产国深陷能源危机，恐怖主义等威胁随着经济恶化不断复出，威胁着国际能源安全；另一方面，全球尚有 20 亿人处在能源贫困范围，大量贫困人口的健康因使用传统生物燃料更加恶化。

5.4.2 全球能源治理面临的问题

学者刘宏松等（2015）认为国际社会尚未建成全球一体化的能源治理框架。当前的全球能源治理机制间缺乏有效的协作，呈现高度的“碎片化”，主要表现在：

（1）治理机制之间的目标冲突，即主要国际能源组织间的利益矛盾突出；

（2）治理机制间缺乏协调合作，并没有建立一个对能源治理机制进行有效管理的专门机构，能源治理机制的代表性不足，一些新兴经济体并没有加入全球能源治理的核心机制当中。

Goldthau（2011）从宏观角度总结能源治理面临的挑战：

（1）新兴经济体的能源需求上涨与全球能源脱碳需求之间存在矛盾；

（2）能源获取渠道尚未保障，能源贫困人口仍然是个大数目；

（3）能源投资方面也存在风险，影响能源安全的保证；

（4）化石能源使用的负外部性造成气候变化异常，低碳化生产方式亟需改进；能源治理问题以全球性关联为特征，单个国家为主体的能源治理能力被削弱。

5.5 我国能源战略的多维度分析

5.5.1 节能与能源效率

表 5-3 为 20 世纪 80 年代以来我国节能与能效政策。我国从 1986 年开始制定

并实施了能源效率战略，从政策的数量来看，以 1994 年作为分界点，1980～1994 年节能与能效政策较为匮乏，相关节能与能效政策并不多；而 1994 年国家实施可持续发展战略以后，中央政府陆续出台了一系列节能与能效政策，并且相关政策自 2000 年开始变得更为细致，政策的数量也有了较大的增长。

表 5-3　我国节能与能效政策

编号	年份	政策
1	1981	国家设立了节能专项资金
2	1982	《关于按省、市、自治区实行计划用电包干的暂行管理办法》
3	1985	实施 “还本付息电价”政策
4	1986	《节约能源管理暂行条例》
5	1986	《国营、交通企业原材料、燃料节约奖试行办法》
6	1987	《关于进一步加强节约用电的若干规定》
7	1987	采取奖励节能先进企业，实施企业节能管理（升）级办法
8	1993	实施煤炭价格市场化改革
9	1994	《关于加快风机、水泵节能改造的意见》
10	1996	《中国节能技术政策大纲》
11	1996	《中国绿色照明工程实施方案》
⋮	⋮	⋮
72	2012	阶梯电价
73	2012	《国家基本公共服务体系“十二五”规划》
74	2013	《国务院关于促进光伏产业健康发展的若干意见》
75	2014	《国家能源局调控煤炭总量优化产业布局的指导意见》
76	2015	《煤炭清洁高效利用行动计划（2015—2020 年）》
77	2016	《关于扩大生物燃料乙醇生产和推广使用车用乙醇汽油的实施方案》
78	2017	《可再生能源发展“十三五”规划实施的指导意见》

1. 1980～1994 年的节能与能效政策

1980～1994 年，行政措施为主导是我国节能与能效政策的特点，此时市场化的政策初步展现。相关的行政措施主要有用电定额管理政策以及强调用电的定额管理等。建立了必要的节能管理与服务机构，比如政府建立的由宏观调控部门负责、行业部门分工负责的三级节能管理体制，并建立了不同层次的节能研究机构与中介机构。

2. 1994 年以后我国节能与能效政策

从 1999 年开始我国推进了节能产品认证制度，随后制定相关采购政策以推进节能产品的消费。1999 年政府颁布了《中国节能产品认证管理办法》，《国务院关于印发节能减排综合性工作方案的通知》(2007)、《国务院关于印发中国应对气候变化国家方案的通知》(2007) 均对节能产品认证或者政府采购做了相应规定。我国节能与能效政策在节能产品认证与采购、节能技术创新与扩散、节能或能效产业、能源价格市场化、能源税收等方面均取得一定进展。

节能产品认证与采购：节约能源、保护环境。

节能技术创新与扩散：1996 年我国开始注重节能技术的研发、节能技术标准的制定以及节能产品的推广。例如 1996 年的《中国节能技术政策大纲》，2006 年的《关于加强政府机构节约资源工作的通知》，2012 年的《“十二五”国家战略性新兴产业发展规划》以及 2017 年的《可再生能源发展“十三五”规划实施的指导意见》等政策制定了节能技术标准。

节能或能效产业：产业组织政策、产业规制与支持政策。产业组织政策是从市场结构的视角出发，采取并购、新建等模式建立大型企业集团，利用大企业的资金、技术、管理等优势提高能源效率，达到节能目标。

能源价格市场化：能源价格市场化是节能的重要政策工具。1994 年以后，中央政府陆续实施了经营期电价（1998 年)、引入竞争性上网电价与峰谷分时电价(2003 年，2005 年)、产业差别电价（2004 年，2007 年)（产业差别电价是把产业分为限制类与淘汰类，不同类别电价提升幅度有所差异)、煤电价格联动（2005 年)、阶梯电价（2012 年)。能源价格在市场力量的推动下向上攀升，引导高耗能企业主动采取措施减少能源消费，进而提高能效。

能源税收：能源税收是间接调节企业能源消费的一种方式。能源税收的征收可以针对生产商和消费者两类群体。2006 年，中央政府出台了《调整和完善消费税征收管理规定》，将能源产品纳入消费征收范围；2007 年颁布了《中华人民共和国企业所得税法》，规定企业购置用于节能节水等专用设备的投资额可以按照一定比例实施税收减免。相对于直接补贴的激励方式，能源税收更为机动灵活，引起国际贸易纠纷的可能性更小。

5.5.2　新能源替代

改革开放前，我国没有制定新能源战略，也未形成系统的新能源政策。在新能源发展的实践上，集中于小水电和农村生物质能的利用，重点在于补充农村燃料的不足。改革开放后能源替代战略大体经历了三个阶段，第一阶段为 1980～

1986年，第二阶段为1986～1993年，第三阶段为1994年至今。其中第一阶段着力于新能源规划及法律。在该阶段，1983年国务院决定建设的100个农村电气化试点县为具体的政策措施，其他以新能源规划及法律居多。第二阶段政府采取了切实可行的市场化手段来推进新能源的生产、示范与推广，其中补贴是最为重要的激励措施。补贴模式主要包括以下几类：事业费补贴、研究与发展补贴、项目贴息贷款、投资贴息补贴。第三阶段属于国家能源的可持续发展阶段。以1994年国务院第十六次常务会议通过的《21世纪议程》为标志，我国将可持续发展战略列为重要的基本国策，而可持续发展战略的重要途径之一是开发与推广新能源技术，在此背景下，我国加大了对新能源的生产、消费支持力度。从政策的分类来看，大约有两类：一类是规划、管制与法律类，这一类政策起指导作用；另一类是具体的激励政策。

这两类政策有两大亮点：扩展了新能源建设的范围，开始关注产业链末端的新能源产品销售与消费。正如前面所论述，20世纪90年代以前，政府发展的重点是农村能源及小水电等，而从90年代，尤其是1994年开始，政府开始大力发展风能、太阳能以及生物质能等能源。

5.5.3 能源体制改革

20世纪80年代初，石油、电力与煤炭相继进行了体制改革，改革主要围绕放权让利、现代企业制度设立与企业重组、市场价格机制形成等几个方面展开。

（1）放权让利。20世纪80年代初期，受能源短缺压力的影响，中央政府针对煤炭产业提出了“有水快流”的发展战略。石油行业的放权让利始于1981年。当年石油工业实施“大包干”政策，规定石油工业部对国家承包一亿吨原油产量，完成包干基数以上部分作为石油工业超产原油。配之以“大包干”政策的是中国三大公司的成立，即1982～1988年相继成立的中国海洋石油总公司、中国石油化工总公司、中国石油天然气总公司。通过原油产量包干和相关配套政策，石油企业进一步扩大了经营自主权。

（2）现代企业制度设立与企业重组。20世纪90年代初，中央政府针对煤炭工业实行“关井压产”以调节市场、保护国有大型煤炭企业，在此情况下，企业出现大量的剩余人员。为分流剩余人员，提高企业的经营绩效，1992年煤炭企业实施下岗分流政策；1994年中央及地方省市有选择地在一些煤炭企业建立现代企业制度，规范上市公司的运营，发展大企业集团。

（3）市场价格机制形成。煤炭价格的市场化改革始于1989年，当年国务院批转了《国家体改委关于一九八九年经济体制改革要点的通知》，把煤炭按发热量计价平均每吨提价4元；同年11月，提出逐步解决生产资料价格的“双轨制”问题；1993年，为解决煤炭价格偏低及企业政策性亏损问题，国家放开了部分煤价，并在1994年放开所有中央统配计划内的煤炭价格；自2002年起，发电用煤价格也由市场来调节。

石油价格的市场化机制改革要早于煤炭，但是改革的步伐则相对滞后。1981年开始，国务院对原油价格采取逐步调整政策；1998年国家确立了国内原油、成品油价格与国际市场接轨的机制；2000年国内成品油价格实现与国际市场完全接轨；2006年国家实施石油价格综合配套改革；2008年制定了《国务院关于实施成品油价格和税费改革的通知》，进一步完善我国石油价格形成机制。

国家对于天然气价格形成机制的重视相对较晚。2007年颁布的《天然气利用政策》中深化天然气价格改革，形成天然气价格形成机制；2011年出台了《关于在广东省、广西壮族自治区开展天然气价格形成机制的通知》，其改革的目标是放开天然气出厂价格，由市场竞争形成，政府只对具有自然垄断性质的天然气管道运输价格进行管理。

针对电力价格改革，电力体制改革小组于2001年向国务院上报《电力体制改革方案（征求意见稿）》，2002年修改后的意见稿获得通过。该方案规定中国电力体制将实施厂网分开，重组发电和电网企业；2004年中央政府实施了煤电联动政策。

5.5.4 能源环境政策

我国能源环境政策大体分为两个阶段，其中1980～2005年为第一阶段，2006年至今为第二阶段。

（1）第一阶段。在该阶段政府以行政性措施为主，以市场化的措施为辅。1982年，政府出台了《征收排污费暂行办法》，规定对超过标准排放污染物的企业、事业单位要征收排污费，对其他排污单位、要征收采暖锅炉烟尘排污费。随后，在《建设项目环境保护管理条例》（1998年）、《大气污染防治法》（2000年）、《环境影响评价法》（2003年）、《清洁生产审核暂行办法》（2004年）等政策中均提出能源环境政策。在该阶段政策的另一大特点是推进节能减排技术进步，例如2001年出台的《关于加强利用废塑料生产汽油、柴油管理有关问题的通知》提出，国家有关部门将组织有关专家从技术和经济等方面入手，研究利用废塑料生产汽油、柴油的先进技术，待技术成熟后，进行推广并加以利用。

2004年开始，中央政府开始关注细分行业的能源环境政策，《关于加强煤矸石发电项目规划和建设管理工作的通知》《关于加快开展采煤沉陷区治理工作的通知》《节能中长期专项规划》《关于落实科学发展观加强环境保护的决定》均提出了细分行业的能源环境措施。这一时期，在以规划、管制政策为主的同时还辅以市场化的预算支出政策、政府采购政策、财政贴息政策等。

（2）第二阶段。相对于第一阶段的能源环境政策，2006 年以后政策的一大亮点在于政府突出了税收、金融支持、价格调整等市场化举措的重要性。2006 年 4 月中央政府调整了消费税税目、税率等相关政策，提高了大排量和高耗能小轿车、越野车的消费税税率，加强大气污染防治。之后在《国务院关于加强节能工作的决定》（2006 年）、《企业所得税法》（2007 年）、《循环经济促进法》（2008 年）、《关于 2009 年深化经济体制改革工作的意见》等政策中均强调了税收对于环境或循环经济的重要性。

财政资金与融资支持也是近年来颇受政府重视的市场化举措之一，在《关于落实环保政策法规防范信贷风险的意见》（2007 年）、《节能减排授信工作指导意见》（2007 年）、《国务院关于加快培育和发展战略性新兴产业的决定》（2010 年）等政策中均有所体现。

5.6　保障我国能源安全的政策

为建设适应新时代发展的现代化能源体系，提高我国能源安全等级，应做好以下四方面工作。

（1）深入推进能源供给侧改革，实现与能源消费匹配的能源生产。

煤炭、电力等产能的过剩影响了行业的健康发展，不利于保障能源供给安全。2012 年以来，煤炭产能的严重过剩造成了煤炭价格的急剧下跌和煤炭企业的经营困境，极大地伤害了煤炭市场，也造成了煤炭生产事故的多发。供给侧改革的实施改善了煤炭供大于求的态势，落后产能退出，优质产能进入。因此，还需要深入推动能源供给侧改革，建立市场引导的长效机制，在总量不增的前提下，提高先进产能占比，提高行业可持续发展能力，提高煤炭清洁安全高效生产水平和煤炭产品质量，从而提高能源供给安全。

（2）做好能源有序更替，促进能源利用体系内各能源供给子系统的协调运作和协同发展。

我国能源消费趋势为化石能源比重下降，非化石能源比重上升，根据《能源生产和消费革命战略（2016～2030）》，到 2030 年非化石能源消费占一次能源总消费的比例将达到 20%左右，煤炭或将下降到 50%左右，到 2050 年，非化石能源所占比例将超过 50%。以天然气和非化石能源逐步替代煤炭需要的周期较长，过于激进地推进能源替代，而忽略实际供给能力、基础设施的制约和价格承受能力，将会造成能源结构性短缺和能源市场的不稳定，因此要促进能源间相互补充和协同发展。同时要加大力度解决新能源的储能技术和稳定运行问题。

（3）建立多元化能源进口渠道，完善能源储备体系和能源基础设施建设。

目前，我国排名前 15 的石油进口国进口量占到进口总量的 90%以上，排名前 10 的天然气进口国进口量也占到进口总量的 95%以上。为满足我国石油、天然气增长的需求，还需要抓住机遇，在原有基础上，通过科学评估，继续拓展原油、天然气进口新渠道。在能源储备体系建设方面，完善石油战略储备、企业商业储备体系建设。同时，要加快建设国内天然气管网、接收站和储气库等基础设施，提升进口管道运输能力。

（4）大力发展可再生能源，发展能源高效清洁利用技术。

优化可再生能源开发布局，通过电力外送渠道建设、调峰电源建设等方式，逐步解决可再生能源的消纳问题。通过技术进步和规模化应用，降低可再生能源的发电成本。创新可再生能源商业运营模式，增加可再生能源市场化收益。在新老能源交替之际，要大力发展化石能源高效清洁利用技术，满足应对气候变化和保护环境的要求。

（5）继续推进能源体制机制改革，发挥政府的能源治理能力。

继续推进能源体制机制改革，充分发挥市场在资源配置中的决定性作用，完善能源商品定价机制。鼓励和引导有实力的民营企业参与能源领域投资，通过良性竞争激发企业内在活力。明确政府在能源管理中的作用和职能，发挥政府的顶层设计规划和监督管理职能，提升政府的能源治理能力，保障能源安全。

新时代赋予了能源安全新内涵，我国能源安全内涵进一步丰富，涵盖了能源可获取性、可支付性、可清洁高效利用和政府能源治理能力等多个维度。从当前能源安全各维度发展现状来看，我国能源安全形势良好，但还存在因能源替代导致的能源结构性短缺、石油及天然气进口风险大、可再生能源需求和供给不协调等影响安全的问题，还需要通过加强供给侧改革、促进能源协同发展、多元化能源进口渠道、发展可再生能源、发展能源高效清洁利用技术和推进能源体制机制改革等措施来提升未来能源安全水平。

第6章 环境安全

博帕尔毒气泄漏、切尔诺贝核泄漏以及墨西哥城煤气爆炸等一系列重大环境事故已使环境安全管理成为现代社会中复杂的问题之一。20世纪中期以来，环境问题开始从单一性、区域性、可测量、低风险、可预见的阶段发展到具有综合性、全球性、不可测量、高风险、难预见等特点的阶段。“十三五”期间，经济社会发展不平衡、不协调、不可持续的问题仍然突出，多阶段、多领域、多类型生态环境问题交织，生态环境与人民群众需求和期待差距较大，提高环境质量，加强生态环境综合治理，加快补齐生态环境短板，是当前的核心任务。二十大报告明确号召，我们要推进美丽中国建设，坚持山水林田湖草沙一体化保护和系统治理，统筹产业结构调整、污染治理、生态保护、应对气候变化，协同推进降碳、减污、扩绿、增长，推进生态优先、节约集约、绿色低碳发展。

6.1 环境安全概念

本书中涉及的环境安全是指要避免由于人类不当活动和自然因素造成环境破坏而导致的对人类健康、生物多样性、经济社会发展的威胁，使环境处于一种安全状态。

6.1.1 环境安全区分

按照影响范围的大小，环境安全区分为单位环境安全、地方或区域环境安全（包括社区环境安全）、国家环境安全、国际环境安全（包括双边与多边的国际环境安全）、全球或世界环境安全等不同的层级。按照遭受损害的环境要素不同，环境安全区分为水环境安全、大气环境安全、土壤环境安全、生物环境安全等。按照人类的活动领域，环境安全区分为生产环境安全（包括核生产环境安全、矿山生产环境安全及钢铁生产环境安全等）、交通运输环境安全（包括公路交通环境安全、海运交通环境安全、航空交通环境安全等）、航天环境安全、家庭或室内环境安全等。

单就维护环境安全而言，环境安全观至少包含以下几个方面。

一是人本观。维护环境安全的目的是满足人的生存和发展，保障人的身体健康。以人为本的环境安全观强调控制环境危害，让人们喝上干净的水，呼吸清洁的空气，吃上放心的食物，当前要重点解决危害群众健康的突出环境问题。

二是风险观。当代风险社会理论认为，人为风险（自然被工业化、传统被理性制度化）已经成为现代社会风险的主要来源。核与辐射安全、重金属、危险化学品、持久性有机污染物、危险废物都是环境风险因子。环境风险从潜在的消极因素突然暴露出来的情况，就表现为环境突发事件。

三是支撑观。经济社会必须以一定环境容量、生态环境服务系统为支撑，才能维持正常发展。环境容量长期处于饱和状态，环境承载力严重过载，生态环境服务功能下降，经济社会就无法实现可持续发展。

四是系统观。保证环境安全是一项系统工程，必须牢固树立经济、社会、资源、环境一体化的系统思想观念。按照国家主体功能区划的要求，加快落实生态功能区划，始终坚持把生产力布局、社会发展与生态环境保护作为一个整体，统一谋划、协调推进，维护生态环境的系统稳定性。

五是预防观。主张即使在科学不确定的情况下，也应采取措施预防可能的风险。将风险管理纳入现实工作中，大力加强环境污染的源头控制，通过调整产业结构、加强环境基础设施建设等手段预防环境污染发生。

六是决策观。决策行为对环境安全的影响具有根本性作用。决策失误导致的环境污染、环境退化、生态破坏事件比比皆是。不遵循科学决策、民主决策和依法决策的规范和要求，片面强调发展，违背自然规律过度开发，盲目扩张“两高一资”行业和低水平重复建设等做法，都会为环境安全埋下隐患。

七是应急观。环境应急工作是应对各种突发性环境污染事件的事后挽救，以尽量降低损害。在现代社会，没有应急管理，社会安宁就少一分保障，没有环境应急管理，环境安全就少了极其重要的组成部分。

八是协同观。环境问题无国界。气候变化、生物多样性减少、臭氧层破坏、酸雨等全球性环境问题对世界稳定构成了新的威胁。唯有相互帮助、协同推进，积极开展国际环境合作，环境问题才能更加妥善地解决。

6.1.2 环境安全与可持续发展

环境安全所追求的基本目标是自然-社会-经济复合生态系统整体结构的优化。环境安全的经济目标是实现经济总量的持续增加，经济效益的最大化；环境安全的社会目标是追求公平和谐的社会体制，建立健康合理的政府规范、法律道德约束、文化导向和价值观念体系；对生态系统而言，环境安全追求的目标是生态系统的整体性，在不突破生态系统的承载能力下，合理使用资源，保护生物多样性。这些都与可持续发展追求的自然、社会和经济三个子系统协调发展的目标相一致。环境安全研究是从安全的视角重新认识和思考日益恶化的环境问题对人类社会生存与发展构成的安全层次上的根本威胁。从环境问题到环境灾害，再到环境危机，环境安全问题清楚地表明了环境问题的本质和终极形态，构成了人类社会实现可持续发展的一个重要挑战。因此，要实现环境安全，就必须改变传统的生存方式和发展模式，走可持续发展道路，在全社会把发展循环经济确立为国民经济和可持续发展的基本战略目标，进行全面规划和实施。

6.2 我国环境安全的主要问题

改革开放以来，由于注重经济发展而忽略了环境保护，我国整体的环境质量呈现逐年下滑趋势。河流水资源开发利用严重超过自身承受能力，高出生态警戒线 30%～40%，流域生态协调功能失调，华北平原出现了世界上最大的地下水位下降漏斗；一些原本肥沃的天然草场植被减少，水土流失严重，出现了沙漠化、草场退化等现象；原本匮乏的森林资源由于人为砍伐严重，整体生态环境功能下降，出现了周边无人区、极端生物链等现象；绝大多数城市都存在严重的雾霾天气，空气质量不达标；外来有害生物入侵数量不断增加；海洋生态环境安全也不容乐观。

1. 雾霾

2000 年我国二氧化硫排放量为 1995 万 t，居世界第一位。据专家测算，要满足全国天气的环境容量要求，二氧化硫排放量要在现有基础上至少削减 40%。此外，2000 年中国烟尘排放量为 1165 万 t，工业粉尘的排放量为 1092 万 t。近年来，大气污染物的类型也发生了一些新的变化，传统的污染物二氧化硫（SO_2）、悬浮物（TSP）/可吸入颗粒物（PM_{10}）等污染还没有有效解决，细颗粒物（$PM_{2.5}$）、氮氧化物（NO_x）、挥发性有机物（VOC_S）、氨氮（NH_3）等排放又开始显著上升，大气污染呈现复合型污染形势。大气污染是中国目前第一大环境问题。随着经济快速发展，我国工业化、城镇化进程加快，大气污染成为难以避免的严重问题。

首先，冬季重污染问题严重，重点区域细颗粒物污染问题显现。尽管工业污染排放由于行政控制而呈现下降趋势，但是 PM_{10} 和 $PM_{2.5}$ 污染在我国重点城市依然十分严重。按照《环境空气质量标准》（GB 3095—2012）进行评价，2015 年全国空气质量重度及以上污染中 67.4%发生在冬季。重度污染发生的天次中，以 $PM_{2.5}$、PM_{10}、O_3 为首要污染物。2012～2015 年中国废气及其污染物排放如表 6-1 所示。

其次，少数地方政府不作为问题。2016 年，财政部对外发布的《关于中央大气污染防治专项资金检查典型案例的通报》显示，存在大量治霾专项资金被挪用的现象。例如，2014～2015 年，在用于秸秆禁烧的专项资金中，某省市加大开支范围，支出保障类经费 2.19 亿元。最后，能源结构短期难以改善问题。我国煤炭在能源结构中所占比例 67%，能源结构的缺陷是雾霾背后深层次的原因，风能等清洁能源所占比例只有 13%，为发达国家占比的 1/3 到 1/4，这是导致雾霾的根本原因。但短期内很难转变以煤炭为主的能源结构，到 2017 年，煤炭在能源中比例降低到 65%以下，依然比重偏高。

表 6-1　2012～2015 年中国废气及其污染物排放　（单位：万 t）

废气及其污染物排放	2012 年	2013 年	2014 年	2015 年
二氧化硫排放总量	2117.6	2043.92	1974.4	1859.1
其中：工业二氧化硫排放量	1911.7	1835.19	1740.4	1556.7
氮氧化物排放总量	2337.8	2227.36	2078.0	1851.9
其中：工业氮氧化物排放量	1658.1	1545.61	1404.8	1180.9
烟（粉）尘排放总量	1234.3	1278.14	1740.8	1538.0
其中：工业烟（粉）尘排放量	1029.3	1094.62	1456.1	1232.6

2. 水环境污染

水资源是人类社会可持续发展的限制性因素。我国的淡水资源总量为 28000 亿 m^3，仅占全球水资源的 6%，位于世界第 6 位，然而人均淡水资源量却不到 2300m^3，位于世界排名的 121 位。此外，全国 700 多座城市中有近 400 座属于缺水或严重缺水城市。与此同时，水污染也在持续加剧，根据我国水资源评价结果，在评价的 700 条河流中，水质良好的河长占评价河长的 32.2%，受污染的河长占评价河长的 46.5%。

中国七大水系的污染程度从大到小依次是：辽河、海河、淮河、黄河、松花江、珠江、长江。其中 42%的水质超过Ⅲ类标准（不能作为饮用水源），全国有 36%的城市河段为劣Ⅴ类水质，丧失使用功能。全国 131 个大中型湖泊中，有 89 个湖泊被污染，有 67 个湖泊水体达到富营养化程度。也就是说，大型淡水湖泊（水库）和城市湖泊水质普遍较差，75%以上的湖泊富营养化加剧，部分湖泊富营养化问题严重。流域内部分水库总氮、总磷严重超标，个别水库富营养化问题严重。支流水污染依然严重。2009 年进行监测的 41 条支流当中：3 条支流 COD 在 60mg/L 以上，氨氮 3.0mg/L 以上；11 条支流 COD 在 40mg/L 以上，氨氮 2.0mg/L 以上；27 条支流 COD 在 30～40mg/L，氨氮在 1.5～2.0mg/L。辽河干流藻类、底栖动物、鱼类多样性调查资料表明，其水生生物多样性下降，鱼类数量从20世纪80年代的90多种减少为现今的十余种，水生态系统结构退化严重，生态功能衰退明显。

3. 垃圾处理

中国全国工业固体废物年产生量达8.2亿t，综合利用率约46%。全国城市生活垃圾年产生量为1.4亿t，达到无害化处理要求的不到10%。塑料包装物和农膜导致的白色污染已蔓延全国各地。目前我国绝大多数城市采取混合垃圾收集，垃圾处理主要以填埋为主。根据生态环境部公布的《2020年全国大、中城市固体废物污染环境防治年报》，2019年，196个大、中城市生活垃圾产生量23560.2万t。垃圾将对我国可持续发展提出严峻挑战。而我国垃圾处理方式中卫生填埋占70%以上。卫生填埋占地面积大，对经济较发达的城市来说，征地越来越困难。近年来，沿海大城市积极引进国外先进焚烧技术，建设垃圾焚烧处理设施，垃圾处置方式逐渐由垃圾填埋为主转变为垃圾焚烧为主。“十三五”期间我国城镇生活垃圾处理能力显著增强，“十四五”城镇生活垃圾处理的重心将转向垃圾分类收运处置体系建设。

4. 土地荒漠化和沙灾

目前，中国国土上的荒漠化土地已占国土陆地总面积的27.3%，而且，荒漠化面积还以每年2460m^2的速度增长。中国每年遭受的强沙尘暴天气由20世纪50年代的5次增加到了90年代的23次。土地沙化造成了内蒙古一些地区的居民被迫迁移他乡。

5. 耕地

中国农业耕地总面积为1.217亿hm^2，高居全球第4位，但人均耕地总面积仅为0.091hm^2，不到世界平均水平的1/2、发达国家的1/4，居全球126位。而我国的耕地数量又在不断加速减少，国土资源部发布的《2015中国国土资源公报》显示：截至2015年末，全国耕地面积为20.25亿亩（1亩≈666.7m^2），2015年全国因建设占用、灾毁、生态退耕、农业结构调整等原因减少耕地面积450万亩，通过土地整治、农业结构调整等增加耕地面积351万亩，年内净减少耕地面积99万亩。与此同时，还伴有耕地污染的加剧和土壤环境的恶化。目前，我国受重金属污染的耕地面积已达到2500万hm^2，全国1330多万hm^2覆盖地膜的耕地年均残膜率为42%，残膜量达60～90kg/hm^2。硝酸盐、亚硝酸盐和农药残留等有毒有害物质也大面积污染耕地。全国每年有数千万吨稻米遭受重金属污染；许多大中城市近郊，尤其是长三角、珠三角等南方一些经济发达、重度污染地区的叶菜类蔬菜中，重金属超标现象比较严重；设施农业中耕地硝酸盐和亚硝酸盐等含量普标偏高，与产地环境的质量密不可分。

6. 森林生态安全

我国幅员辽阔，但是森林资源总量少，覆盖率较低，而且地区差异严重。我国绝大部分森林资源集中在东北、西南等边远山区和台湾山地及东南丘陵，而广大的西北地区森林资源比较贫乏。

7. 水土流失

中国全国每年流失的土壤总量达 50 多亿 t，每年流失的土壤养分为 4000 万 t 标准化肥（相当于全国一年的化肥使用量）。自 1949 年以来，中国水土流失毁掉的耕地总量达 4000 万亩，这对中国的农业是极大损失。

8. 生物多样性破坏

中国是生物多样性破坏较严重的国家，高等植物中濒危或接近濒危的物种有 4000～5000 种，约占中国拥有的物种总数的 15%～20%，高于世界 10%～15%的平均水平。在联合国 156 种世界濒危物种中，中国有 40 种，约占总数的 1/4。中国滥捕乱杀野生动物和大量捕食野生动物的现象仍然十分严重，屡禁不止。

9. WTO 与环境

中国加入 WTO 面临两方面新的环境问题。一方面是国际上的“绿色贸易壁垒”。由于中国目前的环境标准普遍低于发达国家的标准，中国的食品、机电、纺织、皮革、陶瓷、烟草、玩具、鞋业等行业的产品将在出口贸易中受到限制。另一方面，由于国际市场对中国的矿产、石材、药用植物、农产品、畜牧产品的大量需求，可能会加重中国的生态、环境和自然资源的破坏。同时，中国可能成为国外污染密集型企业转移的地点和大量的国外工业废物“来料加工”的地点，这将极大地加重中国的环境问题。

10. 持久性有机物污染

随着中国经济的发展，难降解的持久性有机物污染开始显现。《关于持久性有机污染物的斯德哥尔摩公约》确定的首批禁止使用的 12 种持久性有机污染物在中国的环境介质中多有检出，中国是该公约的签字国。这类有机污染物具有转移到下一代体内，并在多年后显现其危害的特点，也被称为“环境激素”或“环境荷尔蒙”，危害严重。目前这类有机污染物广泛存在于工农业和城市建设等使用的化学品之中。

6.3 我国环境安全战略

环境安全战略是指对一个国家或地区维护国家的环境安全具有全局意义的原则性构想或谋划，是指在一个较长的时期内，根据全球环境安全问题和国内的环境安全问题对本国生存与发展的影响及其变化趋势，以及未来本国经济社会发展的总体战略目标，所确定的运用国家的各项手段和措施在本国环境安全方面所要达到的预期目标。环境安全政策是各级政府在一定历史时期为实现环境安全战略而制定的用于处理各种关系的行动准则和对策措施。

2016 年 7 月 15 日，国家环境保护部发布《“十三五”环境影响评价改革实施方案》，该方案的出台，充分发挥环评作用，推动“十三五”时期生态文明建设总体目标。该方案的指导思想是以改善环境质量为核心，以全面提高环评有效性为主线，以创新体制机制为动力，以“生态保护红线、环境质量底线、资源利用上线和环境准入负面清单”（以下简称“三线一单”）为手段，强化空间、总量、准入环境管理，划框子、定规则、查落实、强基础，不断改进和完善依法、科学、公开、廉洁、高效的环评管理体系。

6.3.1 四个坚持

《“十三五”环境影响评价改革实施方案》的主要原则是“四个坚持”：

坚持与相关重大改革任务相统筹。与排污许可制相融合，实现制度关联、目标措施一体。适应省以下环保机构监测监察执法垂直管理制度改革，调整优化分级审批和监管职责。落实行政审批改革和政府职能转变要求，统筹“放管服”。

坚持构建全链条无缝衔接预防体系。明确战略环评、规划环评、项目环评的定位、功能、相互关系和工作机制。战略环评重在协调区域或跨区域发展环境问题，划定红线，为“多规合一”和规划环评提供基础。规划环评重在优化行业的布局、规模、结构，拟定负面清单，指导项目环境准入。项目环评重在落实环境质量目标管理要求，优化环保措施，强化环境风险防控，做好与排污许可的衔接。

坚持问题导向补短板。针对规划环评落地难、项目环评“虚胖”、违法建设现象多发、“三同时”执行力不高、环评机构和人员水平参差不齐、公众参与不到位、不同层级环评管理沟通协调不够、基础支撑薄弱等问题，抓住基础性根本性原因，在重点领域取得实质性突破，加快形成科学合理、规范刚性的体制机制，强化落实执行。

坚持相关方共同参与共同落实。按照“党政同责”“一岗双责”要求，督促地方党委、政府和有关部门落实环保责任。落实建设单位的环保主体责任。提高各级环保部门管理能力，强化事中事后监管。深化环评信息公开，引导公众依法有序参与。鼓励支持各地区根据该方案，探索符合本地实际的环评改革措施。

该方案指出在“十三五”期间，要推动战略和规划环评“落地”，首先要推进战略环境评价。第一，深入开展战略环评工作。制定落实“三线一单”的技术规范。完成京津冀、长三角、珠三角等三大地区战略环评，组织开展长江经济带和“一带一路”倡议环评。完成连云港、鄂尔多斯等市域环评示范工作。第二，强化战略环评应用。健全成果应用落实机制，将生态保护红线作为空间管制要求，将环境质量底线和资源利用上线作为容量管控和环境准入要求。各级环保部门在编制有关区域和流域生态环保规划时，应充分吸收战略环评成果，强化生态空间保护，优化产业布局、规模、结构。第三，开展政策环境评价试点。完成新型城镇化、发展转型等重大政策环评试点研究，初步建立政策制定机关为主体、有关方面和专家充分参与的政策环评机制及技术框架体系。

6.3.2　强化规划环境影响评价

强化规划环境影响评价：

（1）强化规划环评的约束和指导作用。不断强化“三线一单”在优布局、控规模、调结构、促转型中的作用，以及对项目环境准入的强制约束作用。积极参与“多规合一”、京津冀空间规划编制。深入开展城市、新区等规划环评。开展流域综合规划环评，确定开发边界和开发强度。完成长江经济带重点产业园区规划环境影响跟踪评价与核查。健全与发展改革、工业和信息化、国土资源、城乡住房建设、交通运输、水利等部门协同推进规划环评机制。

（2）推行规划环评清单式管理。根据改善环境质量目标，制定空间开发规划的生态空间清单和限制开发区域的用途管制清单。制定产业开发规划的产业、工艺环境准入清单。实现重点产业园区规划环评全覆盖，强化清单式管理。

（3）严格规划环评违法责任追究。适时组织规划环评结论及审查意见落实情况核查，将地方政府及其有关部门规划环评工作开展情况纳入环境保护督察。研究建立规划环评违法责任调查移交机制，配合相关部门依法严肃追究有关党政领导干部责任。

（4）强化规划环评公众参与。完善公众参与机制，落实规划编制机关主体责任，提高部门及专家参与的程度和水平，发挥媒体舆论科学引导作用。完善规划环评会商机制，对可能产生跨界环境影响的重大规划，指导规划编制机关实施跨行政区域环境影响会商，强化区域联防联控。

（5）加强规划环评与项目环评联动。依法将规划环评作为规划所包含项目环评文件审批的刚性约束。对已采纳规划环评要求的规划所包含的建设项目，简化相应环评内容。对高质量完成规划环评、各类管理清单清晰可行的产业园区，试点降低园区内部分行业项目环评文件的类别。项目环评中发现规划实施造成重大不利环境影响的，应及时反馈规划编制机关。

6.4 我国生态文明建设

党的十八大提出要全面落实经济、政治、文化、社会、生态文明建设五位一体总布局的发展路线，强调要不断促进社会主义现代化建设各方面协调发展。现代生态文明建设理论，是以习近平同志为核心的党中央领导人在面临当前严峻的生态环境问题的态势下，对当前我国社会生产方式的深刻反思以及再认识，是实现中华民族永续发展的理论支撑。

（1）以战略全局意识树生态理念。

党的十八大以来，我国将生态文明建设放在突出地位，将之纳入社会主义现代化建设的总体布局。从发展生产力、改善民生、推进社会文明进步等多个维度出发，以战略全局思维对现代生态文明建设做出顶层设计和总体部署。现代生态建设思想观超越与扬弃了传统的发展方式，引领人们建立绿色的生产与生活方式，是新时期对中国社会主义现代化建设理论的极大丰富与发展。

首先，现代生态建设理论中的全局意识包括保护环境就是保护生产力的经济发展理念。改革开放后，我国推动经济建设快速发展，在这个过程中，由于没有处理好经济发展与生态保护之间的关系，出现了许多以牺牲环境来换取经济利益的现象，导致我国自然环境恶化，后续发展空间与动力不足。习近平说："我们在生态环境方面欠账太多了，如果不从现在起就把这项工作紧紧抓起来，将来会付出更大的代价。"所以，在当今的经济建设中，要求正确处理好经济发展与生态保护之间的关系，在进行经济建设时一定要既要GDP，又要绿色GDP，不断将粗放型的传统生产方式转至集约型的现代生产方式，走出一条经济发展与生态良好相辅相成的科学发展之路。其次，现代生态建设理论中的全局意识还包括良好的生态环境是最普惠的民生福祉的改善的民生思想。地球是每一个民众赖以生存的家园，良好的生态就是我们拥有健康身体与美好心情的基础。过去几十年，我国在粗放型发展理念的指导下，工业生产的废气抹黑了蓝天，工厂排放的污水染黑了溪流，绿色的植被越来越稀疏，所以人民开始了过去“盼温饱”现在“盼环保”、过去“求生存”现在“求生态”的转变，新鲜的空气、干净的饮用水、安全的食品越来越成为我们改善民生问题的重要环节。我们必须深入贯彻落实习近平在现代生态建设理念中强调的民生思想，使老百姓切实感受到生活富裕、生态良好的环境效益。再次，现代生态建设理论中的全局意识还包括“生态兴则文明兴，生态衰则文明衰”的推进社会文明进步的理念。生态环境是影响人类文明发展的重要原因之一。工业文明发展以来，人类为了自身发展的需求，肆意破坏大自然，最终也得到了自然界的报应。例如英国的“雾都”事件，西方资本主义国家在工业化的道路上以破坏环境为代价换取经济的发展，最终只能自食其果。而我国不能重蹈覆辙，只有坚持新型的生态建设道路，才能真正实现中华民族的永续发展。现代生态建设理论是一个涉及我国社会主义现代化建设方方面面的，要求以战略布局的眼光树立生态保护理念与旨在实现中华民族的伟大复兴的科学理论思想。

（2）全面促进资源节约。

资源节约和生态建设本就是一个问题的两个方面。我国是一个自然资源大国，总量丰富，种类多样，分布地带广泛，但同时我国人口众多，地形复杂，所以，自然资源呈现出人均占有量少、开发难度高的特点。在过去的发展中，由于过度的资源开采与粗放型的发展，积累下的生态问题日益凸显，自然灾害进入高频发生阶段，严重危害了人民的正常生产生活与身体健康。基于我国的生态现状，我们必须清醒地认识到资源节约就是生态建设的源头问题，大部分的生态环境问题都是来自对自然的过度开发与不合理利用。所以我们必须摒除那种先污染后治理的传统思想，必须摒除以牺牲环境为代价的经济发展模式，改变传统的末端治污思路，坚持从源头入手，大力推进能源资源节约集约利用。我们不能等到资源枯竭、环境问题积重难返时，才意识到竭泽而渔、扬汤止沸的发展方式其实就是自断子孙后代道路的行为。

（3）牢固树立生态红线观念。

生态红线是为维护生态环境安全和可持续发展而划定的需要实施特殊保护的地域，是维护国家与区域生态环境安全的最后一道防线，是绝对不能逾越的底线，否则必将危害国家和区域的生态安全与社会经济的可持续发展，对人民的生产生活与身体健康带来巨大的损害。以我国森林国土资源为例，由于过去环保意识淡薄，在发展中盲目利用天然林，使大量的森林资源遭到破坏，造成水土流失、山体滑坡等自然灾害现象频发，所以现在必须采取最严厉的环保措施，否则，我们的社会经济发展会走入绝境，我们一切生态环境的发展目标只能成为一句空话。习近平说：“我们既要绿水青山，也要金山银山。”为了切实贯彻习近平“两山论”，全党全国务必要牢固树立生态保护红线观念，严格遵守生态功能的保障极限、环境质量的安全底线、自然资源的利用上线。

（4）优化国土空间开发格局。

国土空间是人们进行一切生活生产活动的空间载体，所以，合理规划各类空间的国土资源用地是我国建设生态文明的重要部分。近年来，我国工业化与城镇化的快速发展，导致短时间内耕地的过多与过快减少、自然资源的过度开发、环境污染的问题格外突出，生态系统十分脆弱，严重破坏了生态系统，给人民的健康生活带来了影响。以我国的耕地资源发展现状为例，大量的农业用地被征作城建用地、工矿用地等，严重影响了农业的可持续发展与国家政治经济的稳定。基于我国国土资源开发与利用现状，2011年底我国发布了第一个全国性国土空间开发规划，即《全国主体功能区规划》，统筹谋划未来的国土开发战略格局。这种新的国土空间开发思路导向深刻地体现出我国传统区域治理模式的转变，有利于我们更加合理地利用国土资源。

6.5 我国环境安全政策

我国现行环境管理制度很难满足“十四五”期间环境风险管理的要求。“十一五”期间，环境风险管理大多依靠污染物排放管理，方式单一，很难有效防范环境风险；总量控制和目标责任制中的化学需氧量和二氧化硫等常规指标不能真实反映复杂的环境污染状况和风险；基于单一介质的环境质量评价方法不能真实反映多途径暴露对生态和人体健康的风险；环境空气、地表水和地下水等环境质量标准中的评价指标和浓度限值不能全面客观地反映保护人体健康和生态安全的目的。因此，“十四五”期间，各地政府必须承担起加强环境风险管理的重任，改变旧的环境管理模式，形成科学完备的环境风险管理体系。

1. 以属地管理为主要管理模式

风险管理按照行政级别分为不同的层次：由国家制定国家环境风险管理计划，负责跨省环境风险管理；省级地方政府制定地方环境风险管理计划，管理跨市、县的环境风险。各部门应当根据各自的管理职能对相关环境风险进行管理。

2. 建立地区和国家环境安全评估方法体系

按照水、大气、土地、生物进行分类，同时采用压力、状态、响应（PSR）框架模型，形成复合体系结构，建立了环境安全评估模式。建立规范化的地区环境安全评估制度和国家中长期环境经济预测模拟系统。

（1）确定区域生态环境安全的综合评价指标、环境安全限值（污染最高限量指标和生态建设最低限量指标）和环境灾害阈值。

（2）确定突发重大环境灾害应急救援行动预案。

（3）提出区域开发建设的环境影响评价。

（4）建立区域生态环境安全及环境资料数据库。

（5）建立区域生态环境安全预测与环境灾害预防及减灾管理系统。

（6）建立区域生态环境安全监测分析系统。

（7）建立区域生态环境灾害对策系统及应急指挥系统。

（8）建立重点致灾因素对区域发展影响评价模型。

（9）针对区域健康安全与卫生防疫的管理，建立区域卫生防疫突发疾病资料库。

3. 严格执行环境影响评价制度

凡依法应当进行环境影响评价的重点流域、区域开发和行业发展规划以及建设项目，必须严格履行环境影响评价程序，并把主要污染物排放总量控制指标作为新改扩建项目环境影响评价审批的前置条件。环境影响评价过程要公开透明，充分征求社会公众意见。建立健全规划环境影响评价和建设项目环境影响评价的联动机制。对环境影响评价文件未经批准即擅自开工建设、建设过程中擅自做出重大变更、未经环境保护验收即擅自投产等违法行为，要依法追究管理部门、相关企业和人员的责任。

4. 构筑环境安全新学科领域

环境安全是一个跨学科的研究领域，在时间上和空间上涉及多重尺度。因此，随着环境安全研究的不断细化，环境安全学在学科之间渗透、交叉、融合机制的综合作用下，有望在未来的发展中演进成为一个由众多分支学科（含边缘分支学科）组成的学科群。这些分支学科按照具体研究对象的差异，可以粗略地分为四个学科系组。

1）以普通环境安全学为统领的一组学科

包括环境安全思想史（环境安全学史）、环境安全文化学、比较环境安全学、环境安全计量学等。普通环境安全学的任务是研究环境安全领域的各种普遍性、一般性、共同性问题。

2）宏观层面环境安全学科

包括环境灾害学、水环境安全学、土地资源环境安全学、生物环境安全学、公共环境安全学、经济环境安全学、环境安全评价学、环境安全监管学等。

这组学科侧重于研究涉及国家乃至全球范围某一特定方面的环境安全问题。

3）中观层面环境安全学科

包括区域环境安全学、城市环境安全学、农村环境安全学、海洋环境安全学、湖沼环境安全学、生产环境安全学、交通运输环境安全学、环境安全医学等。

4）微观层面环境安全学科

包括企业环境安全学、机关环境安全学、军队环境安全学、学校环境安全学、核生产环境安全学、医院环境安全学、社区环境安全学、家庭环境安全学等。

5. 继续加强主要污染物总量减排

完善减排统计、监测和考核体系，鼓励各地区实施特征污染物排放总量控制。对造纸、印染和化工行业实行化学需氧量和氨氮排放总量控制。加强污水处理设施、污泥处理处置设施、污水再生利用设施和垃圾渗滤液处理设施建设。对现有污水处理厂进行升级改造。完善城镇污水收集管网，推进雨、污分流改造。强化城镇污水、垃圾处理设施运行监管。对电力行业实行二氧化硫和氮氧化物排放总量控制，继续加强燃煤电厂脱硫，全面推行燃煤电厂脱硝，新建燃煤机组应同步建设脱硫、脱硝设施。对钢铁行业实行二氧化硫排放总量控制，强化水泥、石化、煤化工等行业二氧化硫和氮氧化物治理。在大气污染联防联控重点区域开展煤炭消费总量控制试点。开展机动车船尾气氮氧化物治理。提高重点行业环境准入和排放标准。促进农业和农村污染减排，着力抓好规模化畜禽养殖污染防治。

6. 有效防范环境风险和妥善处置突发环境事件

完善以预防为主的环境风险管理制度，实行环境应急分级、动态和全过程管理，依法科学妥善处置突发环境事件。建设更加高效的环境风险管理和应急救援体系，提高环境应急监测处置能力。制定切实可行的环境应急预案，配备必要的应急救援物资和装备，加强环境应急管理、技术支撑和处置救援队伍建设，定期组织培训和演练。开展重点流域、区域环境与健康调查研究。全力做好污染事件应急处置工作，及时准确发布信息，减少人民群众生命财产损失和生态环境损害。健全责任追究制度，严格落实企业环境安全主体责任，强化地方政府环境安全监管责任。

7. 大力发展环保产业

加大政策扶持力度，扩大环保产业市场需求。鼓励多渠道建立环保产业发展基金，拓宽环保产业发展融资渠道。实施环保先进适用技术研发应用、重大环保技术装备及产品产业化示范工程。着重发展环保设施社会化运营、环境咨询、环境监理、工程技术设计、认证评估等环境服务业。鼓励使用环境标志、环保认证和绿色印刷产品。开展污染减排技术攻关，实施水体污染控制与治理等科技重大专项。制定环保产业统计标准。加强环境基准研究，推进国家环境保护重点实验室、工程技术中心建设。加强高等院校环境学科和专业建设。

8. 加快推进农村环境保护

实行农村环境综合整治目标责任制。深化“以奖促治”和“以奖代补”政策，扩大连片整治范围，集中整治存在突出环境问题的村庄和集镇，重点治理农村土壤和饮用水水源地污染。继续开展土壤环境调查，进行土壤污染治理与修复试点示范。推动环境保护基础设施和服务向农村延伸，加强农村生活垃圾和污水处理设施建设。发展生态农业和有机农业，科学使用化肥、农药和农膜，切实减少面源污染。严格农作物秸秆禁烧管理，推进农业生产废物资源化利用。加强农村人畜粪便和农药包装无害化处理。加大农村地区工矿企业污染防治力度，防止污染向农村转移。开展农业和农村环境统计。

9. 加大生态保护力度

国家编制环境功能区划，在重要生态功能区、陆地和海洋生态环境敏感区、脆弱区等区域划定生态红线，对各类主体功能区分别制定相应的环境标准和环境政策。加强青藏高原生态屏障、黄土高原-川滇生态屏障、东北森林带、北方防沙带和南方丘陵山地带以及大江大河重要水系的生态环境保护。推进生态修复，让江河湖泊等重要生态系统休养生息。强化生物多样性保护，建立生物多样性监测、评估与预警体系以及生物遗传资源获取与惠益共享制度，有效防范物种资源丧失和流失。加强自然保护区综合管理。开展生态系统状况评估。加强矿产、水电、旅游资源开发和交通基础设施建设中的生态保护。推进生态文明建设试点，进一步开展生态示范创建活动。

10. 实施有利于环境保护的经济政策

把环境保护列入各级财政年度预算并逐步增加投入。适时增加同级环保能力建设经费安排。加大对重点流域水污染防治的投入力度，完善重点流域水污染防治专项资金管理办法。完善中央财政转移支付制度，加大对中西部地区、民族自治地方和重点生态功能区环境保护的转移支付力度。加快建立生态补偿机制和国家生态补偿专项资金，扩大生态补偿范围。积极推进环境税费改革，研究开征环境保护税。对生产符合下一阶段标准车用燃油的企业，在消费税政策上予以优惠。制定和完善环境保护综合名录。对“高污染、高环境风险”产品，研究调整进出口关税政策。支持符合条件的企业发行债券用于环境保护项目。加大对符合环保要求和信贷原则的企业和项目的信贷支持。建立企业环境行为信用评价制度。大力推行绿色信贷制度。绿色信贷指的是商业银行和政策性银行等金融机构依据国家的环境经济政策和产业政策，对研发、生产治污设施，从事生态保护与建设，开发、利用新能源，从事循环经济生产、绿色制造和生态农业的企业或机构提供贷款扶持并实施优惠性的低利率，而对污染生产和污染企业的新建项目投资贷款和流动资金进行贷款额度限制并实施惩罚性高利率的政策手段，目的是引导资金和贷款流入促进国家环保事业的企业和机构，并从破坏、污染环境的企业和项目中适当抽离，从而实现资金的绿色配置。不断加强金融产品创新力度，积极支持循环经济、节能环保企业和项目。

健全环境污染责任保险制度，开展环境污染强制责任保险试点。严格落实燃煤电厂烟气脱硫电价政策，制定脱硝电价政策。对可再生能源发电、余热发电和垃圾焚烧发电实行优先上网等政策支持。对高耗能、高污染行业实行差别电价，对污水处理、污泥无害化处理设施、非电力行业脱硫脱硝和垃圾处理设施等鼓励类企业实行政策优惠。按照污泥、垃圾和医疗废物无害化处置的要求，完善收费标准，推进征收方式改革。推行排污许可证制度，开展排污权有偿使用和交易试点，建立国家排污权交易中心，发展排污权交易市场。

6.6 禁止洋垃圾入境对我国环境安全的意义

20世纪80年代以来，为缓解原料不足，我国开始从境外进口可用作原料的固体废物。同时，为加强管理，防范环境风险，逐步建立了较为完善的固体废物进口管理制度体系。各地区、各有关部门在打击洋垃圾走私、加强固体废物进口监管方面做了大量工作，取得一定成效。但仍有一些地方重发展轻环保，对再生资源回收加工利用企业监管不力，放任洋垃圾入境非法加工利用，部分企业为牟取非法利益不惜铤而走险，致使走私进口洋垃圾现象屡禁不止，洋垃圾随进口固体废物夹带入境现象时有发生。洋垃圾入境既占用有限环境容量，加大我国环境污染治理压力，又对我国生态环境安全和人民群众健康构成威胁。

党中央、国务院高度重视洋垃圾入境问题及进口固体废物管理工作。2017年4月，中央全面深化改革领导小组第三十四次会议审议通过了《禁止洋垃圾入境推进固体废物进口管理制度改革实施方案》，这是党中央、国务院在新时期新形势下做出的一项重大决策，是推动形成绿色发展方式和生活方式、保护生态环境安全和人民群众身体健康的一项重要制度改革。

1. 将洋垃圾拒于国门之外，推动转变发展理念

（1）禁止洋垃圾入境，推进固体废物进口管理制度改革，事关我国生态文明建设大局，是建设美丽中国的需要，也顺应了人民群众对良好生态环境的新要求和新期待。

（2）禁止洋垃圾入境，推进固体废物进口管理制度改革是贯彻落实新发展理念的重要任务。贯彻落实新发展理念，特别是推动绿色发展，要求我们像保护眼

睛一样保护生态环境，像对待生命一样对待生态环境，坚决摒弃损害甚至破坏生态环境的发展模式，坚决摒弃以牺牲生态环境换取一时一地经济增长的做法。加快推动固体废物进口管理制度改革，从源头上将洋垃圾拒之于国门之外，推动地方切实转变发展理念，坚持走生态优先、绿色发展之路，努力实现经济社会发展和生态环境保护协同共进。

（3）禁止洋垃圾入境，推进固体废物进口管理制度改革是改善环境质量的有效手段。当前，我国大气、水、土壤污染治理任务艰巨，环境质量改善难度前所未有。洋垃圾质劣价低、污秽不堪，以洋垃圾为原料的再生资源加工利用企业多为“散乱污”企业，污染治理能力低下，多数甚至没有污染治理设施，加工利用中污染排放严重损害当地生态环境。禁止洋垃圾入境，推进固体废物进口管理制度改革，能有效切断“散乱污”企业的原料供给，从根本上铲除洋垃圾藏身之地，对改善生态环境质量、维护国家生态环境安全具有重要作用。

（4）禁止洋垃圾入境，推进固体废物进口管理制度改革是保护人民群众身体健康的必然要求。洋垃圾加工利用多属于技术含量低、附加值小、劳动密集型产业，主要依靠人工分拣、手工拆解。洋垃圾携带的病毒、细菌等有毒有害物质可能直接感染从业人员，其加工利用所产生的环境污染也会损害当地人民群众身体健康。推进固体废物进口管理制度改革，禁止进口环境危害大、群众反映强烈的固体废物，将有效防范环境污染风险，切实保护人民群众身体健康。

（5）禁止洋垃圾入境，推进固体废物进口管理制度改革是提升国内固体废物回收利用水平的反向抓手。发展再生资源产业，已成为全球范围内破解资源短缺矛盾、实现资源可持续循环利用的重要途径。我国已将资源循环利用产业列入战略性新兴行业，但目前国内固体废物回收体系建设仍滞后于固体废物加工利用行业的发展需求。推进固体废物进口管理制度改革，大幅减少固体废物进口的品种与数量，可有效促进国内固体废物回收利用行业发展，淘汰落后和过剩产能，加快相关产业转型升级。

（6）疏堵结合、标本兼治，确保生态环境安全。《禁止洋垃圾入境推进固体废物进口管理制度改革实施方案》的基本要求是：坚持疏堵结合、标本兼治。调整完善进口固体废物管理政策，持续保持高压态势，严厉打击洋垃圾走私。提升国内固体废物回收利用水平。坚持稳妥推进、分类施策。根据环境风险、产业发展现状等因素，分行业分种类制定禁止进口的时间表，分批分类调整进口固体废物管理目录。综合运用法律、经济、行政手段，大幅减少进口种类和数量，全面禁止洋垃圾入境。坚持协调配合、狠抓落实。各部门按照职责分工，密切配合、齐抓共管，形成工作合力，加强跟踪督查，确保各项任务按照时间节点落地见效。地方各级人民政府要落实主体责任，切实做好固体废物集散地综合整治、产业转型发展、人员就业安置等工作。

《禁止洋垃圾入境推进固体废物进口管理制度改革实施方案》提出严格固体废物进口管理。2017年底前，全面禁止进口环境危害大、群众反映强烈的固体废物；2019年底前，逐步停止进口国内资源可以替代的固体废物。通过持续加强对固体废物进口、运输、利用等各环节的监管，确保生态环境安全。保持打击洋垃圾走私高压态势，彻底堵住洋垃圾入境。强化资源节约集约利用，全面提升国内固体废物无害化、资源化利用水平，逐步补齐国内资源缺口，为建设美丽中国和全面建成小康社会提供有力保障。

2. 完善监管制度，强化非法入境管控

《禁止洋垃圾入境推进固体废物进口管理制度改革实施方案》突出体现创新、协调、绿色、开放、共享的发展理念，坚持以人民为中心的发展思想，坚持稳中求进工作总基调，对禁止洋垃圾入境、推进固体废物进口管理制度改革做出全面部署。

一是完善堵住洋垃圾进口的监管制度。先行禁止进口环境危害大、群众反映强烈的固体废物；逐步有序减少固体废物进口种类和数量；进一步加严环境保护控制标准，提高固体废物进口门槛；完善法律法规和相关制度，限定进口固体废物口岸，取消贸易单位代理进口；加强政策引导，保障政策平稳过渡。

二是强化洋垃圾非法入境管控。持续严厉打击洋垃圾走私，开展强化监管严厉打击洋垃圾违法专项行动，重点打击走私、非法进口利用废塑料、废纸、生活垃圾、电子废物、废旧服装等固体废物的各类违法行为。加大全过程监管力度，从严审查、减量审批固体废物进口许可证，加强进口固体废物检验检疫和查验，严厉查处倒卖、非法加工利用进口固体废物以及其他环境污染违法行为。开展全国典型固体废物堆放处置利用集散地专项整治，整治情况列入中央环保督察重点内容。

三是建立堵住洋垃圾入境长效机制。落实企业主体责任，强化日常执法监管，加大违法犯罪行为查处力度；加强法治宣传培训，进一步提升企业守法意识；建立健全信息共享机制，开展联合惩戒。建立国际合作机制，适时发起区域性联合执法行动。推动贸易和加工模式转变，开拓新的再生资源渠道。

四是提升国内固体废物回收利用水平。加快国内固体废物回收利用体系建设，建立健全生产者责任延伸制，提高国内固体废物的回收利用率。完善再生资源回收利用基础设施，规范国内固体废物加工利用产业发展。加大科技研发力度，提升固体废物资源化利用装备技术水平。积极引导公众参与垃圾分类，努力营造全社会共同支持、积极践行保护环境和节约资源的良好氛围。

3. 调整进口废物管理目录，修订并加严标准

环境保护部坚决贯彻落实党中央、国务院的决策部署，并会同有关部门不折

不扣地认真落实《禁止洋垃圾入境推进固体废物进口管理制度改革实施方案》的各项工作任务。按照《禁止洋垃圾入境推进固体废物进口管理制度改革实施方案》进度要求，固体废物进口管理制度将在以下方面首先做出调整：一是调整进口废物管理目录，禁止进口来自生活源的废塑料、未经分拣的废纸以及废纺织原料、钒渣等固体废物，于 2017 年底开始正式实施。二是修订并加严现行的《进口可用作原料的固体废物环境保护控制标准》，对于夹杂物的品种与含量的限制要求将进一步加严。三是环境保护部制定印发《进口废纸环境保护管理规定》，明确进口废纸企业的环境管理要求，并设定一定加工规模的行业准入门槛。四是完善固体废物进口许可证制度，取消贸易单位代理进口，仅允许加工利用企业自营进口，防范进口固体废物倒卖风险。五是增加固体废物鉴别单位数量，解决固体废物属性鉴别难等突出问题。

《禁止洋垃圾入境推进固体废物进口管理制度改革实施方案》牢固树立和贯彻落实创新、协调、绿色、开放、共享的发展理念，坚持以人民为中心的发展思想，坚持稳中求进工作总基调，以供给侧结构性改革为主线，以深化改革为动力，全面禁止洋垃圾入境，完善进口固体废物管理制度。《禁止洋垃圾入境推进固体废物进口管理制度改革实施方案》严格按照 2017 年 4 月 18 日中央全面深化改革领导小组第三十四次会议要求，以维护国家生态环境安全和人民群众身体健康为核心，坚持稳妥推进，分类施策，根据环境风险、产业发展现状等因素，分行业分种类制定禁止固体废物进口的时间表，分批分类调整进口管理目录，先行将环境危害大、群众反映强烈的生活来源的废塑料、未分拣的废纸、废纺织原料、钒渣等固体废物禁止进口，并综合运用法律、经济、行政手段，逐步有序大幅减少固体废物进口种类和数量。

2017 年 4 月 18 日，中央全面深化改革领导小组第三十四次会议审议通过《禁止洋垃圾入境推进固体废物进口管理制度改革实施方案》后，各有关部门一方面按照职能分工，各司其职，确保各项任务按照时间节点落地见效，另一方面密切配合、齐抓共管，形成工作合力，共同把各项工作做深、做细、做实。环保部、海关总署、质检总局等部门采取了多项落实措施。其中，全国打击进口废物加工利用行业环境违法行为专项行动是落实该《禁止洋垃圾入境推进固体废物进口管理制度改革实施方案》的举措之一。

第四篇　外　部　性

第 7 章　外部性理论

外部性理论是能源与环境政策的理论基础。外部性可以分为外部经济和外部不经济。外部经济就是一些人的生产或消费使另一些人受益而又无法向后者收费的现象。外部性理论揭示了市场经济活动中一些资源配置低效率的根源，同时为解决能源环境外部不经济问题提供了可供选择的思路和框架。

7.1　外部性的含义

7.1.1　外部性理论的发展

外部性理论的提出可以追溯到英国经济学家、剑桥学派的奠基者亨利·西奇威克最初对外部性的认识，体现在他对穆勒"灯塔"问题的继续探讨上。他在《政治经济学原理》一书中这样写道："在大量的各种各样的情况下，这一论断（即通过自由交换，个人总能够为他所提供的劳务获得适当的报酬）明显是错误的。首先，某些公共设施，由于它们的性质，实际上不可能由建造者或愿意购买的人所有。"在西奇威克这段话的表述中，虽然没有直接提到外部性，但他已经认识到在自由经济中，个人并不是总能够为他所提供的劳务获得适当的报酬，这种"个人提供的劳务"与"报酬"之间的差异，正是我们所研究的外部性。继西奇威克之后，许多经济学家对外部性理论的发展做出了重要贡献，做出的研究具有里程碑意义的经济学家主要有马歇尔、庇古和科斯三位。

1. 马歇尔的"外部经济"理论

马歇尔是英国"剑桥学派"的创始人，是新古典经济学派的代表。马歇尔并没有明确提出外部性这一概念，但外部性概念源于马歇尔 1890 年发表的《经济学原理》中提出的"外部经济"概念。

在马歇尔看来，除了以往人们多次提出过的土地、劳动和资本这三种生产要素外，还有一种要素，这种要素就是"工业组织"。工业组织的内容相当丰富，包括分工、机器的改良、有关产业的相对集中、大规模生产以及企业管理。马歇尔用"内部经济"和"外部经济"这一对概念来说明第四类生产要素的变化如何导致产量的增加。

所谓内部经济，是指企业内部的各种因素所导致的生产费用的节约，这些影响因素包括劳动者的工作热情、工作技能的提高、内部分工协作的完善、先进设备的采用、管理水平的提高和管理费用的减少等。所谓外部经济，是指企业外部的各种因素所导致的生产费用的减少，这些影响因素包括企业与原材料供应地和产品销售市场的距离、市场容量的大小、运输通信的便利程度、其他相关企业的发展水平等。实际上，马歇尔把企业内分工而带来的效率提高称为内部经济，这就是在微观经济学中所讲的规模经济，即随着产量的扩大，长期平均成本降低；把企业间分工导致的效率提高称作是外部经济。

马歇尔虽然没有提出内部不经济和外部不经济概念，但根据他对内部经济和外部经济的论述可以从逻辑上推出内部不经济和外部不经济概念及其含义。所谓内部不经济，是指企业内部的各种因素所导致的生产费用的增加。所谓外部不经济，是指企业外部的各种因素所导致的生产费用的增加。马歇尔以企业自身发展为问题研究的中心，从内部和外部两个方面考察影响企业成本变化的各种因素，这种分析方法给经济学后继者提供了无限的想象空间。

2. *庇古的“庇古税”理论*

庇古是马歇尔的嫡传弟子，其在 1920 年出版的《福利经济学》一书中首次用现代经济学的方法从福利经济学的角度系统地研究了外部性问题，在马歇尔提出的“外部经济”概念基础上扩充了“外部不经济”的概念和内容，将外部性问题的研究从外部因素对企业的影响效果转向企业或居民对其他企业或居民的影响效果。这种转变正好是与外部性的两类定义相对应的。

庇古通过分析边际私人净产值与边际社会净产值的背离来阐释外部性。他指出，边际私人净产值是指个别企业在生产中追加一个单位生产要素所获得的产值，边际社会净产值是指从全社会来看在生产中追加一个单位生产要素所增加的产值。他认为：如果每一种生产要素在生产中的边际私人净产值与边际社会净产值相等，它在各生产用途的边际社会净产值都相等，而产品价格等于边际成本时，就意味着资源配置达到最佳状态。但庇古认为，边际私人净产值与边际社会净产值之间存在下列关系：如果在边际私人净产值之外，其他人还得到利益，那么，边际社会净产值就大于边际私人净产值；反之，如果其他人受到损失，那么，边际社会净产值就小于边际私人净产值。庇古把生产者的某种生产活动带给社会的有利影响称为“边际社会收益”，把生产者的某种生产活动带给社会的不利影响称为“边际社会成本”。

适当改变一下庇古所用的概念，外部性实际上就是边际私人成本与边际社会成本、边际私人收益与边际社会收益的不一致。在没有外部效应时，边际私人成本就是生产或消费一件物品所引起的全部成本。当存在负外部效应时，某一厂商的环境污染导致另一厂商为了维持原有产量，必须增加诸如安装治污设施等所需的成本支出，这就是外部成本。边际私人成本与边际外部成本之和就是边际社会成本。当存在正外部效应时，企业决策所产生的收益并不是由本企业完全占有的，还存在外部收益。边际私人收益与边际外部收益之和就是边际外部收益。

需要注意的是，虽然庇古的“外部经济”和“外部不经济”概念是从马歇尔那里借用和引申来的，但是庇古赋予这两个概念的意义是不同于马歇尔的。马歇尔主要提到了“外部经济”这个概念，其含义是指企业在扩大生产规模时，其外部的各种因素所导致的单位成本的降低。也就是说，马歇尔所指的是企业活动从外部受到影响，庇古所指的是企业活动对外部的影响。这两个问题看起来十分相似，其实所研究的是两个不同的问题或者说是一个问题的两个方面。庇古已经将马歇尔的外部性理论大大向前推进了一步。

既然在边际私人收益与边际社会收益、边际私人成本与边际社会成本相背离的情况下，依靠自由竞争是不可能达到社会福利最大的。于是应由政府采取适当的经济政策，消除这种背离。政府应采取的经济政策是：对边际私人成本小于边际社会成本的部门征税，即存在外部不经济效应时，向企业征税；对边际私人收益小于边际社会收益的部门实行奖励和津贴，即存在外部经济效应时，给企业以补贴。庇古认为，通过这种征税和补贴，就可以实现外部效应的内部化。这种政策建议后来被称为“庇古税”。

庇古理论存在的一些局限性：

第一，庇古理论的前提是存在所谓的“社会福利函数”，政府是公共利益的天然代表者，并能自觉按公共利益对产生外部性的经济活动进行干预。然而，事实上，公共决策存在很大的局限性。

第二，庇古税运用的前提是政府必须知道引起外部性和受它影响的所有个人的边际成本或收益，拥有与决定帕累托最优资源配置相关的所有信息，只有这样政府才能定出最优的税率和补贴。但是，现实中政府并不是万能的，它不可能拥有足够的信息，因此从理论上讲，庇古税是完美的，但实际的执行效果与预期存在相当大的偏差。

第三，政府干预本身也是要花费成本的。如果政府干预的成本支出大于外部性所造成的损失，从经济效率角度看消除外部性就不值得了。

第四，庇古税使用过程中可能出现寻租活动，会导致资源的浪费和资源配置的扭曲。

3. 科斯的“科斯定理”

科斯是新制度经济学的奠基人，从某种程度上讲，科斯理论是在批判庇古理论的过程中形成的。科斯对庇古税的批判主要集中在如下几个方面：

第一，外部效应往往不是一方侵害另一方的单向问题，而具有相互性。例如化工厂与居民区之间的环境纠纷，在没有明确化工厂是否具有污染排放权的情况下，一旦化工厂排放废水就对它征收污染税，这是不严肃的事情。因为，也许建化工厂在前，建居民区在后。在这种情况下，也许化工厂拥有污染排放权。要限制化工厂排放废水，也许不是政府向化工厂征税，而是居民区向化工厂“赎买”。

第二，在交易费用为零的情况下，庇古税根本没有必要。因为在这时，通过双方的自愿协商，就可以产生资源配置的最佳化结果。既然在产权明确界定的情况下，自愿协商同样可以达到最优污染水平，可以实现和庇古税一样的效果，那么政府又何必多管闲事呢？

第三，在交易费用不为零的情况下，解决外部效应的内部化问题要通过各种政策手段的成本-收益的权衡比较才能确定。也就是说，庇古税可能是有效的制度安排，也可能是低效的制度安排。

上述批判就构成所谓的科斯定理：如果交易费用为零，无论权利如何界定，都可以通过市场交易和自愿协商达到资源的最优配置；如果交易费用不为零，制度安排与选择是重要的。这就是说，解决外部性问题可能可以用市场交易形式即自愿协商替代庇古税手段。

科斯定理进一步巩固了经济自由主义的根基，进一步强化了“市场是美好的”这一经济理念。并且科斯将庇古理论纳入自己的理论框架之中：在交易费用为零的情况下，解决外部性问题不需要“庇古税”；在交易费用不为零的情况下，解决外部性问题的手段要根据成本-收益的总体比较。也许庇古方法是有效的，也许科斯方法是有效的。实际上，科斯理论是对庇古理论的一种扬弃。

随着 20 世纪 70 年代环境问题的日益加剧，市场经济国家开始积极探索实现外部性内部化的具体途径，科斯理论随之被投入实际应用之中。在环境保护领域排污权交易制度就是科斯理论的一个具体运用。科斯理论的成功实践进一步表明，“市场失灵”并不是政府干预的充要条件，政府干预并不一定是解决“市场失灵”的唯一方法。

7.1.2 外部性的定义

一般认为，外部性的概念是马歇尔首次提出的。马歇尔在 1890 年发表的《经济学原理》中，在分析个别厂商和行业经济运行时，首创了外部经济和内部经济这一对概念。20 世纪 70 年代以来，由于工业化、城市化、环境污染等社会问题的不断加剧，外部性问题成了经济学界的热门话题。

外部性是经济学中一个核心概念，外部性概念的定义问题至今仍然是一个难题。有的经济学家把外部性概念看作是经济学文献中较难捉摸的概念之一。所以，有的干脆就不提外部性的定义，如斯蒂格利茨的《经济学》、范里安的《微观经济学：现代观点》等就是这样处理的。但是不下定义就来分析这一问题往往是困难的。因此，经济学家总是企图明确界定这一定义。

不同的经济学家对外部性给出了不同的定义。归结起来不外乎两类：一类是从外部性的产生主体角度来定义；另一类是从外部性的接受主体来定义。

前者如萨缪尔森和诺德豪斯的定义："外部性是指那些生产或消费对其他团体强征了不可补偿的成本或给予了无须补偿的收益的情形。" 后者如兰德尔的定义：外部性是用来表示"当一个行动的某些效益或成本不在决策者的考虑范围内的时候所产生的一些低效率现象。也就是某些效益被给予，或某些成本被强加给没有参加这一决策的人"。用数学语言来表述，所谓外部效应就是某经济主体的福利函数的自变量中包含了他人的行为，而该经济主体又没有向他人提供报酬或索取补偿，即

$$F_j = F(X_{1j}, X_{2j}, \cdots, X_{nj}, X_{mk}), \quad j \neq k$$

式中，j 和 k 是指不同的个人（或厂商）；F_j 表示 j 的福利函数；$X_i (i = 1, 2, \cdots, n, m)$ 是指经济活动。这个函数表明，某个经济主体 F_j 的福利除了受到它自己所控制的经济活动 X_i 的影响，同时也受到另外一个人 k 所控制的某一经济活动 X_m 的影响，就存在外部效应。

上述两种不同的定义本质上是一致的。即外部性是某个经济主体对另一个经济主体产生一种外部影响，而这种外部影响又不能通过市场价格进行买卖。这就是作者对外部性的定义。前述两类定义的差别在于考察的角度不同。大多数经济学文献是按照萨缪尔森的定义来理解的。按照一般说法，外部性指的是私人收益与社会收益、私人成本与社会成本不一致的现象，在商品生产和消费过程中，一个人使他人遭受到额外成本或获得额外收益，而没有通过当事人以货币的形式得到补偿时，外部性就发生了。也就是说，外部性是指一个经济当事人的行为影响他人的福利，而这种影响并没有通过货币形式或市场机制反映出来。

作者认为，所谓外部性就是这样一种现象，即经济主体（个人或厂商）在生产或消费过程中，强制性地、不支付任何代价或得到任何回报而引起其他经济主体收益或成本的增减变化。一般来说，外部性指的是私人受益与社会收益、私人成本与社会成本不一致的现象。在商品生产和消费过程中，一个人使他人遭受到额外成本或获得额外收益，而没有通过当事人以货币的形式得到补偿时，外部性就发生了。也就是说，外部性是指一个经济当事人的行为影响他人的福利，而这种影响并没有通过货币形式或市场机制反映出来。

7.2　外部性的类型、特征及其内部化

7.2.1　外部性的类型

从外部性的定义可以看出，外部性是随着生产或消费活动而产生的，带来的

影响或是积极的，或是消极的。因此外部性可以分为两种类型，有四种具体形式，即生产的外部经济和外部不经济，消费的外部经济和外部不经济。

第一，生产的外部经济。当一个生产者在生产过程中给他人带来有利的影响，而没有从中得到补偿时就产生了积极的外部效果。如果这种有利的影响随着产量的增加而增加，这种现象就称为生产的外部经济。从效率上看，生产的外部经济体现的是企业生产的私人收益与社会收益之间的差距，即私人收益总是小于社会收益。

第二，生产的外部不经济。当一个生产者在生产过程中给他人带来损失或额外费用，而他人又不能得到补偿时就产生了外部不经济。如果这种不利的影响随着产量的增加而增加，这种现象就称为生产的外部不经济。从效率上看，生产的外部不经济体现的是企业生产的私人成本与社会成本之间的差距，即私人成本总是小于社会成本。

第三，消费的外部经济。当一个消费者在消费过程中给他人带来有利的影响，而消费者本身却不能从中得到补偿时就产生了积极的外部效果。如果这种有利的影响随着消费数量的增加而增加，这种现象就称为消费的外部经济。

第四，消费的外部不经济。当一个消费者在消费过程中给他人带来损失或额外费用，而他人又不能得到补偿时就产生了外部不经济。如果这种不利的影响随着消费数量的增加而增加，这种现象就称为消费的外部不经济。

上述四种外部性都属于技术外部性，是不能反映在价格变化或通过市场体系变化表现的外部现象。

我们这里所讨论的外部性是指生产中的外部性，即某生产活动所产生的效益或成本，不经过市场交换，直接发生在某些经济主体之间的情况。

1. 外部经济

外部经济是指生产活动所产生的正外部性效果，没有经过市场交换，即尽管这些经济主体没有支付相应的货款，也能够享受到某种利益。

2. 外部不经济

外部不经济是指前面提到的外部性中的“负外部性”，这里主要讨论生产中的负外部性，即某生产活动所产生的成本，不经过市场交换，直接发生在某些经济主体之间。如造纸厂、钢铁厂等排放污水，污染了河流，影响鱼类的正常生长，甚至导致鱼类死亡，使渔业生产遭受损失。

由于负外部性的存在，生产纸、钢铁等产品的社会成本大于生产者成本，生产每一单位产品的社会成本包括生产者“私人成本”加上社会上某些经济主体因受到污染所产生的成本。图 7-1 表示外部不经济存在时的市场均衡，达不到资源配置时的最优状态。

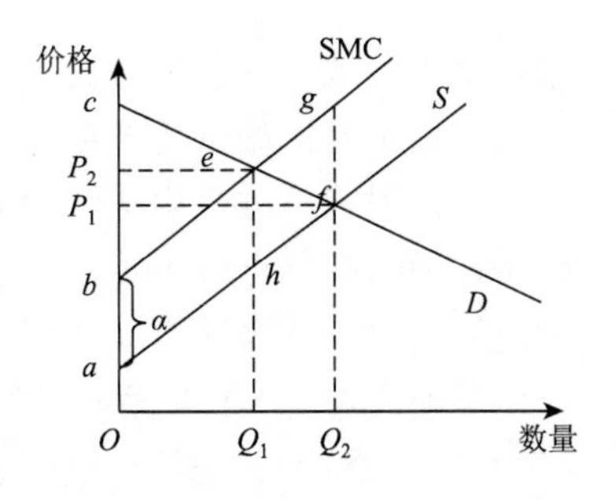

图 7-1　外部不经济与市场均衡

D 曲线是 *A* 产品的需求曲线，*S* 曲线是 *A* 产品的供给曲线，SMC 是包含外部不经济在内的社会边际成本曲线。

SMC 曲线之所以在 *S* 曲线的上方，其原因是：供给曲线 *S* 表示的是生产者直接负担的边际成本（私人边际成本），不包含外部不经济成本；SMC 曲线则表示的是包含外部不经济成本的社会全体的边际成本，所以 SMC 曲线与 *S* 曲线在纵轴方向的差 α 表示生产单位的 *A* 产品所产生的外部不经济。*A* 产品的市场均衡是由 *D* 曲线与 *S* 曲线的交点 *f* 所决定的，供需均衡价格是 P_1，均衡量是 Q_2，此时的消费者剩余是面积 cfP_1，生产者剩余是面积 aP_1f，因外部不经济而损失的量是面积 *abgf*，社会经济剩余是面积 *bce*-面积 *egf*。

在考虑外部不经济存在的情况下，其社会经济剩余最大时的 *A* 产品的生产量为 Q_1，此时的社会经济剩余是面积 *bce*。其结论是，在市场均衡状态下存在着 Q_2–Q_1 数量的生产过剩，该生产过剩所带来的社会经济剩余损失额为 *egf*。

为了抑制图 7-1 中所产生的生产过剩，以及由此生产过剩所产生的社会经济剩余的减少，必须采取使生产者“私人边际生产成本”增加，即尽可能使 *S* 曲线向上方移动，接近或等于 SMC 曲线的对策。具体的对策主要包括以下几种。

1）外部不经济“内部化”

政府通过有关法律、政策及行政规定，来消除或减少外部不经济。如政府针对造纸厂、钢铁厂等制定污水、废气排放标准，迫使生产者必须装备污水净化设施和机械设备，从而使生产者“私人边际成本”增加，生产量减少。因为此方法是把消除外部不经济而支付的社会成本纳入生产过程中，成为“私人成本”，所以被称作外部不经济内部化。

2）最适限制标准的制定

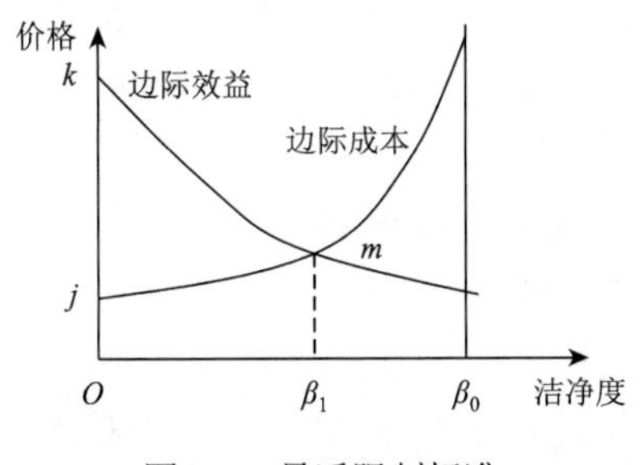

图 7-2　最适限制标准

制定最适限制标准时，必须考虑污水处理等消除或减少外部不经济的费用因素及因污水净化等外部不经济损失减少因素。图 7-2 中，横轴表示河水的洁净度，设最高洁净度为 β_0，边际效益曲线是随着河水洁净度的上升而产生的社会边际效益，如随着河水洁净度的上升，鱼的繁殖率提高，渔业生产者得到的边际效益增加，或者使到河边游玩的人们的满足度增加、旅游的人数增多等。边际成本曲线表示污水处理所发生的边际成本。

最适限制标准是由边际效益曲线与边际成本曲线的交点 m 所决定的，图中的 β_1 为最适限制标准。对工厂来说，如果所排放的废水的洁净度达不到 β_1，就会受到经济处罚，或被政府勒令停止生产。

需要注意的是，最适限制标准不一定要求外部不经济达到“0”的状态（洁净度为 β_0）。最适限制标准 β_1 产生的纯社会收益为面积 jkm。

3）征税对策

为使生产者的私人边际成本曲线与社会边际成本曲线相一致，政府向生产者征收相当于生产 A 单位的外部不经济金额的税款。

在图 7-1 中，每单位 A 产品征税额为 a 元，使生产者的私人边际成本曲线 S 与社会边际成本曲线 SMC 相重合。其结果是市场均衡在 e 点达成，供需均衡价格是 P_2，均衡产量为 Q_1，消费者剩余面积是 ceP_2，生产者剩余是面积 bP_2e，政府税收额为面积 $abeh$。政府可以用税收去补偿那些外部不经济损害的经济主体。因此，社会经济剩余使面积 bce 达到了最大化，使资源处于最有效的配置状态。所以，可以得出这样的结论，在类似上述的外部不经济存在的情况下，政府可以通过向生产者征收适当的税金来解决问题。

4）总量限制和可交易生产量配额

为使外部不经济发生的可能性降低，可将社会全体的生产量设定在某个水准 Q^* 上，在将该总量分配给各个生产者，即向各个生产者分配的生产量配额总和等于 Q^*，这种做法称为总量限制法。向各个生产者分配生产量配额时，可参照过去的生产量实绩，按此比例分配。

外部不经济“内部化”、最适限制标准的制定、征税对策这些方法，都是使产生外部不经济物品的社会总生产量减少，即通过对排污工厂的限制，增加其费用负担，达到使生产效率低、污染严重的生产者退出该产业的目的。但是总量限制方法不能使生产效率低的生产者停止生产，为了解决这一问题，需采用可交易生产量配额的政策，即从法律或政策上规定：承认生产量配额的私人所有权，允许生产量配额在生产者之间进行买卖。

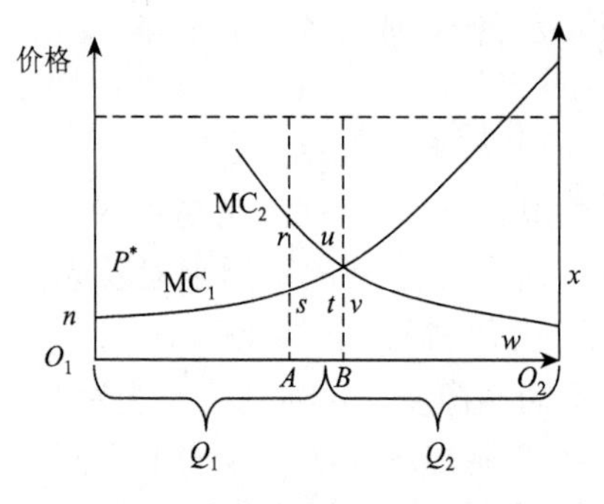

图 7-3　产量配额政策下的资源最有效配置

图 7-3 说明了总量限制加可交易生产量配额政策下的资源最有效配置。

在图 7-3 中，有两位生产者进行 A 产品的生产，总量限制量为 $Q = Q_1 + Q_2$，在这两位生产者之间实行配额生产，生产者 1 的生产

量配额为 Q_1，生产者 2 的生产量配额为 Q_2，对应于总生产量 Q^*的市场供需均衡价格为 P^*，生产者 1 的私人边际生产成本曲线为 MC_1，生产者 2 的私人边际生产成本曲线为 MC_2。这里假设生产者 1 比生产者 2 的生产效率高。

当生产量配额不可以在生产者之间买卖时，生产者 1 的生产者剩余是面积 nP^*rt，生产者 2 的生产者剩余是面积 $wsrx$。

当生产量配额可以在生产者之间买卖时，生产者 1 从生产者 2 那里购入数量为 $B–A$ 的生产配额，因此生产者 1 的生产量增加到 $Q_1+(B–A)$，生产者 2 的生产量减少到 $Q_2–(B–A)$。

生产者 1 因购入生产量配额扩大生产规模所增加的生产者剩余是面积 stv，生产者 2 通过缩减生产量得到的生产者剩余是面积 $uvwx$。由于实行上述总量限制和可交易生产配额政策，其结果为

$$\text{生产者 1 的生产者剩余面积} = \text{面积 } nP^*rt + \text{面积 } stv$$

$$\text{生产者 2 的生产者剩余面积} = \text{面积 } uvwx + \text{面积 } rsvu = \text{面积 } rswx$$

从以上的结果可以看出，实行总量限制和可交易生产量配额政策时，比不允许买卖生产量配额时大，增加的社会经济效益为面积 stv。

综上所述，我们可以得出这样的结论：当同时实行总量限制和可交易生产量配额政策时，资源得到了最有效的配置。

7.2.2　外部性的特征

第一，外部性是经济活动中的一种溢出效应，在受影响者来看，这种溢出效应不是自愿接受的，而是由对方强加的。

第二，经济活动对他人的影响并不反映在市场机制的运行过程中，而是在市场运行机制之外。市场机制的基本特征是如果经济主体的活动引起了其他经济主体收益的增减变化，这一经济主体必须以价格形式向对方索要或支付货币。如果发生了外部性，那么就不会有表现为价格形式的货币支付。

7.2.3　外部性内部化

所谓外部性内部化是指使生产者或消费者产生的外部费用进入他们的生产或消费决策，由他们自己承担或内部消化，从而弥补私人成本与社会成本的差额，以解决外部性问题。

对于环境外部性，从经济学上看，就是社会净产值与私人净产值的不一致，或社会边际成本与私人边际成本的不一致。在解决环境污染外部性的问题上，存在着两种截然不同的途径：

一是源自庇古的思想，认为环境污染的外部性问题不能通过市场来解决，而必须依靠政府干预。政府征收一个附加税或者发放补贴，对私人决策产生附加的影响，从而使私人的边际成本与社会边际成本达到一致。

二是源自科斯的思想，认为市场失灵源于市场本身的不完善，市场失灵只有通过市场的发展深化才能解决。在科斯看来，重要的是明晰产权，而不管权利属于谁。只要产权关系予以明确界定，私人成本与社会成本就会趋于一致。虽然权利界定影响财富的分配，但如果交易费用足够小，就可以通过市场的交易活动和权利的买卖来实现资源的优化配置。

7.3　外部性理论对中国市场化改革的现实意义

7.3.1　优化制度设计

在我国市场化变革时期，市场经济外部性特点最大的体现就是对生态环境的影响。我国正处于市场化改革的重要时期，为了获取更多的经济效益，对自然生态环境过度开采，而实际环境保护工作进行较差，导致生态环境受到一定的影响，大量资源无法再生，这样会在实际中阻碍经济的发展。实际问题包含了以下几点：第一，大范围的原始森林受到了影响，如人类砍伐等，这样会导致水土流失严重，致使河流出现严重的洪涝灾害，也会产生河流枯竭的情况。第二，环境影响越来越多，这也是因为人们更为关注企业发展获取的经济效益，并没有实施全面的、有效的污染处理工作，向大气层释放废气，向河流排放污水，这样导致大气和很多优质的水资源受到影响，降低了人们未来的生活质量。第三，因为对林地草木过度的应用和开发，导致土地的沙化非常严重，并且因为工业发展造成的乱用和占用土地情况日益严重，实际可用土地面积在不断减少，这也阻碍了农业的进一步发展。这些都是现阶段人们所要解决的问题。而在实际发展的过程中，人们不但可以通过构建全面的法律规则来解决问题，还可以通过应用现有的规章制度研究方案来设计全面的机制，从而实施生态环境和资源的全面管理工作。在林地资源保护时期，可以结合产权的明确，来激发人们保护林业资源的信念，从而对林业资源实施合理的应用；在保护江河湖泊的过程中，可以构建一种水权应用和管理的制度，结合制度的激励和管理，促使人类科学应用和维护水资源；在土地资源保护工作中，可以设计一个全面的土地资源转变制度，使土地资源获取有效的保护。

7.3.2　目标与路径确定

结合相关制度的研究和分析可知，在制度改革时期，制度具备一定的体制惯性，一种制度、政策以及经济体制、实施方案等被选择之后，若是初期的选择是有效的，那么就算是实施过程中出现问题也可以改善，这种方案和制度会依据规定的方向向着预期的目标前进。若是初期的选择不正确，那么在实施之后，以往的问题会不断加深，导致制度进入错误的循环中，这也是制度改革所具备的步骤依赖性。这种形式的外部性，也是中国市场化改革发展的第二种外部性。其表明，在选择制度和方案的过程中，一定要谨慎行事，需要有效整合现阶段的效益和长期的发展效益，同时对政策和制度的推广进行检测，及时明确问题的所在，避免出现问题的累积。因此在实际发展的过程中，一方面在优化一项方案时，需要谨慎行事，并且需要分析落实这一方案的长期发展效益；另一方面，需要全面分析，明确其发展过程中是否选择了不正确的道路，或者是现阶段推广的体制是否远离了既定的目标。从我国实际制度创新工作情况分析可知，改革过程中最重要的问题就是出现的偏差较大，如价格双轨之中的权力和金钱交易较多，分配区域中存在两极分化等情况。这些问题的出现促使我们在实际发展的过程中要正确应用制度研究方案，再以制度和方案选择为前提，有效评估制度和政策的实施方案，及时发现其中存在的问题，并且有效改正，从而保障构建社会主义市场经济体制的目标得以实现。

7.3.3　匹配制度设计

市场化改革推崇优化机制，自然界存在优胜劣汰的丛林法则，经济领域也一再强调资源配置优化、产业优化升级和经济结构优化等等。企业或生产经营者利用要素替代原理，在技术许可的情况下，用廉价要素代替昂贵要素，以最低成本获取最高利益，或以效率高的要素淘汰效率低的要素。企业间为争夺市场份额，积极优化资源配置，提高效率。其间落后企业被淘汰从而优化了产业结构，以及经济结构。可见有优化就必然有淘汰，但经济主体淘汰下的资源如何处理呢？物质可搁置，人（被淘汰者）总不能就地消灭吧？要么社会把这些被淘汰下来的人全包养起来，要么再配置资源，重新就业。社会主义基本经济制度的匹配机制解决了市场化改革产生的这一外部性难题。优化机制主要发挥市场的决定性作用，而匹配机制则重在政府通过财政转移支付，诸如精准扶贫、公共服务基础设施建设、乡村振兴合作项目等施展调节功能，社区组织通过多种文明合约消除各种“搭顺风车”行为。

同时，在实际发展过程中需要注意以下几点问题：第一，加大对市场化过程中制度和制度创新的分析，并且加大对制度的优化和改善，促使各种行为逐渐融入规定的范围中。第二，加大制度实施和制度约束。从现阶段工作中出现的问题分析可知，很多都是因为受到制度的影响产生的，因此一定要加大对制度的管理，从而确保制度的引导性。第三，加大对制度和方案推广情况的分析，及时明确问题，有效改变问题，保障制度落实的有效性。

7.4 外部性的矫正方法

外部性理论产生以后，针对矫正外部性的问题，产生了不同的观点如果从行为主体角度分析，可以分为三个方面。

7.4.1 市场机制对外部性的矫正

市场机制通过以下三方面矫正外部性。

（1）一体化矫正外部性。当存在外部性时，初始的交易双方表现为：一方受益，另一方受害。一体化的做法是通过扩大实体规模，如公司合并、合作和联合，组织一个足够大的实体或联合体，将外部成本或收益内部化，从而避免外部性带来的效率损失。

（2）明晰产权降低外部性。如果市场交易双方信息对称、资讯完备透明、交易成本为零，那么产权归属谁并不重要，因为交易会让资源找到最佳主人，市场交易自动形成均衡。但在现实中，交易双方信息往往不对称、资讯不完备透明、交易费用不为零。资源产权归属是双方交易的前提，物有所主，主人才能做出合理价格定位，也才能够分清楚对财产损害的来源且能合法地阻止损害，使“占便宜”者很难找到机会。可见，明晰的产权确实能降低外部性。

（3）社会道德约束外部性。人的行为受其思想所左右，思想是社会意识形态的表现形式。社会公德提倡大公无私、利他主义和集体主义，约束自私自利的各种“占便宜”的行为。教育能有效地降低外部性，学校教育和社会教育是行为能力一致化提升的重要手段。学校教育是制度化的，受现行社会政治工具性价值导向的影响，一致性整合功能较强。社会教育是各民族在历史中提炼成的文化传承方式，它是一种同步内生型有序化过程，这决定了其功能的立足点在于传承是整个生活方式总和的民族文化。在传统文化传承、价值传递、行为规劝、道德构建等活动中完成培养受教者的文化品格，实现其生存发展的目的。

7.4.2 政府对外部性的矫正

政府通过税收、补偿、管制和法律手段矫正外部性。

（1）矫正性税收。庇古认为，外部经济效应的存在，导致个人主义机制无法再实现社会资源的有效配置，与达到帕累托最优配置产生了巨大差距。此时，私人的边际收益、边际成本都会与社会的边际收益、边际成本产生一定的差距，导致社会福利无法实现最大化，出现了调控的空间和需求。政府作为重要的宏观调控部门，需要发挥市场辅助者的作用，根据庇古的策略，应当对边际成本小的部门进行征税，增加其成本，使其与边际社会成本相等。

（2）矫正性补贴。矫正性补贴是政府为使生产者和消费者在进行决策时将边际收益或外部边际成本考虑进来而采取的一种支付行为。政府财政补贴降低了厂商或个人的边际成本，从而使供给量在一定价格下扩大，达到提高资源配置效率的目的。在现实生活中，政府通常对很多具有外部边际收益的产品进行补贴，甚至以低于边际成本的价格供给居民。

对边际收益水平低的部门进行补贴或者奖励，使其与社会边际收益相等。它的基本出发点是追求私人边际成本、社会边际成本和收益之间的平衡，通过政府的手段实现这种平衡，进而达到矫正外部性的目的。

（3）政府直接管制。政府管制是指政府通过适当的管制结构进行直接的管理和控制，违反者要遭受到相关法律的制裁，其基本要义是：标准一定由政府立法制定，标准一旦制定，企业和个人必须遵守。

（4）法律措施。法律措施是政府纠正外部性的重要手段。正如科斯所言，产权不清不是外部性产生的根源，但是政府明确地界定并保护产权就可以减少外部性的发生。在现代法制社会中，政府制定的法律、法规会对经济运行产生巨大的约束力，法律干预外部性的作用主要在于建立经济秩序和减少经济活动中的不确定性。

7.4.3　政府与市场协同对外部性的矫正

许可证制度是产权交易中最为典型的一种制度安排，它的基本做法是通过控制许可证实施数量来栓紧要实现的目标。

测定区域内所允许的污染总量是发放许可证的前提，而这不管难易都得由政府出面来组织，之后才能进入市场交易阶段。因此，期间对环境污染的控制是市场和政府共同作用的结果。

20 世纪 80 年代，我国开始环境政策建设，主要致力于：建立环境标准法规、加强环境检测和监控、“三同时”政策（环保主体工程同时设计、同时施工、同时投产使用）、排污收费、环境影响评价、环境保护目标责任制、企业环保考核、城市环境综合整治定量考核、排污许可证制度、污染集中控制、污染源限期治理等。我国环保政策功效显著，根本性地改善了我国生态环境状况。

我国环境政策制度建设的总原则是“谁污染，谁治理”。不难看出，“谁污染，谁治理”存在一定的局限性，其表现形式有三：一是存在多个污染主体，不适合单独治理；二是不易确定污染者，或虽确定了污染者，但污染者却无力承担责任；三是潜在污染难以认定。

排污收费政策的问题表现为：排污收费标准远远低于为达标排放所需要的边际处理费用；超标收费和单因子收费不能促使企业从总量和减少污染物上控制排放；排污的无偿使用和贷款豁免实际上是把污染处理转嫁到其他市场主体身上。

第8章 产 权 界 定

产权理论研究的是如何通过界定、变更和安排产权的结构，降低市场交易过程中的成本，提高经济运行的效率，改善资源配置，促进经济增长。产权理论认为，产权结构对资源配置存在重要影响，市场交换是实现稀缺资源优化配置的最有效手段。产权制度是影响资源配置效率和经济绩效的重要变量。在现实的市场经济中，交易是有费用的，交易要有效率，交易成本就必须低于交易所得。要降低交易成本，产权就必须明确界定。因为产权明确界定保证了交易的受益效应和受损效应都由交易当事人直接承担，减少了“外部性”，因而成本较低，效率较高。当大量的交易都在这种条件下进行时，整个社会的资源配置就会趋向帕累托最优，并导致经济的增长。

8.1 稀 缺 性

8.1.1 稀缺性的定义

稀缺性是新古典经济学的理论起点，一般的解释是：对人的欲望而言，资源（土地、资本、劳动力等）是不足的，存在着不能让人们能免费或自由取用这些东西的情形。经济学意义上的稀缺性是指相对于既定时期或时点上的人类需要，生产资源是有限的。确切地说，生产资源的稀缺性，既不是指这种资源是不可再生的或可以耗尽的，也与这种资源绝对量的大小无关，而是在给定的时期内，与需要相比较，其供给量是相对不足的。

8.1.2 稀缺性的特性

稀缺作为一种客观事实，有其自身的特性和表现形式，主要有以下几个方面。

（1）稀缺的相对性。稀缺本身是一个相对的概念，它是相对于人类的需要或欲望而言的。就自然界来说，它所提供的各种资源都是有限的，而人类的需求和欲望是无限的。

（2）稀缺的差异性。在不同的地区，某些资源的相对稀缺程度是不同的。如我国东部从总体看不如中西部资源的蕴藏量丰富，尤其是中部，是全国资源最齐全、储量最丰富的地区。稀缺的差异性是客观的地理条件不同而导致的。

（3）稀缺的绝对性。稀缺的绝对性具有两方面的含义：其一，稀缺是自有人类社会以来就普遍存在的客观事实，它存在于一切社会之中；其二，稀缺是大自然所提供的各种资源的共同属性。自然界所提供的各种资源，不论多么丰富，总有数量和质量的限制，而人类的欲望是不断随着人类物质文化生活水平的提高而发展变化的，旧的欲望满足了，又会出现新的欲望。因此，与人类不断增多的欲望相比较，任何资源都是稀缺的。

（4）稀缺的瞬变性。稀缺的瞬变性是稀缺资源在特定的经济关系中或特定的时点内所表现出来的特性，是指在供给或需求一定的情况下，供给或需求强度的变化导致的各种资源相对稀缺程度的变化。

8.1.3 环境资源的稀缺性

西方经济学家认为，一种资源能满足人的某种需要，而它又需经过努力才能得到，那么这一资源就具有价值。如果资源取之不尽、用之不竭，它就不具有稀缺性，没有价值。环境资源的稀缺，以及由此而产生的环境资源的分配和利用问题是环境经济理论研究的出发点。工业化的发展给人类带来的环境污染是对本来就有限的资源的一种侵蚀。人类经济问题的根源在于资源的有限性，主要有三个表现：第一，相对于人类无限的欲望而言，资源总是有限的、稀缺的；第二，本来就非常有限的资源又没有得到充分的利用，变得更加有限、更加稀缺；第三，有限的资源又被人为破坏，不能再生。

8.2 产权理论概述

8.2.1 产权的起源

关于产权的起源，也许可以从三种意义理解：一是指人类历史上最初的产权的建立或起源；二是指人类历史上任何一个时期因新的财产出现而需要新建立的产权，它与已经建立的不管什么形式的产权没有直接关系，因为这些产权的建立是新的，所以有起源的意义；三是对原有产权关系的否定或改变，建立一种新的产权关系，这也是一种新的产权关系的起源。

1. 马克思主义经济学的产权起源说

对于人类社会最初出现的产权关系，马克思和恩格斯从公有产权的角度论述了原始社会的产权，以土地公有制为典型，认为原始社会的财产关系是自然形成的原始公有产权。可以将马克思和恩格斯对公有产权的论述称为自然起源说。所谓自然包括三重含义：第一，生产力的原始状态或自然状态；第二，人们的劳动对象和占有对象是自然之物；第三，人与人之间的关系的原始、自然状态。

对于私有产权，马克思在分析自由资本主义阶段经济时认为，由于生产力的发展，私有产权更适应生产力的需要，从而在很大程度上替代了公有产权，而当生产力进一步发展，到垄断资本主义发展阶段，生产日益社会化与生产资料私有化发生矛盾并不可调和时，公有产权就会替代私有产权。可见，马克思和恩格斯理论中关于产权的模型是“生产力发展模型”。

2. 新制度经济学的产权起源说

新制度经济学把对产权安排与资源配置效率之间的关系的研究作为研究对象。在他们当中的一些人看来，产权就是私有权，所谓产权的起源，是指私有产权的起源。

1）诺斯（North）-托马斯的人口增长说

人口增长说认为，决定经济史中产权结构变迁的关键因素是人口与资源的相对状况。人口增长导致资源稀缺，人们在利用资源上的竞争加剧，从而要求建立产权，产权的建立形成激励，带来经济增长。

2）德姆塞茨（Demsetz）的商业活动增加导致资源稀缺说

德姆塞茨从资源配置的角度出发探讨产权的起源。他认为，经济价值的变化使内部化增加，而经济价值的变化产生于新技术的发展和新市场的开拓，这导致旧的产权难以与此适应，新的产权也就有了产生的必要。德姆塞茨将产权的起源理解为某种资源的稀缺性上升，引起该资源的市场价值升值，对该资源的产权界定将有利可图，人们确立排他性产权，外部性内部化，私有产权产生。

3）张五常和巴泽尔（Barzel）的产权起源说

张五常和巴泽尔分别指出，当资源对特定个人（即潜在寻租者）的价值大于获取资源所需的成本（即寻租成本）时，产权的界定就成为必要，新的产权也就产生了。在此基础上，巴泽尔进一步指出，在一个已经运转的社会中，权利的产生是一个不断发展的“过程”，产权是不断产生并不断放弃的，因此对产权的分析也需要“一种适于不断变化情形的分析”。

总的来说，产权的产生源于经济发展的要求，并随经济的发展而不断发展变化。随着分工和交换的发展，产权的存在激励着拥有财产的人将之用于带来最高价值的用途，从而使资源得到合理配置。并且，由于技术的发明和进步，实现产权的成本降低，当界定产权所能带来的收益大于其成本，并能促进新收益的产生时，新的产权也就由此而产生。一般来说，任何稀缺的东西都不会形成产权关系，一种物品从不稀缺到稀缺的过程就是产权形成的过程。

8.2.2 产权的含义

产权可以定义为一系列的规则，这些规则规定了稀缺的资源和物品的使用方式。这些规则包括义务和权利，它可以成为法律，或通过其他的机制如社会规范、立法等方式而制度化。

1. 西方关于产权的定义

1）科斯的产权定义

1991 年诺贝尔经济学奖得主科斯是现代产权理论的奠基者和主要代表，被西方经济学家认为是产权理论的创始人。在科斯定理中，产权是起始概念，产权的明确界定是科斯定理的前提条件。尽管产权概念对科斯定理至关重要，但科斯本人并没有给出明确的产权定义。科斯认为："产权安排确定了每个人相对于物时的行为规范，每个人都必须遵守他人之间的相互关系，或承担不遵守这种关系的成本。"这里蕴含的产权定义，着重说明产权不只是财产归属或人们拥有物品的关系，更重要的是财产所有者人与人相互之间的行为权利关系，它阐明产权是人们因财产的存在和使用而引起的相互认可的行为规范，以及相应的权利、义务和责任。科斯定理中的产权定义是科斯的追随者在解释科斯定理时，根据法学概念给出的定义。产权被认为是一组权利，它包括"占有、使用、改变、馈赠、转让或阻止他人侵犯其财产的权利"。

西方产权理论的一个非常重要的前提条件是产权不等于所有权，所有权是指财产所有者支配财产的权利。

2）德姆塞茨的产权定义

所谓产权，意指使自己或他人受益或受损的权利。"产权是社会的工具，其意义来自这样一个事实：在一个人与他人做交易时，产权有助于他形成那种引起他可以合理持有的预期。"第二个定义是："产权是界定人们如何受益及如何受损，因而谁必须向谁提供补偿以使他修正人们所采取的行动。"即在德姆塞茨看来，"产权的一个主要功能是引导人们实现将外部性较大地内在化的激励"。所以，以科斯定理为基本内涵的西方产权理论，其基本点是以私有制为基础，减少经济运行中的外在性问题，减少不同所有者之间的摩擦、降低交易成本，而所有权的构成，他们认为符合其特定的历史文化背景，符合其经济规律，因而产权也是所有权之间的"行为权"，是不同财产主权之间的责、权、利关系。明晰产权关系是竞争性市场交换的基础和条件，目的是运用产权形式对资源进行有效的配置。

菲吕博腾和配杰威齐进一步发展了产权的定义。他们揭示出产权是因产权主体的一定行为而产生的人与人之间的社会关系，更进一步说明了产权主体行为的社会属性。一定的产权安排也就确定了产权主体的行为规范。如果没有产权主体的这种规范的、体现一定社会关系的行为，便不存在产权，或者说产权就无法实现。有必要说明，这里所言的产权主体的行为，也就是德姆塞茨产权定义的“以特定的方式行事”的行为。因此，这个定义亦可视为对德姆塞茨定义的延伸。

3）诺斯的产权定义

道格拉斯·诺斯教授对国家产权理论做出了卓越贡献。诺斯认为产权应被视为一种经济体制中激励个人或集团行为最基本的制度安排，一种有效率的产权应达到以下两个方面的要求：第一，使社会收益和私人收益趋于一致；第二，有助于减少未来的不确定性因素，降低机会主义的可能性，节约交易成本。他认为产权本质上是一种排他性权利。既强调了产权的行为性——排他性行为，又强调了产权是人与人之间的关系——产权主体排斥他人的关系。

4）阿尔钦（Alchian）的产权定义

产权是一个社会所强制实施的选择一种经济品的使用的权利。阿尔钦把产权看作是人们在资源稀缺条件下使用资源的权利或规则。他说，产权体系是“授予特定个人某种权威的方法，利用这种权威，可从不被禁止的使用方式中，选择任意一种对特定物品的使用方式”。也就是说，他不仅把产权看作一种权利，而且更强调产权作为一种人们对资产的排他性的规则，是形成并确认人们对资产权利的方式。

5）张五常的产权定义

在一个人人为使用不充足的资源而竞争的社会里，必须有某些竞争规则或标准来解决这一冲突，这些规则通称财产权，由法律、规章、习惯或等级地位予以确立。

2. 我国关于产权的定义

如何界定产权难求统一，但关于产权的一般含义有几方面是可以达成共识的。我们从马克思主义的所有制理论出发，兼顾西方产权定义的合理之处，经更深一步研究，对产权的一般含义有以下三个层次的认识。

第一层次是关于产权的实质内容和构成要素。产权的英文是“property rights”，即财产权利的简称。顾名思义，产权是有关财产的权利，它包含两个基本要素：财产和权利。财产作为权利设置的对象，是具有一定经济用途的稀缺资源，是作为生产要素的资源，是排他性占有和使用的资源，是作为客体即客观物质生产条件的资源。权利的两个基本要素是权能和利益，而权能又是由权力和职能构成，因此权利是由权力、职能和利益三要素构成。拥有对财产的某种权力，就要执行权力范围内的职能，并获取对应的利益。若要保证权利能合理有效地行使和实现，三者必须相对称。权利的背后是责任，拥有某种权利，就要负相应的责任，以约束权力使其规范行使。权利能否合理有效地行使和实现决定于二者是否相对称。达到这两个对称的统一的权利，方为有效率的产权。

第二层次是关于产权结构。第一层次所述财产权利可以归属于一个产权主体，也可以分解成不同的产权主体后组成“权利束”。前者为单一权利结构，后者为复式权利结构。统一的产权即为完整的产权，等于广义的所有权。经济学中的财产权与法律范畴上的财产权有共性也有区别。经济学中的财产权是现实经济生活中的权利，完整的财产权是选择经济品的某一用途的权利，财产一旦被选择作为某一用途，就确定了一定的权力、职能和相应的利益，就必须放弃其他一切权利，因此不能把完整的产权称作“一束权利”。只有在产权分解为各种特定权利的情况下，才会由这些特定的权利组合成“权利束”。这种“权利束”是依情况的不同分解为不同的特定权利又重组而成，是根据不同产权的性质、特点及其他主客观条件进行产权的安排。

第三层次是关于产权的本质属性。产权本质上是现实生活中人与人之间的生产关系，是社会认可的行为性关系。这里又有两点含义：其一，产权本质上是生产关系，上述第二层次所描述的不同产权结构体现不同的生产关系，变革产权是为了适应生产力的发展；其二，产权不同则行为特征不同，行为特征不同则产生的效应不同。选择有效率的产权制度，必须与产权主体的行为能力相适应。

8.2.3 产权的特性

产权是人与人之间在交往过程中建立起来的经济权利关系，这种关系具有一些内在的性质。具体地说，产权具有以下性质。

1. 产权的排他性

产权的排他性指的是某一交易主体在行使对某一特定资源的一组权利时，排斥其他交易主体对同一资源行使相同的权利。

产权的排他性是由对稀缺资源使用的竞争性引起的。也就是说，人们的产权关系是竞争关系。对特定财产的特定权利只能有一个主体，一个主体拥有了对某项财产的权利，同时就排除了他人对此的权利。权利主体必然会阻止别的主体进入自己的权利领域，以保护自身特定的财产权利，这就形成了产权的排他性。排他性的实质是产权主体对外的排斥性或者说对特定权利的垄断性，激励拥有财产的个体将之用于带来最高价值的用途。

2. 产权的可分解性

产权的可分解性指的是对特定财产的各项产权可以分属于不同主体。首先，可以分解出狭义所有权、占有权、支配权和使用权。其次，占有、支配和使用的各项产权又可以分为不同的项目。比如，某项财产的归属权、占有权、使用权、收益权和处分权等权能和利益可分别属于不同的主体。并且，同一权利也可分属于不同的所有者。产权的可分解性使产权的交易得到进一步细化，对产权交易市场的发展和完善起着重要的作用。

3. 产权的可交易性

产权是人们在交往过程中形成的权利关系，其目的主要是便于人们的交易。因此，产权本身也应该可以进行交易。产权的交易指的是产权在不同主体之间的转手或让渡。由于产权可交易，资源从生产效率低的所有者转向生产效率高的所有者，达到合理配置资源的目的。如果产权不能用于交易，那么产权的所有者就很难从中获取最大的收益。产权交易按交易内容或对象可以分为整体交易和部分交易。

4. 产权的有限性

产权的有限性意味着产权是"残缺"的。因为，产权作为社会工具，最终要通过法律、习俗和道德来表达，这就意味着产权中的任何权利都要受到限制。这里的"限"包括界限和限度。界限是指产权之间所具有的边界，限度则是指任何产权都具有一定的大小和范围。交易的有效进行要求不同财产权利的界限相对明确，即使是同一财产的不同权利也应该相对明晰，从而保证顺利地进行产权交易。产权的限度是由于任何财产都具有一个特定的量，因而对任何财产的产权都有一个数量限度。同时，产权的行使是产权主体对财产施加某种影响，这种影响有一定的作用范围或作用区域，这个区域是有限度的。产权的有限性还源于界定产权需要付出成本，成本和收益的比较决定产权界定的深度和广度。并且，产权的界定是一个动态的过程，其边界、数量以及范围都处于不断变化之中。

5. 产权的运动性

人们拥有产权的目的主要是获取新增收益，增殖是产权的本性。我们知道，资产只有在运动中才能实现增殖，产权也不例外，产权增殖的途径就是运动。产权主体通过推动产权流动和重组，使产权的利用效率提高，从而提高资源的配置效率，实现产权主体自身利益的最大化。对产权属性的分析有助于理解产权的功能，产权的性质决定了产权在经济发展过程中具有不可替代的作用。

8.2.4 产权的基本功能

产权功能是指明确加以界定并可有效行使和实现的产权所发挥的稳定的功

能，即明晰的产权的功能。当然，产权的功能并不都是最优功能，产权不同，产权结构和产权制度也不同，功能并不都一样，而是有优劣之分。产权的基本功能如下。

一是减少不确定性。产权的功能首先为减少经济活动中的不确定性，增加确定性以保持稳定性。明晰的产权增加了产权主体对可支配资源的确定性，有利于有计划地、稳定地支配这些资源，更好地利用资源。而且，产权明晰界定了不同产权主体的责任，防止互相推脱，能促进经济高效运转。

二是对主体激励和约束，这是产权的核心功能。行为高效，应多获利，行为懒惰，则收获偏少，甚至负利益，这便是一种约束。享受权利是一种激励，而承担责任是一种约束。所以要对产权主体给以重赏，使他在可预期利益的驱动下，端正有效地行使手中的权力和职能。而责任约束产权主体，使其行使权利的行为合理高效化。要从根本上提高资源配置效率，就要充分发挥产权的激励与约束相统一的功能。如要提高效率，一定要注意选择具有高强度的激励和约束功能的产权制度。因为不同的产权制度结构和性质不同，所起的作用强度差距颇大。

三是确定分配关系。分配关系会随着产权的界定而界定。在产权居于支配地位的情况下，生产成果的分配服从于产权主体的利益。在简单商品的经济社会下，劳动者拥有独立的财产所有权，与生产资料结合，此时的劳动者占有全部生产成果。而资本主义社会的各类私有权处于劳动者与生产资料所分离的状况。这时的产权主体占有大部分作为剩余价值的生产成果，劳动者只能获得维持生存或维持劳动力生产和再生产所需的产品或价值。这类私有产权由于其内部结构不同，有各种不同的剩余价值分配形式。在国有产权分解的条件下，国家作为资产所有者代表，是产权主体，而企业职工集体和职工个人作为所有者的一部分或一分子，都是产者，是作为产权主体存在的。无论这种权利如何界定，企业的生产经营成果必须按国家、企业和职工之间三者的劳动要素和人力资本要素的投入产出比进行分配。

四是外部性内部化。这是产权的一种派生功能。若在行使原有产权过程中产生了外部性，就产生了新的权利，需要加以界定。一旦这种新的权利被界定，外部性就内部化了，社会成本变作私人成本，并且以较低的私人成本解决问题。这里需要指出的是，若原来没有产权或是产权不明晰，就不会产生新的权利，或缺乏内部化的承担主体而难以内部化。

五是资源配置功能。产权的以上功能均不同程度地利于资源的优化配置。如现代企业制度下的私人资本产权使大量资源集中配置于现代大企业中，通过信贷市场、股票市场兼并重组，不断优化资源配置使效率提高。

8.2.5　产权的分类

产权可以从不同的角度进行分类，一般有六种分类形式：

（1）按产权历史发展形态的不同进行划分，可以分为物权、债权、股权。

（2）按产权归属和占有主体的不同进行划分，可以分为原始产权、政府产权和法人产权。

（3）按产权占有主体性质的不同进行划分，可以分为私有产权、政府产权和法人产权。

（4）按产权客体流动方式的不同进行划分，可以分为固定资产产权和流动资产产权。

（5）按客体的形态的不同进行划分，可以分为有形资产产权和无形资产产权。

（6）按产权具体实现形态的不同进行划分，可以分为所有权、占有权和处置权。

第一是排他性产权，包括处理物品的权利、使用资源的权利、破坏物品的权利、交易物品的权利等。不过这种所有权一般仍受到一系列规则的限制，这些规则保护着社会上其他人的利益或保持资源的社会价值。

第二是身份或功能性所有权，是指归属某人的一系列权利，但不属于其他人。

第三是使用公共服务的权利，如使用高速公路、国家公园等的权利。

第四是公共资源，这种资源实际上没有财产权，因为它们没有排他性。

产权可以自由交易，或在特定范围的人群内交易。产权可以定义为直接使用资源的权利，或者是以一种特别的方式定义的权利。

此外，还可以根据产权所有制性质的不同分为国家所有权、集体所有权、公民财产所有权等。

8.2.6　环境产权的研究

以碳排放权的碳资源为例。长期以来，虽然它作为一种气体物质存在，但这种物质在世界上原本并无产权属性，既没有产权界定，也没有产权交易，更谈不上是商品资产，因此环境领域没有明确提出碳产权概念。在当今人类面临日趋恶化气候危机的情况下，为了应对人类共同面临的气候灾难，主动限制碳排放，碳减排已成为世界各国经济体所承担的任务，因此，碳排放权成为稀缺资源。按照经济学的稀缺资源理论，碳自然就有了内在的经济价值，碳排放指标就变成了稀缺的“经济资源”。于是，人类创造出一种新的商品——排放权，也可称为碳资产或碳产权。因此，人们普遍认为对于环境这种无形之物可以无偿或廉价获取，当它们成为某种稀缺资源时，它们的产权概念也由此而生，所以环境产权已成为一个亟待深入探讨的命题。

美国产权经济学家德姆塞茨认为，产权是一种社会工具，其重要性就在于能够帮助一个人形成与其他人交易时的合理预期，规定其“受益或受损的权利”。依此产权定义来衡量，环境领域也有使自己或他人受益或受损的权利，也存在产权界定、产权交易、产权保护等问题。因而，环境产权在理论上是能够成立的。环境产权是指行为主体对某一资源环境拥有的所有、使用、占有、处置及收益等各种权利的集合。一个国家拥有主权，在一国境内的所有自然资源都归国家所有，即国家拥有对自然资源的所有权，因此，环境产权具有整体性、公共性、广泛性等特征。一般情况下，政府作为公众的代理人，行使管理、利用和分配环境资源的权利，以最大限度地保证自然生态环境的良性循环和公平分配。对应环境资源背后的产权束来看，其环境资源产权主要包括环境资源所有权、环境资源使用权和环境资源收益权三种权利。随着人类征服自然的能力提高，人与自然的关系更为复杂，导致环境资源产权束内容不断增加与细化。譬如，环境产权可细分为规制权、排污权和经营权。根据资源依赖理论来确定其规制权属于政府所有，排污权为排污组织所有，经营权为专业污染治理组织所有。

上述研究主要针对人与自然之间的关系，然而要从因人与自然之间的关系而形成人与人之间的关系来探索更深层次环境产权内涵，还是要从“资源环境产权制度”着手。完备的资源环境产权制度应包括资源环境产权界定制度、资源环境产权交易制度和资源环境产权保护制度。但其环境产权制度因没有很好地把握环境资源准公共性而产生了环境产权主体界定不清，以及由此而导致相关收益与分配问题外，更主要的是人们忽视了环境制度本身的产权研究。

环境产权行为研究环境资源的日益稀缺和环境外部性的严重显现，已经给人类的生存和发展造成巨大的威胁。在环境资源日益枯竭的情况下，环境产权行为界定不清是导致环境外部不经济的主要原因。因此，对环境资源产权行为进行明确界定，并建立适当的环境资源产权交易与配置制度，通过环境资源市场的合理定价、有偿使用和市场交易，以及环境资源组织内部的计划配置、内部定价等，共同实现环境资源的合理配置，减少甚至消除不清晰的环境产权行为所导致的外部不经济结果，这已成为全社会所关注的重点。建立以重要资源国家所有为基础的，包括一定范围内资源个人所有在内的多元资源产权行为主体体系。针对环境产权行为主体，其环境产权行为是指环境资源配置活动的基本单位，它主要是对环境产权活动本身的界定、环境产权活动价值计量及其收益分配确认，也就是对环境产权行为界定、环境产权行为价值计量及其收益分配确认。

产权界定越明确，财富被无偿占有的可能性就越小，产权行为价值就越大。社会与环境之间关系不断变化，导致环境产权行为具有不确定性，各国对环境产权行为的理解也可能不一致，导致环境产权内涵与外延的边界十分宽泛，这样对环境产权行为的界定也就变得非常困难。为解决此“困难”，李太淼（2009）试图从一般性产权行为特征中提炼出三大原则：符合自然界的发展变化规律、坚持生态效益优先、坚持可持续发展。其目的是极力解决不清晰的环境产权行为所导致的外部性问题。这种仅从人与环境之间关系的角度来探索解决其“困难”的渠道，显然对环境产权行为缺乏更强的约束力。因此，我们要从更广阔的组织所有权、国家所有权，甚至国际所有权的角度来安排因人与环境之间关系所形成人与人之间的环境关系（制度），去界定环境产权行为。譬如，对于水资源污染问题，应该根据水资源使用权，将污染责任配置到那些能够最有效地预防污染的主体手里。要建立这样的环境产权行为制度：贡献者获益，侵害者受损；无贡献而搭便车获益者应付费用，无侵害而无辜受损者应获补偿。同时结合控制流域水污染的三种约束产权行为的制度安排——政府管制、产权分解以及相关人进行的自主组织和自我管理。但是该产权行为的界定适合于范围小且具有较强组织能力的地方，要想在更大范围内解决环境污染问题，学术界从产权角度展开对排污权的研究。研究主要集中在以排放权、税收和补贴为主要内容的市场型政策上，其中包括：排放权的含义与理论渊源；税收与排放权交易的对比与选择；排放权交易的制度设计；排放权交易的市场运行研究。1997年《京都议定书》生效，促进了人们对碳排放交易系统、碳配额的价格、碳配额衍生产品的研究，尤其近年来碳会计研究兴盛，取得了丰富的研究成果。国内对碳排放交易的研究大多停留在定性分析和理论介绍阶段，作为自然状态的环境产权行为，很少有人探索环境产权行为的嵌入性。

8.3 交易费用理论

8.3.1 交易费用的含义

交易费用理论代表人物之一的科斯在1937年发表的《企业的性质》一文中提出了“交易费用”的概念，并通过交易费用说明了企业存在的原因。他指出：市场和企业是两种不同的组织劳动分工的方式（即两种不同的“交易”方式），企业产生的原因是企业组织劳动分工的交易费用低于市场组织劳动分工的费用。一方面，企业作为一种交易形式，可以把若干个生产要素的所有者和产品的所有者组成一个单位参加市场交易，从而减少了交易者的数目和交易中的摩擦，因而降低了交易成本；另一方面，在企业之内，市场交易被取消，伴随着市场交易的复杂结构被企业家所替代，企业家指挥生产，因此企业替代了市场。由此可见，无论是企业内部交易，还是市场交易，都存在着不同的交易费用。而企业替代市场，是因为通过企业交易而形成的交易费用比通过市场交易而形成的交易费用低。他把交易费用看作是企业和市场的运行成本，他认为因为市场交易存在着成本，市场价格机制的运行是有代价的，企业内部的交易在一定限度内可以降低交易成本，这就导致了企业替代市场。他在 1960 年发表的《社会成本问题》中明确提出了交易费用的概念，指出交易活动所提供的服务是稀缺的，为了进行交易，有必要发现谁希望进行交易，有必要告诉人们交易的愿望和形式，以及通过讨价还价的谈判缔结契约，督促契约条款的严格履行等。所谓交易费用，是指通过市场机制组织交易所支付的成本，包括：度量、界定和保障产权的费用；发现交易对象和交易价格的费用；讨价还价、订立合同的费用；督促契约条款严格履行的费用。

学术界一般认为交易费用可分为广义交易费用和狭义交易费用两种。广义交易费用包括一切非鲁滨逊经济中出现的费用，即为了冲破一切阻碍，达成交易所需要的有形及无形的成本。狭义交易费用是指市场交易费用，即外生交易费用。包括搜索费用、谈判费用以及履约费用。

杨小凯等（2019）经济学家创立的新兴古典主义经济学区分了两种不同类型的交易费用：外生交易费用和内生交易费用。外生交易费用在交易过程中直接或间接发生，是客观存在的实体费用；内生交易费用则包含了道德风险、逆向选择、机会主义等，是需要以概率和期望值来度量的潜在损失可能性。

按照大多数学者认同的观点，交易费用是使用市场机制时发生的“制度费用”。例如，诺斯认为，正的交易成本的存在使经济过程产生摩擦，它是影响经济绩效的关键因素。张五常也持类似观点，他认为：好的经济制度可以有效降低协调成本，即节省交易费用；不好的经济制度则会提高社会的协调成本，即增加交易费用。

8.3.2 交易费用产生的原因与决定因素

科斯并没有专门分析交易费用产生的原因。科斯首先赋予“交易”以稀缺性，或者说，他首先认识到交易活动的稀缺性，就使分析“交易费用产生的原因”有了基础，但科斯并没有明确指出稀缺就是产生交易费用的根源，尽管他实际上已经揭示了这一点。

威廉姆森（2020）发展了科斯的交易费用理论，对交易费用的决定性因素进行了系统的研究，他指出影响市场交易费用的因素可分成两组：第一组为“交易因素”，尤其指市场的不确定性和潜在交易对手的数量及交易的技术结构——交易物品的技术特性，包括资产专用性程度、交易频率等；第二组为“人的因素”——有限理性和机会主义。

威廉姆森指出以下六项为交易成本的来源。

（1）有限理性。指参与交易的人，因为身心、智能、情绪等限制，在追求效益极大化时所产生的限制约束。

（2）机会主义。指参与交易的各方，为寻求自我利益而采取的欺诈手法，同时增加彼此不信任与怀疑，因而导致交易过程监督成本的增加而降低经济效率。

（3）不确定性与复杂性。由于环境因素中充满不可预期性和各种变化，交易双方均将未来的不确定性及复杂性纳入契约中，使得交易过程增加不少制定契约时的议价成本，并使交易困难度上升。

（4）少数交易。某些交易过程过于专属性，或因为异质性信息与资源无法流通，使得交易对象减少及造成市场被少数人把持，导致市场运作失灵。

（5）信息不对称。因为环境的不确定性和自利行为产生的机会主义，交易双方往往握有不同程度的信息，使得市场的先占者拥有较多的有利信息而获益，并形成少数交易。

（6）气氛。指交易双方若互不信任，且又处于对立立场，无法营造一个令人满意的交易关系，将使得交易过程过于重视形式，徒增不必要的交易困难及成本。

而上述交易成本的发生原因，进一步追根究底可发现源自于交易本身的三项特征，这三项特征直接影响交易成本的高低。

（1）资产专用性。交易所投资的资产本身不具市场流通性，或者契约一旦终止，投资于资产的成本难以回收或转换用途，称之为资产的专用性。资产用途的专用性至少可以分为五类：①地点的专用性；②有形资产的专用性；③以边干边学方式形成的人力资本专用性；④奉献性资产（指根据特定客户的紧急要求特意进行的投资）的专用性；⑤品牌资产的专用性。

（2）不确定性。威廉姆森指的不确定性是广义的，包括能够预料到的偶然事件的不确定性，但预测它们或在合同中订立解决它们的条款代价很高。

（3）交易频率。交易的频率越高，相对的管理成本与议价成本也越高。交易频率的升高会使企业将该交易的经济活动内部化以节省企业的交易成本。

8.3.3 交易费用理论的基本假设和重要结论

交易费用经济学认为，有限理性、机会主义、不确定性、小数目条件使得市场交易费用高昂，为了节省这种交易费用，代替市场的新的交易形式应运而生，这就是企业，而企业的不同组织结构也是为了节省交易费用的必然结果。

交易费用理论包含以下几点基本结论。

（1）市场和企业虽可相互替代，却是不相同的交易机制。因而企业可以取代市场实现交易。

（2）企业取代市场实现交易有可能减少交易的费用。

（3）市场交易费用的存在决定了企业的存在。

（4）企业“内化”市场交易的同时产生额外的管理费用。当管理费用的增加与市场交易费用节省的数量相当时，企业的边界趋于平衡（不再增长扩大）。

交易费用理论仔细区分了市场交易和企业内部交易。市场交易双方利益并不一致，但交易双方地位平等。企业内部交易一般是通过长期合约规定（如企业主和雇员），交易双方利益比较一致，但地位并不平等。市场交易导致机会主义，但在企业内部，机会主义对谁都没有好处。

尽管交易费用理论还很不完善，存在很多可以指责之处，但交易费用这一思想的提出，改变了经济学的面目，使呆板的经济学具有了新的活力，并更具有现实性。它打破了（新）古典经济学建立在假设之上的完美经济学体系，为经济学的研究开辟了新的领域。它的意义不仅在于使经济学更加完善，而且这一思想的提出，改变了人们的传统观念。正如科斯本人所说：“认为《企业的性质》的发表对经济学的最重要后果是把注意力引到企业在我们现代经济中的重要性上来，就错了；在我看来，这一结果是无论如何都会发生的。我以为这篇文章在将来会被考虑具有重要贡献的是，把交易成本明确地引进了经济分析之中。”也许，该理论目前应用于现实还有距离，但我们不能因此而否定其对经济理论的巨大创新意义。

8.4 科斯定理

科斯定理是现代产权经济学关于产权安排与资源配置之间关系的思想的集中体现，也是现代产权经济学基本的、核心的内容。

科斯定理的基本内涵包含在科斯于1960年发表的《社会成本问题》一文之中，是关于产权安排、交易费用和资源配置效率三者之间关系的定理。但科斯本人并没有直接将其思想以定理形式写出，而是体现在从解决环境污染的外部性问题出发所进行的案例分析中。那就是：在不存在交易费用的情况下，只要初始权利（产权）界定清晰，那么就可以通过谈判而实现资源有效率配置或得到社会产值最大化安排的结果。

环境配置的产权分析方法是由科斯在1960年提出的。科斯定理表述为：假定有关环境的排他性产权能够被清晰界定，他们可以自由交易，且没有任何交易成本，同时假定个人都是利己的，追求的都是个人效用最大化，则环境的不同使用者之间讨价还价，将导致自然环境配置的帕累托最优。优化配置的结果与产权的初始配置无关。科斯定理可以用图来表示其基本含义。

图8-1表示科斯定理的基本含义。MNPB代表边际私人净效益（是企业生产

活动中收益和成本之差），是改变一单位经济活动水平所追加的净效益。MEC 代表边际外部成本，是生产活动产生的未由生产者承担的成本。边际外部成本是人们感受到的污染的物质影响。Q^*表示经济活动的最优水平。Q^π表示产生最大私人效益的经济活动水平，是无政府管制下追求利润最大化的私人企业的生产水平。面积 $A+B$ 表示排污者私人净效益的最优水平，面积 B 表示外部效应的最优水平，面积 A 表示社会效益的最优水平。面积 $C+D$ 表示需要消除的非最优的外部效应，面积 C 表示对社会无益的私人净效益，面积 D 表示社会承担的成本，即受害者蒙受的损失。

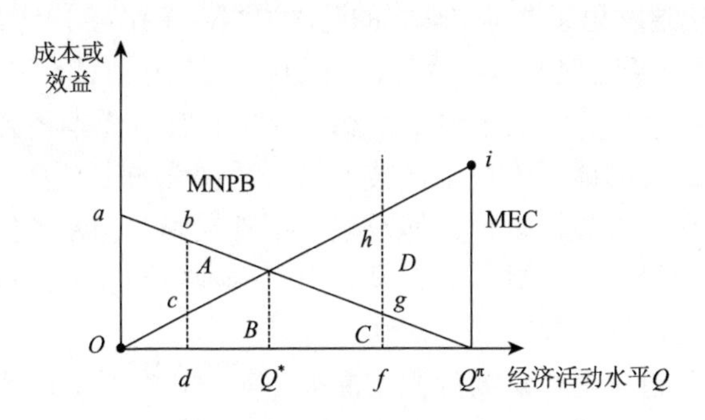

图 8-1　由谈判达到的最优污染

如无政府干预，排污者生产 Q^π 以使利润最大。但社会最优经济活动水平在 Q^*，市场解和社会最优不一致。

现假设受害者拥有产权，这意味着受害者有权不被污染，而排污者没有权力排污。在这种情况下，图 8-1 中谈判的起点在原点。因为受害者握有产权，并且希望完全没有污染，原点是一个极端。但在这一极端，双方并非不可以谈判或讨价还价。假设双方移到 d 点，排污者将得到 $Oabd$ 的净效益，受害者将付出 Ocd 的成本。但是由于 $Oabd > Ocd$，排污者可以付给受害者大于 Ocd、小于 $Oabd$ 的款项以补偿受害者的损失。排污者和受害者都会受益，变得更好。若继续右移直到 Q^*状况是一样的，都得到帕累托改进。但是到达 Q^*以后继续右移就不行了，因为那时排污者的收益小于受害者的损失，排污者不能继续向受害者提供补偿，谈判的基础没有了。

现假设受害者拥有产权。谈判的起点在 Q^π，因为在这点排污者拥有所有的权利生产产品来污染环境。但是双方有可能向 f 点移动，因为向 f 点移动受害者损失的减少将大于排污者收益的减少，受害者可以给排污者一个小于 $fhiQ^\pi$ 而大于 fgQ^π 的补偿，使排污者减少生产和排污。向 f 移动是帕累托改进，直到 Q^*。

因此，无论谁拥有产权，存在向社会最优点移动的自然趋势。只要能使排污者和受害者谈判，市场将自然达到社会最优。

人们一般把科斯定理划分为三个层次，或称三个定理。科斯第一定理的实质是，在交易成本为零的情况下，权利的初始界定不重要；科斯第二定理认为，当交易成本为正时，产权的初始界定有利于提高效率；科斯第三定理的结论是，通过政府来较为准确地界定初始权利，将优于私人之间通过交易来纠正权利的初始配置。

8.4.1 科斯第一定理

科斯并没有给这种思想做出定理式的明确说明，直到1966年斯蒂格勒（George J. Stigler）作为“科斯定理”这一术语的首创者，在他的《价格理论》中将该定理简洁地概括为“在完全竞争的条件下，私人成本和社会成本将会相等”。

在科斯第一定理的诸多表述中，被人们广泛接受的定义是：交易成本为零的世界里，也就是在标准经济理论的假设里，不管权利的初始安排怎样，当事人谈判都能导致财富的最大化安排。即在没有交易成本的情况下，可交易权利的初始配置不会影响它的最终配置或社会福利。

科斯第一定理包含两个重要的假设前提：第一，交易成本为零。交易成本指外部性当事人建立交易关系、进行讨价还价、订立契约并督促执行所花费的成本。交易成本为零，这是新古典经济学隐含的一个基本假设。第二，产权的初始界定清晰，即外部性问题所涉及的公共权利的归属明确，至于具体归属于哪一方当事人，则没有给予明确限制。

科斯第一定理的一个推论是，通过清楚完整地把产权界定给一方或另一方，并允许把这些权利用于交易，政府能有效率地解决外部性问题。

8.4.2 科斯第二定理

科斯第一定理以零交易费用假设为基础，但在科斯看来，交易费用不是为零而是为正，因而自然而然可以得出如下的推论：“一旦考虑到进行市场交易的成本，……合法权利的初始界定会对经济制度运行的效率产生影响。”这就是科斯第二定理。

科斯第二定理更深层次的含义是指：①在交易成本大于零的现实世界，产权初始分配状态不能通过无成本的交易向最优状态变化，因而产权初始界定会对经济效率产生影响；②权利的调整只有在有利于总产值增长时才会发生，而且必须在调整引起的产值增长大于调整所支出的交易成本时才会发生。也就是说：“权利的调整只有在有利于总产值增长时才会发生，而且必须在调整引起的产值增长大于调整所支出的交易成本时才会发生。”科斯提出了两种权利调整的方式——用组织企业或政府管制代替市场交易方式。科斯认为，这两种权利调整方式同样是有成本的，只有调整带来的收益大于成本时，企业或政府管制方式才会替代市场交易方式。

1. 组织企业

科斯指出，当交易费用太高，市场的自发交易无法解决上述外部性问题时，组织企业或企业一体化是一种替代方式。正如他所说："显而易见，采用一种替代性的经济组织形式能以低于利用市场时的成本而达到同样的结果，这将使产值增加。正如我多年前所指出的，企业就是作为通过市场交易来组织生产的替代物而出现的。在企业内部，生产要素不同组合中的讨价还价被取消了，行政指令替代了市场交易。那时，无须通过生产要素所有者之间的讨价还价，就可以对生产进行重新安排。"举例来说，考虑到各种活动之间的相关性将对土地的纯收益产生影响，一个拥有大片土地的地主可以将他的土地投入各种用途，因此省去了发生在不同活动之间的不必要的讨价还价。这就是说，在上例中，当养牛者和农夫的土地属于同一个所有者时，外部性问题就不存在了。这意味着，组织成企业后，企业所有者获得了所有各方面的合法权利，活动的重新安排不是用契约对权利进行调整的结果，而是作为如何使用权利的行政决定的结果。

当然，这并不意味着通过企业组织交易的行政成本必定低于被取代的市场交易的成本，如果企业的出现或现有企业活动的扩展在许多解决有害影响问题时未作为一种方式被采用，这也不足为奇。但是只要企业的行政成本低于其所替代的市场交易的成本，企业活动的调整所获的收益多于企业的组织成本，人们就会采用这种方式。

2. 政府管制

显然，企业并不是解决外部性问题的唯一可能的方式。在企业内部组织交易的行政成本也许很高，尤其是当许多不同活动集中在单个组织的控制之下时更是如此。以可能影响许多从事各种活动的人的烟尘妨害问题为例，其行政成本可能非常之高，以至于在单个企业范围内解决这个问题的任何企图都是不可能的。一种替代的办法是政府直接管制。政府不是建立一套有关各种可通过市场交易进行调整的权利的法律制度，而是强制性地规定人们必须做什么或不得做什么，并要求人们必须服从之。因此，政府（依靠成文法或更可能通过行政机关）在解决烟尘妨害时，可能颁布可以采用或不许采用的生产方法（如应安置防烟尘设备或不得燃烧某种煤或油），或者明确规定特定区域的特定经营范围（如区域管制）。

实际上，政府是一个超级企业（但不是一种非常特殊的企业），因为它能通过行政决定影响生产要素的使用。但通常企业的经营会受到种种制约，因为在它与其他企业竞争时，其他企业可能以较低的成本进行同样的活动，还因为，如果行政成本过高，市场交易通常就会代替企业内部的组织。政府如果需要的话，就能完全避开市场，而企业却做不到。企业不得不同它使用的各种生产要素的所有者达成市场协定。正如政府可以征兵或征用财产一样，它可以强制规定各种生产要素应如何使用。这种权威性方法可以省去许多麻烦（就组织中的行为而言）。进而，政府可以依靠警察和其他法律执行机构以确保其管制的实施。

可见，政府有能力以低于私人组织的成本进行某些活动。但政府行政机制本身并非不要成本。实际上，有时它的成本大得惊人。而且，没有任何理由认为，政府在政治压力影响下产生而不受任何竞争机制调节的有缺陷的限制性或区域性管制，必然会提高经济制度运行的效率，而且这种适用于许多情况的一般管制会在一些显然不适用的情况中实施。基于这些考虑，直接的政府管制未必会带来比由市场和企业更好的解决问题的结果。但同样也不能认为这种政府行政管制不会导致经济效率的提高。尤其是在像烟尘妨害这类案例中，由于涉及许多人，因而通过市场和企业解决问题的成本可能很高。当然，一种进一步的选择是，对问题根本不做任何事情。假定由政府通过行政机制进行管制来解决问题所包含的成本很高（尤其是假定该成本包括政府进行这种干预所带来的所有结果），在这种情况下，来自管制的带有害效应的行为的收益将少于政府管制所包含的成本。

总之，科斯认为，在存在交易费用的情况下，对于外部性问题，并非只有庇古等人所说的政府干预这一种办法。问题在于如何选择合适的社会安排来解决有害的效应。“我们必须考虑各种社会格局的运行成本（不论它是市场机制还是政府管制机制），以及转成一种新制度的成本。在设计和选择社会格局时，我们应考虑总的效果。这就是我所提倡的方法的改变。”

8.4.3 科斯第三定理

科斯第三定理的内容是：在交易成本大于零的情况下，由政府选择某个最优的初始产权安排，就可能使福利在原有的基础上得以改善，并且这种改善可能优于其他初始权利安排下通过交易所实现的福利改善。即产权的清晰界定是市场交易的前提。

8.4.4 科斯定理的缺陷

第一，在市场化程度不高的经济中，科斯理论不能发挥作用。特别是发展中国家，在市场化改革过程中，有的还留有明显的计划经济痕迹，有的还处于过渡经济状态，与真正的市场经济相比差距较大。如果竞争是不完全的科斯定理就不成立。在完全竞争条件下，MNPB = p−MC，因此，MNPB = MEC 意味着 p = MSC（边际社会成本）。在不完全竞争情况下，MR 不等于 p。在科斯模型中，排污者的交易线是 MNPB，它是以此线为依据来决定支付或补偿数量的。如果完全竞争不存在，交易线就不是 MNPB 了。这个问题的严重性取决于我们如何看待现实世界和完全竞争的距离。

第二，交易费用过高，使交易难以成功。这些交易费用包括把交易双方召集到一起的费用，以及调查事实以确定损害和赔偿的费用等。自愿协商是否可行，取决于交易费用的大小。如果交易费用高于社会净收益，那么，自愿协商就失去意义。在一个法制不健全、不讲信用的经济社会，交易费用必然十分庞大，这样就大大限制了这种手段应用的可能，使得它不具备普遍的现实适用性。

第三，在一些情况下难以确定排污者或受害者。如有些污染的受害者是下一代。在开放进入资源的情况下，没有资源的所有者，不知道和谁交易。

第四，交易还可能为恐吓行为提供可能性。如果一个受害者由于排污者拥有产权而向排污者支付补偿，其他潜在排污者可能通过恐吓要求同样的补偿。

第9章　排污收费与补贴

排污收费是国家对排放污染物的组织和个人（即污染者）实行征收排污费的一种制度。这是贯彻“污染者负担”原则的一种形式。排污收费是控制污染的一项重要环境政策，它运用经济手段要求污染者承担污染对社会损害的责任，把外部不经济内在化，以促进污染者积极治理污染。排污补贴是由监管者为生产者所提供的财政援助形式。补贴通过帮助公司应付税务执行费用而被用作一种鼓励污染控制或减轻监管的经济冲击的激励。

9.1　排污标准

9.1.1　排污标准的定义

排污标准是由管制部门制定并依法强制实施的每一污染源特定污染物排放的最高限度。排污标准的设定往往是基于一定的健康指标。通常排污标准和惩罚相联系，超过标准排污者将受到惩罚。

9.1.2　排污标准存在的问题

（1）只有在特殊情况下，排污标准才能碰巧达到最优排污量。

图 9-1 中，排污标准 S 对应于排污量 W_s 和经济活动水平 Q_S。为了监督排污标准的实施，设立罚款 p。企业如果遵守排污标准，其经济活动水平会被限制在 Q_s 以内。然而，Q_s 并不是最优的，因为最优经济活动水平是 Q^*。只有把排污标准设置在 Q^* 才是最优的，而这需要有关 MNPB 和 MEC 的详细信息，在缺乏这类信息的情况下，设立最优的排污标准只有依赖碰巧了。

图 9-1 显示，不仅排污标准不是最优的，罚款也不是最优的。在罚款为 p 的情况下，排污者有动力排放 Q_B 污染物。这是因为从原点向右到 Q_B 点为止，私人净效益大于罚款，在 Q_B 点右侧边际罚款超过边际私人净效益。由于排污标准的监督有一定的困难，超标排污不一定被抓住。排污者要比较罚款乘以被抓住的概率

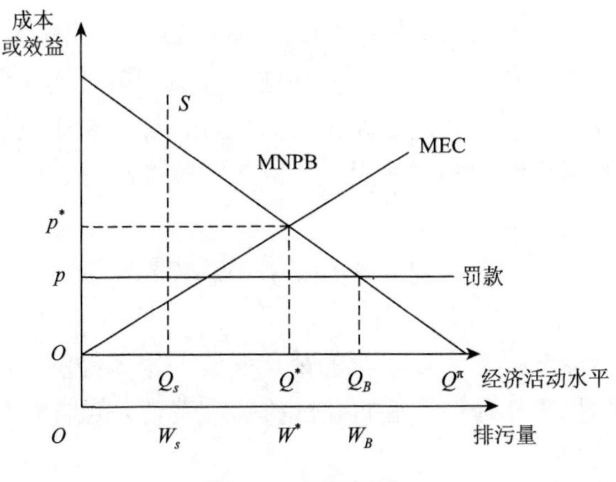

图 9-1　排污标准

和排污的私人边际净效益。即使被抓住的概率为 100%，排污者仍会排放 W_B 的污染量。因此，要达到最优排污量，罚款必须设定在 p^*。

总之，在使用排污标准的情况下，要达到最优排污水平，必须同时满足以下条件：①排污标准为最优排污量 W^*；②罚款为与最优排污量对应的罚款 p^*；③罚款的实施还必须是完全确定的，即违规后被罚款的概率为 100%。

（2）在有多个污染源的情况下，政府对不同的污染源设立统一的排污标准不会是最优的。

这是因为各个污染源的污染控制成本不同。由于政府无法了解各污染源的控制成本，所以只能设立统一的排污标准。

现假定有两个排污企业，政府设立统一的排污标准。假定政府根据污染对居民健康的影响规定全社会的排污上限为 10 个单位，在缺乏信息的条件下，政府只能将这 10 个指标平均分配给这两个企业，即各 5 个单位的指标。下面来分析这种分配方法是否有效。排污标准效果如图 9-2 所示。

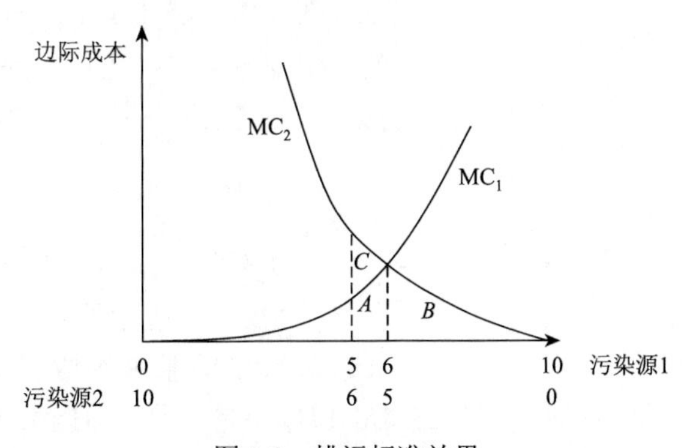

图 9-2　排污标准效果

图 9-2 中，A 为企业 1 的总控制成本，$B+C$ 为企业 2 的总控制成本，虽然企业 1 的控制成本比成本有效时降低，但企业 1 成本的降低比企业 2 成本的升高小得多。总成本比成本有效时增加了面积 C。因此，除了极个别情况外（所有企业的控制成本曲线的形状都一样）使用统一的排污标准没有达到成本有效。

9.2 排 污 收 费

仅仅依赖排污标准很难实现资源的最优配置。很多经济学家主张用政府引导的经济机制来达到帕累托最优。庇古税或排污收费就是这样一种经济机制。

9.2.1 庇古税的定义及思想

1920 年，英国经济学家庇古在《福利经济学》一书中首先提出对污染征收税或费的想法。他建议：应当根据污染所造成的危害对排污者征税，用税收来弥补私人成本与社会成本之间的差距，使二者相等。这种税被称为“庇古税”（Pigovian taxes），目前“庇古税”也被称作排污收费。

1. 庇古税的定义

排污收费是指国家为了保护和改善环境、防治环境污染，依照一定的法规、标准，对向环境超标排放污染物者征收一定金额的环境补偿费用。

在我国，排污收费是一种不参与体制分成的、全部上缴财政预算内的行政收费，因而具有“准税”的性质。排污费虽然不是法律意义上的税收，但在征收时无须向征收对象支付任何代价或报酬，同时坚持专款专用原则，将全部排污收费列入环境保护专项资金进行管理，具有税收无偿性的特征。

排污收费坚持经济发展和环境保护的有机统一，征收目的就是促使排污者治理污染，加强经营管理，节约和综合利用资源，减少污染物排放量，保护和改善环境，促进经济建设和环境保护协调发展。

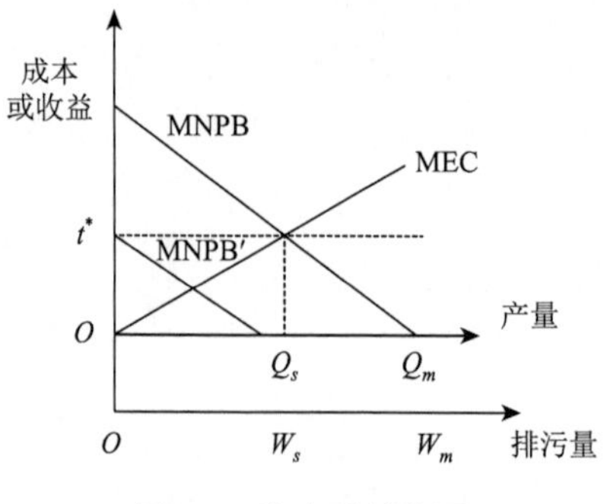

图 9-3　庇古税效应图

2. 庇古税的思想

图 9-3 中，MNPB 为企业的边际私人纯收益，MEC 为边际外部成本。企业为了追求最大限度的私人纯收益，就会生产所有 MNPB＞0 的产品，即把生产规模扩大到 Q_m。

社会最优要求当MEC＞MNPB时停止继续扩大生产，即生产Q_s。如果政府向造成环境污染的企业征收排污费t^*，企业的私人纯收益就会减少，企业就会在$t^*>$ MNPB时停止扩展生产，即把生产限制在社会最优产量Q_s的水平。也就是说政府向企业征收排污费，使得MNPB曲线向左下方移动到MNPB′。相应地，税收使企业的污染排放从W_m下降到W_s。图9-3中，税率恰好等于最优产量Q_s所对应的边际外部成本MEC，即污染对外部产生的边际损害。这样，如果企业的产量超过Q_s，所付的税款就会超过私人的边际净收益。因此企业愿意把生产限制在Q_s水平，从而把污染排放限制在W_s水平。在这里，t^*是最优税收，它使最优污染水平等于MEC。这样，最优庇古税就可以定义为：使排污量等于最优污染水平时的排污收费（税）。

制定最优庇古税不仅需要知道MEC的信息，而且需要知道MNPB的信息。但是政府往往难以得到企业的这类信息，因为企业没有激励向政府提供这类信息来制定管理措施，这就是信息不对称问题。信息不对称问题是实施庇古税的一个重要障碍，因此，现实中很难真正达到最优污染水平。

9.2.2　排污收费在环境管理中的作用

排污收费是将环境成本内在化，防止“市场失灵”的重要途径之一，其在环境管理中显示出积极的促进作用。

（1）征收排污费促使排污单位加强经营管理。

征收排污费促使企业、事业单位从经济上分析比较治理与不治的利害得失，促使排污单位加强经营管理，建立规章制度，提高设备完好率，做到责任到人、奖罚分明。

（2）促进老污染源的治理。

通过开展环境保护宣传教育，特别是运用经济杠杆和法律手段进行环境监督，深入开展征收排污费工作，促进了“谁污染、谁治理、谁承担”的政策的落实，提高企业防治污染的自觉性。

（3）提高了资源、能源的利用率。

工业“三废”排放量越大，材料利用率越低，资源、能源的消耗量越大，生产成本也就越高，很多可以综合利用、回收的资源、能源白白浪费掉了，征收排污费能够促进企业节约和综合利用资源。

（4）为防治污染提供了大量专项资金。

排污费在环保资金渠道中占有重要的地位，但由于征收排污费的资金总额与环境污染造成的经济社会损失不是等差的，因此，治理污染的费用也要从多种渠道来筹集。

9.2.3 排污收费的优缺点

1. 排污收费的优点

与排放补贴、排污权交易以及排污标准等措施相比，排污收费制度具有如下两方面优点。

（1）成本优势与经济刺激。

排污收费制度可以提供给企业减少污染控制成本的持续动力，促使它们控制和削减污染排放。在排污制度下，排污者需支付一定数额的排污费，这给排污者施加了一定的经济刺激，从而促使排污单位降低排放污染物的积极性。

（2）分散控制与资金筹集。

排污收费要求所有污染源都采取某种行动，它们必须削减污染以避免支付排污费，或者继续为污染付费。并且，这一制度可以通过收费来筹集资金，收费所得的收入则可以用于新的削减技术的研究或者对新的投资进行补贴等环境资助措施，以便对污染的控制和削减提供经济支持。

2. 排污收费的缺点

排污收费无论在理论上还是在实践中仍然存在许多缺点。

（1）难以准确地计量外部成本。

准确计量外部成本是最优排污收费的一个前提条件，要做到这一点，需要详细的信息和对这些信息正确的理解。衡量污染的货币化损失是一项十分艰巨的工作，而观测和估计生产者控制污染的成本也同样困难。

（2）难以制定恰当的收费标准。

在设立“庇古税”时，为了使税率制定得准确，必须知道控制成本与转换系数（即各企业对监测点的影响）。

（3）难以确定合适的税基。

环境问题常常是多种污染物综合作用的结果。即便是同一污染物，对于不同的污染源，其边际控制成本也不同，这就给税基的确定带来了困难。

9.2.4 制定排污收费标准应遵循的原则

排污收费标准的制定应该从实际情况出发，不能定得太高，收费标准的分类也不能太烦琐，达到既有利于促进污染治理，又能促进生产发展的目的即可。

因此，制定收费标准可以考虑以下几条原则。

（1）有污染治理设施的和无污染治理设施的收费标准应有所区别。对有污染治理设施而不能正常运转的，或非设计原因而处理效果不好的，收费标准应定得高一些。可以按照污染治理设施的正常运转的费用来确定对这些企业的收费标准，以促进它们采取有效措施，把处理或回收设施正常运转起来。

（2）新建企业和老企业的收费标准应有所区别。对新建企业的收费标准应定得严一些，老企业则可以宽一些。

（3）治理污染技术过关的与治理污染技术没有过关的收费标准应有所区别。尤其是那些污染危害严重而又有成熟的治理技术，不需要花多少资金就能治理的污染物，收费标准可定得高一些，以促进企业及时采取治理措施，消除污染。治理技术没有过关的污染物收费标准可放宽一些。

（4）大中型企业与中小型企业的收费标准应有所区别。一般来说，中小型企业的收费标准可以放宽一些。

总之，在我们国家实行排污收费的目的就是利用排污收费的经济措施，使企业明确排放污染物污染了自然环境，必须承担净化污染的经济责任，促使企业进行工艺改革、严格生产管理，减少浪费，节约资源，促进生产发展，从而保证国家环境保护目标与计划的实施。

9.3　补　　贴

补贴通常所采取的形式为拨款、贷款和税收贴息。补贴措施被广泛应用于许多国家，其资金来源通常是环境费而不是总税收。如法国为工业控制水污染提供贷款，意大利为固体垃圾的回收和利用提供补贴，美国以津贴的形式资助市政水处理厂的建设等。

9.3.1　能源补贴

1. 化石能源补贴计算方法

现有的测度化石能源补贴的方法有许多，如价差法、生产者（消费者）补贴等值法、具体项目法等。对于多发展中国家而言，受限于数据可得性，价差法可能是唯一可行的方法。对中国而言，大多数能源补贴都是消费侧补贴，适用价差法。

准确地确定基准价格（reference price）是价差法计算补贴规模的基础。对中国这样的油、气净进口国家而言，进口部分的基准价格为能源在最近的国际运输枢纽（海港或空港）的价格经质量差异调整后，加上净进口者所承担的运费与保险成本，再加上国内运销成本费用，以及增值税。而国内生产部分则以国际市场价格作为参考基础，加上相应的运输费用及税费。确定基准价格和终端消费价格后，价差和补贴规模可分别表示为

$$\mathrm{PG}_i = \mathrm{RP}_i - \mathrm{CP}_i = \mathrm{IP}_i + D_i + T_i - \mathrm{CP}_i \tag{9-1}$$

$$S_i = \mathrm{PG}_i \times C_i \tag{9-2}$$

式中，PG_i 为价差；RP_i 为基准价格；CP_i 为终端消费价格，即消费者实际支付价格；IP_i 为国际市场价格或到岸完税价格；D_i 为运输费用及市场销售成本；T_i 为相应的税费；C_i 为能源消费量；S_i 为能源补贴规模，其中 i 为能源产品种类。

2. 2015 年中国化石能源补贴规模

2015 年中国各类化石能源的补贴价格如表 9-1 所示。其中，汽油、柴油平均补贴率分别为–13.13%、–22.33%。事实上，2013 年高油价时期，中国汽油、柴油补贴率已不到 6%。随着 2013 年成品油定价机制的进一步完善，以及国际原油价格持续低迷，汽油、柴油补贴率逐年下降，甚至出现了负补贴的情况。值得一提的是，随着 2014 年下半年国际原油价格暴跌，政府多次上调成品油消费税以促进节约能源，治理大气环境污染，鼓励新能源汽车发展。消费税调节也在一定程度上促进了成品油补贴的降低。在中国实施天然气价格改革前，2012 年中国天然气补贴率高达 30%以上。改革后，天然气补贴率开始逐年下降，至 2015 年中国工业、公共服务业部门天然气补贴率分别降至 1.08%、4.36%，但由于定价机制改革并未涉及居民部门，居民天然气补贴率仍然较高。与此同时，化石燃料电力行业交叉补贴现象仍然严重，居民用电补贴率高达 50%以上。

表 9-1　2015 年中国化石能源补贴价格

	行业	终端消费价格	国内基准价格	进口基准价格	补贴率
汽油	工业	8039.08 元/t	6926.61 元/t	6100.15 元/t	–16.06%
	交通	8039.08 元/t	7135.62 元/t	6309.16 元/t	–12.66%
	居民	8039.08 元/t	7264.25 元/t	6437.79 元/t	–10.67%
柴油	工业	6522.83 元/t	5186.58 元/t	5439.85 元/t	–25.76%
	交通	6522.83 元/t	5356.15 元/t	5609.42 元/t	–21.78%
	居民	6522.83 元/t	5460.51 元/t	5713.77 元/t	–19.45%
天然气	工业	3.72 元/m^3	3.72 元/m^3	3.84 元/m^3	1.08%
	居民	2.58 元/m^3	3.77 元/m^3	3.89 元/m^3	32.15%
	公共服务业	3.63 元/m^3	3.76 元/m^3	3.88 元/m^3	4.36%

续表

	行业	终端消费价格	国内基准价格	进口基准价格	补贴率
化石燃料电力	居民	541.50 元/（10^3kWh）	1210.56 元/（10^3kWh）	—	55.27%
	农业	581.84 元/（10^3kWh）	746.49 元/（10^3kWh）	—	22.06%
	工商业及其他	781.70 元/（103kWh）	703.68 元/（103kWh	—	–11.09%
煤炭	—	—	—	—	—

结合 2015 年各类化石能源的消费量，2015 年中国化石能源的补贴规模为 –1047.41 亿元。这意味着，2015 年中国财务意义上的化石能源补贴已经完全取消。表 9-2 表明，2015 年中国化石能源补贴主要存在于化石燃料电力和天然气。

表 9-2　2015 年中国化石能源补贴规模

	消费量	补贴总量/亿元	补贴量占 GDP 的比例/%
汽油	107×10^6t	–949.83	–0.14
柴油	173×10^6t	–2036.73	–0.30
成品油	280×10^6t	–2986.56	–0.44
化石燃料电力	55500 亿 kWh	1353.17	0.20
天然气	1931 亿 m^3	585.98	0.09
煤炭	—	—	—
合计	—	–1047.41	–0.15

除此之外，受益于天然气价格改革的推进，2015 年工业、公共服务业部门天然气补贴大幅削减至 48.36 亿元、63.12 亿元，而由于定价机制改革并未涉及居民部门，居民气价仍明显低于工业气价，居民部门天然气补贴量高达 474.50 亿元，占天然气总补贴量的 81%。

9.3.2　排污收费与补贴的区别

排污收费和补贴都是通过调整相对价格来运作的。税可以对特定投入品（如煤炭）的水平征收，也可以对排放的水平征收，我们主要关注后一种情况。补贴则主要是对污染削减的补贴。可见，排污收费和补贴表现出一种本质的相似，即排污收费和污染削减补贴的短期刺激作用在本质上是相同的。因此对排污收费的解释也适用于削减补贴计划。但由于二者的分配效应不同，排污收费和补贴所产生的长期影响是不同的。

对污染物的排放征税，一直是经济学家所倡导的用来实现污染控制目标的标准手段。排污费旨在消除由污染损害造成的私人价格与社会有效价格之间的差别，通过税的调整使私人价格接近社会价格。当污染控制的目标是实现有效的污染水平时，对每单位污染排放征税的税率应等于有效污染水平所对应的边际损害的货币价值。通过征税引导污染者将污染成本纳入私人费用函数，使污染者的决策反映所有相关成本，而不仅仅是其私人成本，只有这样，利润最大的污染水平才能与社会效率所要求的污染水平相一致。

假设生产者获得了一笔补贴，用以选择一个低于监管者所设定的某个固定的产出水平以实现规定的环境浓度水平。

令补贴

$$S = \gamma(\bar{q} - q) \tag{9-3}$$

式中，$\gamma = D'\beta$ 代表生产 q 的社会边际成本。如果 $q = \bar{q}$，生产者就不能获得补贴，即 $S = 0$。如果生产者停产，即 $q = 0$，则获得全额补贴，$S = \gamma\bar{q}$。

有补贴后，生产者的问题写为

$$\max[pq - c(q) + \gamma(\bar{q} - q)] \tag{9-4}$$

生产者选择一个产出水平以最大化其利润，其中边际收益 p 等于私人边际成本 c' 加上丧失补贴的边际机会成本 γ，即 $p = c' + \gamma$。

每单位产出导致损失 γ 单位的补贴。因此生产者就有动机将其产出降低到社会期望的水平，就和排污费的情况一样。

然而从长期的、考虑生产者进入和退出产业的角度来看，补贴和收费之间是有区别的。如果没有生产者的进入和退出，补贴和收费所产生的结果是一样的，但如果存在生产者的进入和退出，其总效应就会不同：收费减少总污染量，而补贴增加总污染量。

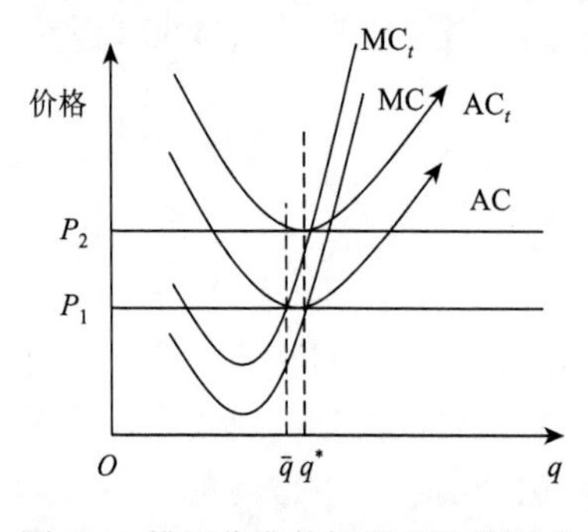

图 9-4 排污收费的短期和长期影响

接下来看看生产者在收费情况和补贴情况下的行为。

图 9-4 显示了存在生产者加入和退出时收费的情况。假设不计税收时的平均成本曲线和边际成本曲线为

$$\text{AC} = c(q)/q,\ \text{MC} = c' \tag{9-5}$$

生产者的经营处于经济利润为零的产出水平 q^*。现假设一个完全竞争的市场，因此生产者没有赚取正的经济利润。正经济利润代表着

生产者赚取了高于现有市场回报率的利润，负经济利润意味着生产者没有抵偿其机会成本，应将其资源投资到其他领域。

如果现在监管者实行一项收费，那么平均成本曲线和边际成本曲线为

$$\mathrm{AC}_t = c(q)/q + t, \quad \mathrm{MC}_t = c' + t \tag{9-6}$$

图 9-4 显示了收费导致平均成本曲线 AC 和边际成本曲线 MC 平行上移到 AC_t 和 MC_t。如果市场价格停留在 p_1，生产者的经营就会位于使边际收益 p_1 等于变化后的边际成本 MC_t 处，即产出水平为 q，并获得了负经济利润。这些负利润将迫使一些生产者离开该产业，从而使该行业总供给减少，市场价格会逐渐达到一个新的价格水平 p_2，这样在有收费的情况下，剩余的生产者再次获得零经济利润，留在该产业中的生产者的生产水平再次处于 q^*处，但因为生产者数量减少了，所以总产出和总污染也都减少了。

下面看看补贴情况下生产者的行为。

在有补贴的情况下，平均成本曲线和边际成本曲线为

$$\mathrm{AC}_s = \frac{c(q)}{q} + \frac{\varphi\overline{q}}{q} - \gamma, \quad \mathrm{MC}_s = c' + \gamma \tag{9-7}$$

补贴在边际成本的作用上和收费是一样的，但在对平均成本的作用上二者是不同的，收费导致平均成本曲线平行上移，而不同平均成本曲线向下向左移动。图 9-5 显示了补贴对个体生产者的影响。

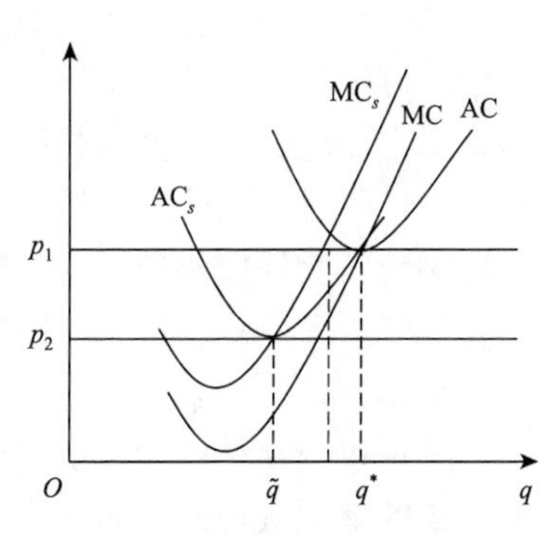

图 9-5　补贴的短期和长期影响

假设市场价格停留在 p_1，如果生产者最初只获取零经济利润，即产出水平在 q^* 处，那么现在的补贴措施将使其把产出水平降低到 $\tilde{q}$ 并获取正经济利润。

这些正经济利润将吸引新的生产者加入到该产业中，从而使该产业的总供给量增加，导致市场价格降低到 p_2。显然，即使各个生产者在生产更少的产量 $\tilde{q}$，制造更少的污染，但该产业中的生产者增加了，所以总污染水平实际上是上升的。

第 10 章　排污权交易

环境管理政策的种类多种多样，但主要包括强制手段、经济手段、协商手段以及信息手段等。一般说来，经济手段、协商手段和信息手段是强制手段的替代和补充，但在不同的社会政治、经济条件下，各种手段的配合和所达到的效果都有所不同，因而应根据不同条件对环境政策手段进行选择，才能促进环境资源的合理利用和有效配置。目前，无论是在中国还是国外，主要的环境管理手段依然是强制手段，即基于规章制度或法规标准的指令性控制手段，经济刺激手段、协商（或谈判）段和环境信息手段只是前者的一种补充。但是，在总体上，环境管理正在向经济刺激手段和信息手段的方向发展。这种趋势使得强制手段与经济刺激手段和信息手段结合或互补的机会越来越多，而这种结合充分体现了“扬长避短”的优势，即在保证环境效果的同时，使管理者和受控者提高了灵活性和管理效率。排污权交易就是这样一种越来越得到广泛认同与实践的环境经济手段。它是运用市场机制控制污染物排放总量的又一制度设计。通过许可证制度，社会可以对每年的排污量或资源消费量规定上限，许可证的价格由市场供求关系决定。政府对污染物排放定价，排污量则由环境容量和市场决定。例如，新加坡政府为了实现分阶段停止使用氟利昂的目标，每个季度都对生产和进口氟利昂的许可证进行拍卖。

排污权交易是环境经济学派提出的解决污染问题的理论构想，其缘起背后具有丰富的多领域理论基础，它首创于美国又被传播到许多国家，并在国际环境法领域获得了发展。排污权交易的理论基础主要有经济学理论、生态学理论、社会学理论和有关法学理论。其中，其经济学理论根源于环境外部不经济的内部化，其环境生态学理论着眼于保持生态系统平衡，其社会政策在于推进可持续发展，其法律价值在于追求个体利益与社会利益、效率与公平的均衡统一。

10.1　排污权交易概述

环境污染的外部性是造成环境污染泛滥的主要原因，解决的对策是使外部性内部化。其中，排污权交易目前正成为世界各国解决环境污染问题的重要手段。排污权交易的本质，是把排污权作为一种商品进行买卖。政府在对排污总量进行控制的前提下，鼓励企业通过技术进步和污染治理，最大限度地减少污染排放总量。通过给予企业合法的污染物排放权，允许企业将其进行污染治理后所获得的污染富余指标进行有偿转让或变更。

10.1.1　排污权交易概念

1. 排污权交易的定义

排污权交易是科斯定理在环境问题上最典型的应用，也是当前受到各国关注的环境经济政策之一。它早在 20 世纪 70 年代由美国经济学家戴尔斯提出，并首先被美国国家环保局用于大气污染源及河流污染管理，而后德国、澳大利亚、英国等国家相继进行了排污权交易政策的实践。

对排污权交易的含义，理论界主要存在以下几种观点。

1）污染权交易观

这种观点认为，排污权交易的内涵是政府作为社会的代表及环境资源的拥有者，把排放一定污染物的权利像股票一样卖给出价最高的竞买者。污染者可以从政府或者拥有排污权的污染者手中购买这种权利，权利拥有者之间可以出售或相互转让污染权。排污权交易有助于形成污染水平低、生产效率高的合理经济格局，降低成本，使环境质量伴随着经济增长而改善。这种观点指出了交易的意义，设计了交易方式，提出了交易主体，指出了政府主体身份的特殊性，有一定的理论价值。但是，这种观点的“污染权交易”“污染者”“污染权”的提法有欠妥当。

2）经济手段观

这种观点认为，排污权交易是一种以市场为基础的经济政策和经济刺激手段，排污权卖方把自己减少排污而剩余的排污权出售给买方以获得经济回报。其中，卖方获得的回报是市场对有利于环境的外部经济的补偿。这种观点指出了排污权交易适应市场经济发展的经济刺激性，阐述了排污权交易的基本特点，认为排污权交易是市场对有利于环境的外部经济的补偿，这些都是值得借鉴的。但是，该观点忽视了排污权交易作为环境保护手段的本质特征及其环境容量资源的物权属性。

3）市场机制控制观

这种观点认为，排污权交易是指管制当局制定总排污量上限，按此上限发放排污许可，排污许可可以在市场上买卖。该手段的实质是运用市场机制对污染物进行控制、管理。它把环境保护问题、排污权交易同市场经济有机地结合在一起。这种观点注意到了排污权交易作为环境保护的一种手段的属性，看到了环境保护行政主管部门的重要作用。但是，该观点忽视了市场机制的固有缺陷，认为市场机制就可以发挥对污染物进行控制管理的功能。事实上单纯的市场机制是不够的，还需运用宏观调控的手段克服市场机制的不足。

4）低成本控制观

这种观点认为，排污权交易是在满足环保要求的前提下，建立合法的污染排放权利，即排污权。利用市场机制，通过污染者之间交易排污权来控制污染排放，实现低成本污染治理。该观点阐述了排污权交易的前提是满足环境保护的要求，目的是实现低成本控制污染排放，排污权交易是污染者之间利用市场机制进行的交易，所以为了规范该交易行为，需要对排污权交易进行适度的行政指导和协调，加强对排污行为的检测和监督，避免高成本。这是很值得借鉴的。但是，该观点忽视了市场机制条件下排污权交易的风险，没有考虑到以排污权交易为幌子逃避污染治理的行为；并且，排污权交易的直接目的并不是降低成本，而是减少排放。

综上所述，排污权交易是指在特定区域内，根据该区域环境质量的要求，确定一定时期内污染物的排放总量，在此基础上，通过颁发许可证的方式分配排污指标，并允许指标在市场上交易。排污权的初始发放数量和方法是管理者根据环境保护目标制定的，排污权一旦发放即可按照规则进行自由交换。排污指标交易制度将环境容量视为有价资源，并将其产权赋予政府。政府通过确定区域的总量控制目标，将有限的排污指标转让给企业，并允许排污指标通过市场机制在企业间优化配置。排污权交易是发达国家为控制排污总量广泛采取的一种市场化运作方式。

2. 排污权交易的基本思想

排污权交易的基本思想是，由环境部门评估某地区的环境容量，然后根据排放总量控制目标将其分解为若干规定的排放量，即排污权。这种排污权被允许像商品那样在市场上买入和卖出，以此来进行污染物的排放控制。只要污染源之间存在边际治理成本差异，排污权交易就可能使交易双方都受益。排污权交易是在污染物排放总量控制指标确定的条件下，利用市场机制，通过污染者之间交易排污权，实现低成本污染治理的一种途径。

图 10-1 给出了排污权交易的基本思想，横轴表示污染水平和排污权，纵轴表

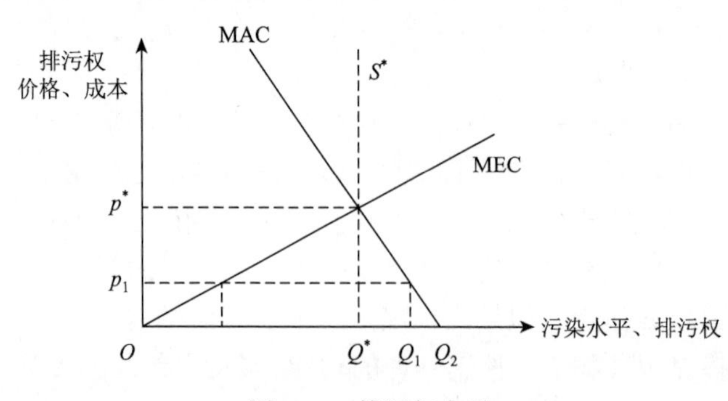

图 10-1 排污权交易

示排污权的价格、成本。MAC 表示边际控制成本，最优排污权的数量为 Q^*，排污权的最优价格为 p^*，如果管制当局希望达到帕累托最优，应当发放 Q^*排污权。S^*表示排污权的供给曲线，由于其发放是被管制的，对价格的变动无反应，所以 S^*是一条垂直线。MAC 实际上是排污权的需求曲线。当排污权的价格为 p_1 时，排污者将购买 Q_1 排污权，因为在 Q_1 的左侧，购买排污权比控制污染便宜，排污者会购买排污权。在 Q_1 右侧，通过控制使排污量减少比购买排污权便宜，企业会选择控制污染。因此 MAC 是排污权的需求曲线。

3. 排污权交易的一般做法

（1）由政府部门确定一定区域的环境质量目标，并据此评估该区域的环境容量。

（2）推算出污染物的最大允许排放量，并将最大允许排放量分割成若干规定的排放量，即若干排污权。

（3）政府可以选择不同的分配方式如招标、拍卖、定价出售、无偿划拨等形式将排污权发放到排污者手中，并通过建立排污权交易市场使这种权利能合法地买卖。在排污权市场上，排污者从其利益出发，根据自身治污成本、排污需要以及排污权市场价格等因素，自主决定其污染治理程度，从而买入或卖出排污权，这是实现排污权优化配置的关键环节。

此外，政府部门需做好对参与排污权交易企业的监测和执法，同时规范好交易秩序。

排污权交易其实是通过模拟市场来建立排污权交易市场，它的主体是污染者，与受害者无关，客体是排放减少的信用，即剩余的排放许可。

4. 排污权交易的特征

（1）交易的原则是实现经济效益、环境效益和社会效益的统一。

从国家角度来看，排污权交易削减了污染物的排放量，保护和改善了环境，实现了环境效益。从企业角度来看，出卖方通过改进技术节余排污指标获得了经济利益，购买方由于购买的成本比自行治理污染的成本低而通过购买来节约了成本，双方都实现了经济效益。从社会角度来看，排污权交易通过市场的力量来寻求污染物削减的最低边际费用，使整体的污染物允许排放量的处理费用趋于最低，实现了社会资源的优化配置，从而实现了社会效益。

（2）排污权交易体系的复合性。

排污权交易体系包括三种行为：①买卖行为。是指交易双方基于意愿治理污染而转移排污指标的行为，是交易体系中的主体部分。②中介行为。是指中介机构为双方提供交易所需信息，促成交易的行为，这是交易中必不可少的辅助行为。③行政行为。是指行政主管部门为保证交易的顺利进行而进行的指导行为，以及为保证交易后双方的排污行为合乎在交易中做出的承诺所进行的监测监督行为。

（3）交易的公平、有偿性。

排污权交易的主体行为是买卖行为，而这种行为是一种民事法律行为，这就决定了该行为的公平、有偿性。这也是市场经济的性质所决定的，若非如此，就不能保障排污权交易经济效益与环境效益、社会效益的统一。

10.1.2　排污权交易的性质和目的

排污权交易是一种以市场为基础的保护环境的手段，相对于传统的行政控制手段，其既不制约或妨碍经济发展，又能实现环境和资源保护之目的。

排污权交易是一种以市场为基础的经济政策和经济刺激手段，排污权的卖方由于减排而剩余排污权，出售剩余排污权获得的经济回报实质上是市场对有利于环境的外部经济的补偿；无法按照政府规定减排或因减排代价过高而不愿减排的企业购买其必须减排的排污权，其支出的费用实质上是为其外部不经济而付出的代价。

排污权交易同排污收费一样是基于市场的经济手段，但排污收费是先确定价格然后让市场确定总排放水平，排污权交易则是先确定排污总量后再让市场确定价格。市场确定价格的过程也就是优化资源配置的过程。排污权交易实质是环境容量使用权交易，是环境保护经济手段的运用，是一种行政监督和指导下的私法手段。它以追求最大的成本效益为原则，在价值取向上较好地把握了公平与效益这一对矛盾的平衡，可以促进环境保护工作的发展。这一机制不但可以在一国内运用，而且也可以用于国际社会，包括在发达国家与发展中国家之间进行交易。对发达国家而言，可以避免因履行控制污染（如温室气体）排放的承诺而可能导致的对国内经济发展的限制；对发展中国家而言，可以为其带来较多的国外资金、技术并提高其资源利用率。从总体上看，它有利于低成本、高效益地实现全球环境中污染物浓度和数量的减少。但是，在这种交易中应该注意防止转嫁环境污染或逃避污染者负担行为的发生。

10.1.3　排污权交易的作用

排污权交易是一种基于市场的经济手段，充分发挥了市场配置资源的作用。

（1）使成本最小化。

排污权交易可以提高治理效益，减少排污量的费用，从而使社会总体削减排污所需费用大规模下降。实现排污权交易的途径是建立可转让的排污许可市场，通过可转让的排污许可市场提高分配治理费用的效益。其道理是，由于污染源单位防治污染的费用千差万别，如果“排放减少信用”可以转让，那些治理费用最低的工厂，就愿意通过大幅度地减少排污，然后通过卖出多余的“排放减少信用”来受益。只要安装更多的治理设备比购买“排放减少信用”花钱更多，某些工厂就愿意购买“排放减少信用”。只要治理责任费用效果的分配未达到最佳状态，交易机会总会存在。当所有的机会都得到充分利用时，分配的费用效果就会达到最佳程度。在排污权交易市场上，排污者从其利益出发自主决定自己治理污染，或者买入排污权。只要污染源单位（或排放污染物的企业）之间存在着污染治理成本的差异，排污权交易就可使交易双方都受益，即治理成本低于交易价格的企业会将剩余的排污权用于出售，而治理成本高于交易价格的企业则会通过购买排污权实现少削减、多排放。由于市场交易使排污权从治理成本低的污染者流向治理成本高的污染者，结果是社会以最低成本实现了污染物的削减，环境容量资源实现了高效率的配置。

（2）有利于污染物排放的宏观调控。

排污权交易制度是市场经济的产物，它充分发挥了市场的作用，克服传统的依靠行政手段对污染者采取惩戒措施来控制环境污染的缺陷，使企业真正成了排污和治污的主体，并对自己的污染排放行为做出选择。企业能够从排污权交易获得利益，就有了积极参与污染治理和排污权交易的巨大激励，治理污染也就从政府的强制行为变成企业自主的市场行为。而且，在排污权交易的情况下，政府机构可以发放和购买排污权来实施污染物总量的控制，影响排污权价格，从而控制环境标准。政府组织如果希望降低污染水平，可以进入市场购买排污权，然后把排污权控制在自己的手上，不再卖出，这样污染水平就会降低。如果修建了污水处理厂等环保设施，环境容量增大，政府就可以发放更多的排污许可证，以降低企业的成本，有利于经济的增长。

（3）有利于公众的参与。

在控制环境污染的过程中，主要有两类参与者：一是政府环境管理部门，其主要职责是依法制定并实施管理规则；二是污染源单位和个人，其主要责任是采取措施防治污染。传统的做法是，政府环境管理部门为污染源制定排放标准、分配治理责任，这种方式被称为“指令控制方式”。指令控制方式在防治环境污染方面曾经发挥过重要作用，其主要问题是能力与责任不协调。通过排污权交易这种方式，可以发挥政府环境管理部门和排污企业这两个方面的积极作用，使防治污染活动的各参加者扮演自己最擅长的角色，解决指令控制方式所造成的信息与动机之间的矛盾，极大地调动排污企业选择有利于自身发展的方式削减排污总量的积极性。各污染源单位和个人注意降低自己的污染治理费用，政府环境管理部门注意控制排污权交易使之与达到排污标准的目标相一致，最终降低整个社会治理污染的费用。

（4）具有市场灵活性，更有利于资源的优化配置。

对全国所有的污染源采用相同的污染物排放标准的做法，掩盖了不同地区环境容量的差异、不同厂商污染治理成本的差异和不同行业污染治理技术可能性的差异，因而不利于资源的优化配置。实施排污权交易不需要事先确定排污标准和相应的最优排污费率，只需确定排污权数量，并找到发放排污权的一套机制，然后让市场去确定排污权的价格，通过排污权价格的变动，排污权市场可以对经常变动的市场物价和厂商治理成本做出及时的反应。

（5）有利于刺激企业的技术革新。

它不仅鼓励企业及早采用现有的排放治理技术，而且还不断促进开发新的、更有效的技术。采用排污权许可系统，使企业有了选择开发减排技术的自由。因此，企业在企图回避法律责任时，将无法以技术不可行为由作辩解，因被惩罚而付出的费用不如拿去开发新的治理技术或购买排污权。如果因改变技术而节省的费用大于购买排污权产生的费用，企业就会因技术革新而提高竞争能力。在排污权可转让的条件下，对新技术的需求会增加。面对潜在的需求，减排技术供应方也会乐于投资开发新的减排技术。因为供求双方的积极性都很高，新减排技术的应用会更加迅速。技术进步会不断降低治理成本，那些能获得先进技术的企业将通过治理而得到获利机会，这种创新的市场动力是在行政调控机制下所没有的。

（6）有利于环境保护与经济的可持续发展。

采用行政命令的方式硬性规定企业治理污染、削减排污量，或硬性规定不准新建、扩建、改建企业以防止增加环境中污染物浓度，往往会束缚地区经济的发展。而排污权交易计划的实施精简了对新污染源的审查程序，为新建、扩建、改建企业提供了出路，较好地协调了经济发展与环境保护的矛盾。

10.2　排污权交易的条件

10.2.1　排污权交易的前提条件

1. 环境容量及其价值的确定

排污总量是排污权交易的上限，不能超过环境容量。所以排污权交易首先要确定环境容量，对环境容量进行科学的评价与计算。政府管理机构应根据环境目标控制点的环境质量标准，结合污染物的扩散模式，确定区域内的污染物允许排放量，即环境容量。由于排污权交易是对环境容量这种资源进行交易，所以要求确定环境容量这一资源的价值。目前评价环境价值的评价方法大致有成本效益法、直接市场法、替代市场法和假想市场法等。

2. 排污权配置

排污权初始配置是在制定排污总量的基础上，对环境容量这一公共资源的使用权实行公正的分配，排污权初始配置直接涉及排污单位的经济利益，并且影响环境容量资源的配置效率。如何在现有污染源之间，以及现有污染源与将来污染源之间进行合理有效的排污权分配，成为排污权交易的首要问题。国外现有的配置方法主要有政府无偿分配方式和有偿分配方式。有偿分配方式一般在政府指定统一价格后在拍卖市场拍卖，通过市场竞争方式达到帕累托效率最优。

3. 排污权交易的时空交易折算指标体系——折现率的确定

由于在不同的排放地点、排放时间，以及不同的污染物，对受控点具有不同的浓度贡献，而受控点环境质量标准是唯一的，所以排污权交易不能按照一般商品的交易原则进行。也就是说，排污权交易不能用同一的价格尺度标准来进行，政府必须根据受控点环境容量的时空特性，以及不同污染物之间的单位排放量的污染程度，制订一套交易的折算指标体系。根据污染物排放在空间位置和时间上的分布，不同污染物的折算指标体系表现为复杂的时空网络体系。

10.2.2　排污权交易的保障条件

首先，制定确保排污权顺利交易的相应办法、规则和制度，在排污权初始配置的拍卖和市场交易过程中，都需要按照一定的规则进行，才能确保交易秩序。政府要根据排污权拍卖市场的运行机制和排污权交易的市场机制分别制定合理的规则。如对交易程序的规定：想转让排污权的单位，应向某级政府排污许可证管理部门提出申请，经调查监测，确认其具备了超额削减污染物的能力，方可发放证书或签协议确认等。对成交后违反交易合同的，政府应制订相应的惩罚制度等。

其次，要修改、完善有关法规、标准。排污权交易是利用市场的机制来控制环境污染，使受控点环境达到质量标准，并且使污染物削减的总费用最小，这就要求政府制定相应的边界法规，从法律上约束和促进排污权交易向经济有效性方向推进。如制定超总量排污价格，超标准排污价格等必须明显高于相应污染物削减处理的平均费用，这种高价格的制定，使排污单位出于自身经济利益的考虑去寻找较经济的污染物削减办法。

再次，信息收集排污权交易是通过具有不同边际成本的污染源进行交易来实现资源合理配置的，所以在进行排污权交易时，需要大量的有关价格、需求量和供给量、需求单位和供给单位等市场信息，信息收集的程度将直接影响交易成本和交易成功率。如果信息不充分，就会导致交易价格上升，交易成功率就会下降。

最后，要政府监督。在排污权交易的整个过程中必须有政府的监督行为，政府要利用各种自动的连续的监测手段对污染源实行技术监测。如排污单位提出排污权出售申请，则政府就要通过对其排污源的技术监测核实该单位削减额外污染物的能力，在确认后才能批准出售申请。交易成交后，政府监督则可促使排污权交易双方完成其承诺的污染责任，保证排放的污染物数量不超过其分配或购买的排放量，以督促交易双方履行交易合同的保证。除了在量上政府需要把关外，排污权交易在空间和时间的分布上也需要政府监督。可以想象，离开政府监督的排污权交易是无法达到环境控制目的的。

10.2.3 排污权交易市场的建立

一个排污权交易市场的确立，包括交易主体、交易对象、交易程序以及市场如何管理和规制等一系列问题。

1. 交易主体

排污权分为公民排污权和企业排污权。但在排污权交易中的主体主要是企业。因为公民的排污权是环境使用权，是人权的一种，一般来说不能交易。企业的排污权是一种国家授予的权利，是可以进行交易的。企业在其生产经营过程中需要使用一定环境容量排放污染物，只要符合国家法律规定的要求，依法取得特定的排污权并且有富余的排污权的企业才能成为出让者，而受让者是那些用完自身的排污权且不得不继续排污的企业。

2. 交易对象

排污权的交易标的是企业合法取得的富余排污权。在我国，并不是任何污染物都可以成为排污权交易对象的。交易对象是大气污染、水污染和无严重危害的固体废物污染（主要是垃圾）这三类。同时，排污权交易只能在同种污染物之间进行，如排放到大气中的二氧化硫不能同排放到大气中的二氧化碳进行交易。

3. 交易形式

不同领域的排污权交易应该有不同的形式。在大气污染中的排污权交易中，可以采用许可证交易，即把一个地区的排污量由政府进行初始分配，企业可以将许可证在排污权市场上进行交易；在水污染中的排污权交易，主要适用于同一水域内同种污染物之间的交易；无严重危害的固体废物污染中的排污权交易，主要适用于互补企业之间的交易。

4. 交易程序

国际通用交易程序为清洁发展机制项目实施过程，需要不同专业机构的参与和协助。这些专业机构可为项目企业提供现有政策法规和企业内部财务情况分析，进行项目可行性研究。

10.3　排污权交易的效应

10.3.1　排污权交易的微观效应

图 10-2 表明了排污权交易产生的微观效应，纵轴代表污染治理的成本，横轴代表污染物排放削减量，$AB + BC = CD$。现假设：

（1）整个市场由污染源 A、B、C 构成，交易只能在三者之间进行。

（2）排放者 A、B、C 的边际治理成本曲线分别为 MAC_1、MAC_2 和 MAC_3。

（3）根据环境质量标准，要求共削减排污 $3Q$，政府按等量原则将排污权初始分配给三个污染源。

当排污权的市场交易价格为 p' 时，由于 p' 高于 B、C 两个企业将污染物排放削减 Q 数量时的边际治理成本，因而 B、C 两个企业都愿意多治理、少排污，从而出售一定数量的排污权。对 A 企业来说，既然现有的排污许可证只要求它削减 Q 数量的污染物排放量，而这一部分的污染物治理成本又等于 p'，A 企业就没有必要去购买更多的排污权。市场中只有卖方而没有买方，排污权交易无法进行。

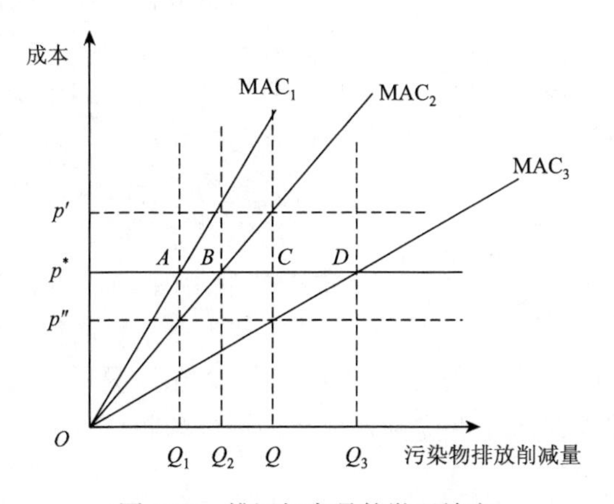

图 10-2　排污权交易的微观效应

当排污权的市场交易价格为p''时，由于p''低于A、B两个企业将污染物排放削减Q数量时的边际治理成本，因而A、B两个企业都愿意购买一定数量的排污权。对C企业来说，进一步削减自己的污染物排放量，并将节省下来的排污权以p''的价格出售是得不偿失的，因而它不会出售排污权。市场中只有买方没有卖方，排污权交易无法进行。

当排污权的市场交易价格为p^*时，由于p^*低于A、B两个企业将污染物排放削减分别从Q_1、Q_2进一步增加的边际治理成本，因而对它们而言，将自己的污染排放削减量从Q减少到Q_1、Q_2并从市场上购买AB、BC数量的排污权是有利可图的。对C企业来说，p^*相当于它将污染物排放量削减Q_3数量时的边际治理成本，因而愿意出售CD数量的排污权。由于$AB+BC=CD$，排污权供求平衡，交易得以进行。

10.3.2　排污权交易的宏观效应

图10-3中纵轴代表污染治理的成本，横轴代表污染物排放量。$D=\mathrm{MAC}$，S和D分别代表污染权的供给和需求，MAC和MEC分别代表边际治理成本和边际外部成本。

由于政府发放排污许可证的目的是保护环境而不是盈利，因而排污权的总供给曲线S是一条垂直于横轴的线，表示排污许可证的发放数量不会随着价格的变化而变化。由于污染者对排污权的需求取决于其边际治理成本，所以边际治理成本曲线MAC也即总需求曲线D。

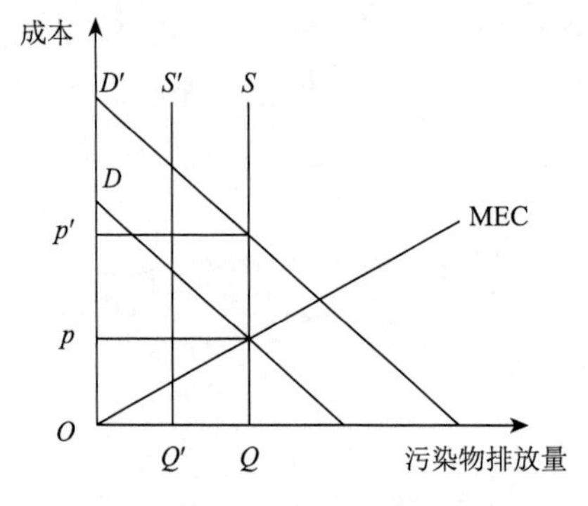

图10-3　排污权交易市场的宏观效应

图10-3表明了排污权交易产生的宏观效应。

市场调节将使排污权的总供求在市场主体发生变化时达到新的平衡。当污染源减少时，会导致排污权的市场需求减少，需求曲线平行向左移动，市场价格下降，其他污染者将会多购买排污权，少削减污染物排放量。当新污染源加入时，将会导致排污权的市场需求增加，需求曲线由D移动到D'，总供给曲线保持不变，因而排污权的市场价格上升到p'。若新污染源的经济效益高，边际治理成本低，只需要购买少量排污权就足以使生产规模达到合理水平并盈利，那么该污染源就会以p'的价格购买排污权，否则就不会购买。

总之，在通常情况下，企业的情况各不相同，削减污染物的成本也有很大差别。如果排污权可以有偿转让，那些削减污染成本相对较低的企业就愿意大幅削减污染物而卖出多余的排污权，而那些削减污染成本相对较高的企业就愿意购买排污权以承担污染治理责任。显然，排污权交易对于优化资源的配置是有利的。

10.4　排污权交易制度与排污收费制度之比较

10.4.1　排污权交易制度与排污收费制度的相同之处

1. 二者同为环境保护的经济手段

现行的环境管理主要有行政手段、经济手段两种方式。所谓行政手段，主要是在相关法律的规定下，利用行政命令或强制的形式，令企业配合政府的管理，执行相关环境标准，以控制环境污染。当前，我国正着力发展市场经济，与此相适应，环境管理的政策由主要依靠行政手段向重点运用经济手段转变是一个必然的过程。环境保护的经济手段可以概括为：国家根据生态规律和经济规律，运用税收、收费、市场交易、财政与金融、保证金等经济杠杆，从影响成本和效益入手（使价格反映全部社会成本），调节社会生产、分配、流通、消费等各个环节，引导经济当事人进行行为选择，限制破坏环境的活动，促进合理利用环境资源，实现改善环境质量，使经济与环境协调发展。环境保护的经济手段是一个综合的体系，按照作用机理的不同，大致可以分为税费手段、价格手段、市场手段等。

排污权交易制度与排污收费制度是我国现阶段环境保护经济手段中主要运用的两种制度。排污权交易制度以市场为依托。在排污权交易制度中，企业在利益机制驱动下减少污染物的排放，达到清洁生产，随之产生的多余排污权就可以进入排污权市场进行交易，而对排放权需求较大的生产者则需要到排污权市场购买其所需的排污权。这种制度安排可以提高企业治污的积极性，使污染物总量控制目标得到实现。排污收费制度是一种税费手段，排污收费制度首先要求政府进行科学测算，针对污染物的排放水平和生态环境的实际情况制定合理的收费标准，然后通过征收税费、取消补贴或者押金制度的方式，实现外部不经济的内部化。

排污权交易与排污收费具体的作用机理不尽相同，但这两种制度都是可行的环境保护经济手段，都是以经济利益为杠杆，刺激企业清洁生产，加强绿色生产技术革新，减少污染物排放，以达到污染者生产与环境友好协调发展的社会经济目标和生态保护之目的。

2. 二者均以解决外部不经济作为目标

排污权交易制度与排污收费制度皆根据经济学对环境问题的研究而产生，其共同的经济学理论基础是环境经济学对环境问题所做的环境外部不经济分析。该理论认为，人们对环境资源的性质认识不清，对环境的使用权界定不明，是环境污染问题日益加剧的主要原因。

所谓环境外部不经济，是指生产者和消费者抛弃到环境资源（水、空气和土壤等）中超过环境容量的废物，对环境资源造成危害，并通过受到污染的环境资源对其他的生产者和消费者的福利产生危害。这种危害通常没有从货币或市场交易中反映出来。具体而言，表现在环境的外部性上就是将应计入私人成本的那一部分，交由公众、自然环境或公共资源来分摊或全部承担。由于外部成本的平稳转嫁，企业保护环境的自我约束丧失，这就很可能造成资源浪费和环境污染。由于市场并没有将环境资源成本完全包含其中，所以，环境作为一种资源并没有在市场经济中得到有效的配置。此时，环境资源的外部不经济就以违反现代商品经济之等价交换原则的形式表现了出来：环境受益者并没有经过授权或者允许，就将其生产所需要的环境资源成本强加到了他人身上，出现了生产者的成本转嫁情况。当环境资源的生产和消费出现私人成本与社会成本的差异时，环境外部不经济问题就产生了。不难看出，正是环境资源的零价格存在，导致了企业可以不计成本损耗而肆意使用环境资源，从而使自然资源急剧减少，环境质量日益恶劣。

排污权交易制度与排污收费制度皆是基于认识到对环境外部不经济问题而提出的具有不同侧重点和针对性的解决对策。外部不经济理论是这两种制度产生的共同经济理论基础。排污权交易制度以环境承载能力为基础确定排放总量，根据总量控制的目标颁发排污许可证，并建立交易市场，通过市场的价格杠杆对排污权的使用进行优化配置。排污收费制度使污染者对其排放行为支付费用，将环境污染的成本加到企业生产的成本之中，以弥补排污者生产的私人成本中环境资源的缺失，令私人成本与社会成本相等，从而将外部不经济内部化，敦促排污者降低成本、改进技术、减少污染，达到保护环境的目的。

3. 二者都推进总量控制制度的实施

美国、日本等经济相对发达、环境问题较为突出的国家率先推行了总量控制制度。所谓总量控制，是指将管理的地域或空间（如行政区、流域、环境功能区等）作为一个整体，根据要实现的环境质量目标，确定该地域或空间一定时间内可容纳的污染物总量，采取措施使所有污染源排入这一地域或空间内的污染物总量不超过可容纳的污染物总量，以保证实现环境总体质量目标。

总量控制是以实现总体环境质量为目的，以对某一个时期的固定区域可容纳的污染物排放总量的科学计算为关键的环境管理制度体系。总量控制制度的实施，要求污染物的排放总量必须小于等于计划的污染物排放总量，而污染物排放总量必须要以区域的环境承载能力为限。总量控制是排污权交易制度运行的基础，排污权交易制度是严格遵循总量控制的环境污染经济控制手段。首先对特定地区的一定时期的环境承载能力进行科学计算，制定合理的可容纳污染物总量，这是排污权交易制度实施所必须要解决的第一个问题。在计算出总量控制的具体目标之后，就可以颁发相应的排污许可证。由于每张许可证所代表的排污种类、数量都是特定的，且不允许许可证的数量任意增加，如此一来，便可以对污染物排放许可证的数量进行事先控制，因而也就实现了污染物排放的总量控制目标。

总量控制的实现也需要排污收费制度发挥作用。由于总量控制只是一种宏观、目标性的政策，它只提出了一种实现污染物排放控制的概念和要实现的控制目标，并没有提出自己的实现目标的方法和手段。为了能够切实实现污染物总量控制的目标，我们可以综合运用多种环境手段。排污收费的目的在于促进企业加强自身的经营管理，节约和综合利用资源，治理污染并改善环境。排污收费制度作为我国长期推行的环境政策，已经得到了广泛的实践基础，获得了企业认可，能够有效地约束企业的排污行为，从而保障总量控制的顺利实现。因此，排污收费制度本身虽然没有蕴含总量控制之意，但作为一种方法和手段，该制度可以从另一个侧面推进总量控制的实施。

由以上分析可以看出，尽管排污权交易制度与排污收费制度所适用的原理和具体手段不同，但二者均从不同渠道和角度推进了总量控制的实施。

10.4.2　排污权交易制度与排污收费制度的差异

1. 产生的理论基础不同

1）排污权交易制度的理论基础——科斯定理

排污权交易制度是从科斯定理发展而来的。科斯定理是产权经济学的核心理论。科斯定理以对交易费用的研究为前提，交易费用即企业在市场交易过程中的活动所必须耗费的成本，主要包括交易时获取准确的市场信息的费用以及与其他企业进行沟通洽谈和签订合同所需的费用，可见，在市场中建立企业并形成企业之间的沟通交流，都是需要花费成本的。科斯以交易费用理论为基础，认为要达到对资源的有效配置，必须先将产权进行合理划分。其划分具体来说有三种方式：一是企业制度，即对生产要素的直接支配；二是市场制度，即运用价格机制；三是政府直接管制，即政府颁布法令，规定人们必须干什么，不能干什么。而实践中具体运用手段的选择则是以该制度下产权的清晰程度为标准的。

科斯定理通过对交易费用的深入研究，将产权因素纳入经济分析中，其对环境问题的分析则表现为：人们对环境资源的性质认识不清，对环境的使用权界定不明，环境资源的外部不经济，是环境污染问题日益加剧的主要原因。科斯指出，外部不经济是可以消除的。只要遵照社会资源最优化配置的原则，科学比较市场交易费用的大小，划分环境资源的“产权”，对环境资源使用权进行合理“定价”，并通过市场对之进行合理调节，就可以使外部不经济达到内部化的效果。正是基于这样的观点，排污权交易制度应运而生。该制度明确了排污权的“产权”性质和有偿使用的规则，使排污者将环境资源的使用计入生产成本，在降低成本的过程中实现污染物的减低排放。

2）排污收费制度的理论基础——庇古税

作为一项环境保护的经济手段，排污收费制度的经济学基础是“庇古税”理论。该理论由英国经济学家庇古最早提出来。庇古理论认为，经济主体赖以收益的私人成本与实际的社会成本并不相等，私人的成本远远小于社会的成本，正是这种差异导致了市场在资源配置过程中出现失灵现象。庇古指出，需要政府采取措施，平衡私人成本与社会成本之间的差距，使生产者的成本中包含其原本应有的因素。征收排污费或者环境税的方式，可以直接矫正经济主体的私人成本，实现环境外部不经济的内部化。

根据庇古理论，在排污收费制度下，环境管理部门制定收费标准，令生产者负担排污费，使环境资源的负外部性得以平衡。它既是使排污控制在接近最优水平的重要经济手段，也是使排污外部成本内在化的必然选择。排污收费的实质即企业以缴纳费用的形式来补偿环境的损失，是贯彻“污染者负担”原则的具体体现。污染者负担原则明确了环境问题应当由环境污染物的制造者、排放者承担责任，从而既实现了社会公平，也使污染者认识到了其排污行为所应承担的责任。污染者负担原则一般通过三种具体的方式体现出来：征收税或费、赔偿损失、兼有赔偿和惩罚性质的罚款。其中排污收费是被广泛采用的方式。其在筹集污染防治资金、刺激企业改用环境友好型技术生产、立法与执法中对排污制度的重视以及人们的环保意识的提高方面都取得了良好的效果。

2. 在作用机制上的差异

通过以上的分析我们可以看出，为实现对环境外部不经济的调控，科斯和庇古的外部性规制理论都主张通过特定的方法实现“外部性内部化”，以维护市场的有效运行。作为环境管理的经济手段，虽然排污权交易制度与排污收费制度都以经济学上的外部不经济理论为基础，但其解决环境外部不经济所依托的具体手段却并不相同。

1）排污权交易——明确产权和建立交易市场

排污权交易制度主要是“科斯手段”在实际中的运用。通过对环境资源的产权进行明确界定，鼓励排放权进行市场交易，这样就能促成环境外部成本在企业生产和排污行为过程中的内部化。即根据“科斯定理”方法建立的排污权交易制度所依托的主要是市场的调节机制，其关键环节是明确产权和建立交易市场。

2）排污收费——政府强制性征收排污费

排污收费制度作为传统的环境经济政策，是以“庇古手段”为理论基础的，是一种通过政府征收排污费的方式将环境外部不经济内部化。即“庇古税”方法引导排污收费制度依靠政府对污染者直接征收排污费，强调政府职能在环境保护中的发挥。

3. 实际运作方式的差异

就排污权交易制度而言，其运作流程大体如下：

首先，根据所要控制的区域的实际环境的承载能力情况测算出该区域内允许的污染物总量，并在该污染物总量的数值以下严格规定总量控制的污染物排放上限。

其次，根据总量控制的数额和排污者的实际分布情况，采取合理的方式（无偿分配或者有偿购买）对排污许可证进行配置。这就是对排污许可证进行初次分配的过程，即排污权交易的一级市场。

最后，当有些企业产生节余排污指标或者购买的排污权不够用时，排污权便进入了市场分配中，即二级市场。此时，在二级市场中，真正实现了由市场中这只看不见的手来调节排污权交易价格，在市场交易中对排污权进行再次分配。在排污权交易的运行的整个阶段，对排污权交易市场进行监管是必不可少的。政府必须保证交易平台的安全性，要对获得排污权和参与交易的单位进行登记，并对其排污权的使用情况进行全程监管。同时，要保证交易市场上信息的真实可靠和公开透明，对于违反交易规则的交易主体要加以处罚。

排污收费制度的实施需要把握好以下几个关键环节：

首先，是排污收费标准的确定。科学合理的标准是排污收费制度切实发挥效用的前提。以国家的排污费征收标准为基准，各省（自治区、直辖市）的人民政府可以根据实际情况确定当地具体的收费标准。

其次，由排污者向县级以上地方人民政府的环境保护主管部门提交其所要排放污染物的种类和数量，由有关部门进行审核，并开展对排污费的征收工作。当然，在这一过程中，政府环境保护主管部门、价格主管部门等有关单位对排污收费工作的监管是必不可少的。只有对企业的排污行为进行全程监管，才能切实保证排污收费制度的展开。

从排污权交易制度与排污收费制度的运作程序上来看，排污权交易制度的关键环节是：科学计算污染控制的目标总量，合理确定排污权初始指标的配置方式，充分发挥市场机制的调节作用；排污收费制度则要求相关部门严格管理和监督，不需要过于考虑市场因素的影响。这两种制度在操作时可以互为补充。

4. 政府与排污者的角色关系不同

1）政府的角色

（1）在排污权交易制度中，政府主要扮演引导、服务与监督者的角色。

首先，在排污权交易市场初步建立的阶段，政府应充分发挥其引导者的职能。积极组织创建排污权交易市场，并对排污交易的成本和经济效益进行分析研究，确定初始排污权的分配，制定和完善排放标准，记录监测数据，公布相关信息，为交易的参与者提供合理的交易规则，并随着客观条件的不断成熟而逐步推进培育排污权交易市场，积极介入并促成排污权交易个案成功。

其次，当排污权交易的市场趋于稳定，排污权交易制度的运行基本走向正轨的时候，政府应当着力扮演好服务者的角色。以排污权交易中的市场为主导，充分发挥市场机制对于资源配置的作用，政府应将主要力量集中在排污权交易的平台建设、及时有效地为交易市场提供交易信息、千方百计减少排污权交易的中间环节、优化排污权交易的程序等问题上。

最后，政府应当履行其监督者的职责。不论是在排污权交易的试点阶段还是相对成熟的时期，政府都应当对排污权交易制度运行的全过程进行有效的监管。对于因市场手段所不能及时解决的问题科学地进行调控，弥补市场失灵，需要政府履行职责，维护好排污权交易制度的秩序。

（2）政府是排污收费制度中的主角。

政府是排污收费制度的直接实施者与管理者，在排污收费施行的全过程中都占据着主导地位。排污收费是环境政策之“命令-控制型”的典型代表制度，具有行政性收费的性质，是基于政府对环境的管理职责而出现的。政府行为贯穿了从排污核定、制定排污标准和排污费缴纳价格，到核算排污费、征收或强制征收排污费，再到决定排污费的减收、免收和缓收，以至排污费的使用的几乎整个排污收费制度的全过程。

2）排污者的角色

（1）排污者占据了排污权交易过程的主体地位。

在排污权交易制度中，政府扮演着交易规则的制定者和交易市场的监管者的角色，该制度主要需要政府公共服务能力的发挥。污染治理则不再主要依靠政府强制，而变成了企业在市场机制下的主动选择。排污权交易以市场为平台，以市场波动来影响价格杠杆，确定排污权价格的浮动水平。在市场规律的刺激之下，企业大多选择对现有的生产设备进行更新，并采用更为低碳的生产方法，以减少排污许可证的使用数量，降低生产成本。如此一来，企业就能够有剩余的排污权用来交易，或者存储起来，以获得利益或者以备后用。反之，则只能耗费大量的成本购买其他排污者的排污权以维持生产。于是，参加排污权交易的企业就有了积极减少污染物排放的巨大动力，由被动缴费转为了主动治理，真正成了治污的主体。

（2）在排污收费制度中，排污者大多处于被动缴纳费用、接受管理的境地。

由于排污收费制度具有强制性、专项性等特点，排污费的征收实行收支两条线，属地收费，分级管理。排污收费制度的运行，需要政府行政力量的全程介入，企业虽是排污和治污的主体，但却缺乏自主性，处于被动的地位。企业具有追求利润最大化、成本最小化的特质。由于没有进一步的激励措施，在既定的排污范围内，企业主动减少污染物排放与其经济效益并无直接的联系，缺少经济利益上的直接刺激，生产者大多缺乏减排的内在经济动力，不愿承担改善环境的责任。在此情况下，即便排污者都实现合乎标准的排放，但一旦排污单位增加，排放的污染物的数量就会随之增加，导致环境质量继续下降。

5. 在可实现的征收污染物的范围上不同

排污权交易制度对于可交易的污染物的选择是比较严格的。

首先，可以用于排污权市场进行交易的污染物必须是能够通过总量控制进行测定的。排污权交易制度实施的基础是总量控制，只有列入总量控制计划的污染物才具备进入排污权市场进行交易的资格。

其次，污染物必须具有区域内的普遍存在性。市场规模的形成是排污权交易制度进行下去的关键。在实施排污权交易的特定区域范围内，只有在某种污染物相对来说比较集中，污染物的数量达到一定程度的情况下，才能真正形成排污权交易的市场需求，使污染物排放的交易顺畅运行。最后，为了防止因排污权交易造成环境污染风险的不合理转移，应当将可交易的污染物性质限定在单纯的均匀混合吸收污染物的范围内，尽量选择对环境的影响结果只与排放数量这一单一因子相关的污染物。

由以上分析可以得出：那些能够确保总量控制水平、具有区域性污染特征、与污染源分布状态关系不密切的一类环境污染问题，是比较适合进入市场平台开展排污权交易的。根据各国多年的实践经验来看，目前广泛适用于排污权交易制度的污染物主要限于大气污染与水污染等领域。

相比较而言，排污收费制度的适用范围则宽泛了许多。由于排污收费制度属于行政征收的范畴，其运行的过程较为直接和简单，是单纯对企业排放污染物进行收费的行为，对污染物的范围没有特殊要求。因此，排污收费制度能够适用大多数种类的污染物的排放控制管理。

第11章 责任法则

责任法则是一种促使生产者遵循某种既定指令、技术限制或可接受行为的激励。责任法则建立之后，生产者预先支付一笔保证金，如果没有造成损害就归还保证金，或者在损害发生后支付一笔违约金。责任法则试图通过提高不良行为的成本来减少对于环境污染控制的责任逃避现象。责任法则中重要的一条所涉及的就是违约金：如果一个生产者的行为导致污染超过了某个指标的污染水平，他就会被罚款。但是考虑到与许多类型污染相关的道德风险问题，辨认真正的“罪魁祸首”可能不是那么简单，因为污染物的环境浓度不能完全归罪于负有责任的生产者。

11.1 违约金

11.1.1 违约金的主要思想

Xepapadeas（1991）认识到了道德风险的可能性，通过引用 Holmstrom（1982）关于公司内部行为激励措施方面的论著发展了一种促使污染者提高污染控制目标水平的激励机制。该机制以补贴和随机罚款的组合为基础，其主要思想如下：在一个公共场所总环境浓度超过了目标标准，监管者就随机选择至少一名生产者处以罚款，然后监管者将此罚金扣除从违约中遭受的损失后的一部分重新分配给其他的生产者。随机处罚机制增加了逃避责任的预期成本，如果设计合理，这一机制实际上不需监督任何一个生产者的行为就将促进目标控制水平的实现。

比起排污收费，随机处罚机制有以下两个方面的优点：

第一，该机制所需的信息比实施收费或补贴机制所需的信息少。随机处罚机制需要关于总环境浓度水平的数据，所以只需要在废物池处进行监测，即知道每个污染者的实际污染控制水平是不必要的。相反，收费的方法需要关于每一个生产者的实际控制行为的数据，这是只有支出相当大的花销才能获得的信息。

第二，该机制是预算平衡的，不需要额外的、超出由污染控制所带来的福利收入。这与每个生产者都要承受与污染的目标水平相关的全部边际损失的收费方法形成了对比，如果应用税收或者补贴，就会导致所征收或分配的损失成本成倍增加。

11.1.2 违约金的具体运作

假设有一组生产者 $i=1,2,\cdots,n$，它们必须选择一个污染控制水平 x_i。监管者想要每个生产者选择社会最优控制水平 x_i^{**}，但已知其无法监控每个生产者的污染控制情况，因而监管者建立起如下随机处罚方案。用 $\overline{\varphi}$ 代表污染物水平的临界值。如果观察到的环境浓度没有超过这个界限，即 $\varphi<\overline{\varphi}$，那么每个生产者就会获得一笔补贴 b_i，它是社会收益 $B(a(x))$中的一份 φ_i，其中 $x=(x_1,x_2,\cdots,x_n)$。

但是如果观察到的环境浓度超过了这个界限，即 $\varphi>\overline{\varphi}$，该生产者就可能面临两个后果：它将被随机挑选并罚款 F_i，这种可能性发生的概率为 σ_i；其他的生产者被挑选并罚款，这种可能性的概率为 φ_j，$j\neq i$，而剩下的生产者将得到补贴加上罚金的某一份额再扣除社会由于违约所遭受损失之后的数额。随机处罚方案增加了逃避污染控制的成本。

$$S_i(x)=\begin{cases}b_i-\varphi_i B(a(x)), & \varphi\leqslant\overline{\varphi}\\ -F_i, & \varphi>\overline{\varphi}\ （发生概率为\sigma_i）\\ b_i+\varphi_{ij}[b_j+F_j+\Gamma(a(x))], & \varphi>\overline{\varphi}\ （发生概率为\varphi_j, j\neq i）\end{cases} \tag{11-1}$$

式中，$\varphi_{ij}\equiv\dfrac{\varphi_i}{\sum\limits_{k\neq j}\varphi_k}$ 表示分配给生产者 i 的那份对生产者 j 的罚金；$\Gamma(a(x))\equiv B(a(x))-\overline{B}$ 表示社会收益相对于监督者目标水平的变化，当 $\varphi>\overline{\varphi}$ 时，$\Gamma(a(x))<0$。

在给定激励方案的情况下，风险厌恶的生产者必须选择一个污染控制水平以最大化其从利润中获得的预期效用，

$$\pi_i=\pi_i^0-c_i(x_i)+S_i(x) \tag{11-2}$$

式中，π_i^0 代表从一个给定的产量中所获得的固定利润。倘若其他所有的生产者都遵循社会最优控制水平，那么所带来的预期效用水平表示如下：

$$\mathrm{EU}(\pi_i(x_i^{**},x_{-i}^{**}))=U(\pi_i^0-c_i(x_i^{**})+b_i) \tag{11-3}$$

式中，$x_{-i}^{**}=(x_1^{**},x_2^{**},\cdots,x_{i-1}^{**},x_{i+1}^{**},\cdots,x_n^{**})$。如果生产者现在逃避责任 x_i^{*}，假定它认为所有其他的生产者都会遵守社会最优控制水平 x_{-i}^{**}，那么它从控制污染的欺骗行为中获得的预期效用为

$$\mathrm{EU}(\pi_i(x_i^{*},x_{-i}^{**}))=\sigma_i U(\pi_i^0-c_i(x_i^{*})-F_i)+\sum_{j\neq i}\sigma_j U(\pi_i^0-c_i(x_i^{*})+b_i+\varphi_{ij}(b_j+F_j+\Gamma(a(x)))) \tag{11-4}$$

如果逃避责任的预期效用小于遵循最优污染控制水平的预期效用，那么这个补贴和随机处罚的激励制度将会实现社会最优污染控制水平：

$$\Omega_i \equiv \mathrm{EU}(\pi_i(x_i^*, x_i^{**})) - \mathrm{EU}(\pi_i(x_i^{**}, x_{-i}^{**})) < 0 \tag{11-5}$$

11.2 保 证 金

11.2.1 我国环境保证金的主要形式

“环境保证金”这一术语是对我国环境保护领域各种保证金的统称，我国现行环境保证金的形式主要有以下几类。

1. “三同时”保证金

我国内蒙古、辽宁等地在20世纪80年代末、90年代初即开始建设项目“三同时”保证金的试点工作。1993年国家环境保护局发布的《关于进一步做好建设项目环境保护管理工作的几点意见》指出:“地方各级环境保护行政主管部门负责建设项目‘三同时’的日常管理和监督……有条件的地区，要逐步试行‘三同时’保证金制度。”自此试点地区开始增多，例如江苏省在1994年制定了《江苏省建设项目“三同时”保证金管理暂行办法》，该办法规定，自1994年11月28日起，江苏省内一切有污染的新建、扩建、改建、迁建的小型建设项目（包括非工业项目）报批时必须向负责审批的环保行政主管部门一次性缴纳“三同时”保证金（一般为污染治理设施总投资的10%～30%）。

我国有的地区通过地方性法规将“三同时”保证金制度确立下来，例如1996年颁布的《辽宁省乡镇企业环境保护管理条例》第16条、1997年颁布的《湖北省环境保护条例》第14条第1款都规定了“三同时”保证金制度。但是，目前“三同时”保证金制度在大部分地方仍然没有进入立法之中，而是由一般的规范性文件予以规定。例如，2006年《湖南省人民政府关于落实科学发展观切实加强环境保护的决定》第15条规定：建设对环境有较大影响的项目，必须按项目环保设施投资的 5%～20%缴纳“三同时”保证金。2012年四川省威远县人民政府颁布了《威远县建设项目环境保护“三同时”保证金管理暂行办法》，规定威远县行政区域内新建、扩建、改建、迁建的项目，必须缴存保证金。其中工业项目保证金缴纳金额为建设项目环保投资额的20%，单个项目缴存保证金的最高限额为100万元，最低限额为2万元。非工业项目、房地产开发项目缴存保证金按项目总投资的5‰收取，最高限额为100万元，最低限额为1万元。

2. 秸秆禁烧保证金

秸秆焚烧是许多地方大气污染防治工作中非常棘手的问题。为此，江苏、安徽、河南等地开始试行秸秆禁烧保证金制度。例如，2008年河南省漯河市郾城区裴城镇制定了《裴城镇关于加强秋季秸秆禁烧工作的紧急通知》，其中就有收取农户每亩 500 元的秸秆禁烧保证金的规定。江苏省江都市 2010 年建立了秸秆禁烧保证金制度，要求辖区各镇于每年 5 月 30 日前将当年的 3 万元秸秆禁烧保证金缴纳至江都市非税收入财政专户，镇里要求每个村交 1 万元的禁烧保证金到镇财政。《安徽省蚌埠市淮上区 2012 年秸秆禁烧工作方案》规定，各乡（镇）党委书记、乡（镇）长、分管秸秆禁烧工作的副乡（镇）长每人要缴纳 2000 元的秸秆禁烧保证金。

3. 河长保证金

“河长制”是指由各级党政主要负责人担任“河长”，负责辖区内河流的污染治理。该制度由江苏省无锡市于 2007 年“蓝藻危机”后首创，并逐步推广到云南、河南、河北等地以及整个太湖流域。有的实施“河长制”的地方同时也试点河长保证金制度。例如在无锡市惠山区，每个“河长”要按每条河道个人缴纳 3000 元保证金的要求，在年初上缴区“河长制”管理保证金专户。2009 年江苏省淮安市决定在全市范围内实施“河长制”并推行“河长制”管理保证金制度，各县、区主要负责人每人每年缴纳 5000 元保证金。

4. 节能减排保证金

2006 年，全国人大通过的“十一五”规划规定了“十一五”期间我国单位 GDP 能耗削减 20%、主要污染物总量削减 10%的约束性指标，自此节能减排成为各地方政府的重要任务，节能减排保证金制度也由此而诞生。例如，无锡市在全省开先河，从 2008 年起实行减排保证金制度，向各市（县）、区政府收取 COD 和 SO_2 总量削减保证金，收取标准暂定为 COD 每吨 5000 元，SO_2 每吨 1000 元。浙江省湖州市为了确保完成“十一五”节能减排目标任务，要求县区主要领导、分管领导以及有关部门、乡镇主要负责人缴纳 1 万～2 万元的节能减排保证金，重点企业缴纳 20 万元至 50 万元不等的风险承诺金。

5. 扬尘污染控制保证金

扬尘是我国城市空气污染物的一大来源，扬尘污染保证金成为一些地方政府推出的防治扬尘污染的新手段。天津市人民政府 2003 年发布的《关于采取有效措施改善环境空气质量的通知》规定，对拆迁施工采取暂扣拆迁工程费的 1%作为控制扬尘保证金，确保有效落实防尘措施。2009 年《江苏省镇江市人民政府关于市区扬尘治理和渣土管理工作的会议纪要》规定，要对辖区渣土处置管理实行保证金制度，京口、润州两区渣管所各向市财政预缴 50 万元的保证金。2011 年颁布的《鞍山市扬尘污染整治实施方案》要求建设项目在申报环境影响评估文件的同时，预交 2 万～20 万元的建设项目扬尘污染防治履约保证金。

6. *矿山环境恢复治理保证金*

2000 年，国土资源部第一次提出矿山环境恢复治理保证金的政策措施，此后，安徽、江苏、山东、辽宁、山西、云南、重庆等 10 个省（市）相继颁布和实施了矿山环境恢复保证金管理办法。2005 年出台的《国务院关于全面整顿和规范矿产资源开发秩序的通知》规定："积极推进矿山生态环境恢复保证金制度等生态环境恢复补偿机制。" 2006 年，财政部、国土资源部、环保总局发布的《关于逐步建立矿山环境治理和生态恢复责任机制的指导意见》规定："从 2006 年起要逐步建立矿山环境治理和生态恢复责任机制。各地可根据本地实际，选择煤炭等行业的矿山进行试点，在试点的基础上再全面推开。具备条件的地区可先行在所有矿山企业普遍推开。" 国土资源部于 2009 年颁布了《矿山地质环境保护规定》，其第 18 条规定："采矿权人应当依照国家有关规定，缴存矿山地质环境治理恢复保证金。矿山地质环境治理恢复保证金的缴存标准和缴存办法，按照省、自治区、直辖市的规定执行。矿山地质环境治理恢复保证金的缴存数额，不得低于矿山地质环境治理恢复所需费用。" 矿山环境恢复治理保证金制度由此进入国家立法层面，而在全国得以推行。

7. *水电开发修复保证金*

水电开发修复保证金制度相对而言是一个较新的事物，2011 年新疆维吾尔自治区人大常委会通过的《伊犁河流域生态环境保护条例》第 40 条规定："水电开发企业是水电工程影响区域内生态环境保护和治理的责任主体。水电开发企业应当在项目开工建设前，按照投资项目环境保护资金概算的 20%向自治州环境保护行政主管部门缴纳生态环境修复保证金。"

11.2.2 我国现行环境保证金制度的特点

第一，环境保证金制度适用的环境保护领域广泛。从各种类型的环境污染到生态破坏，环境保证金制度成为政府解决疑难环境问题的一大抓手。今后，环境保证金的种类还有可能不断增加，例如 2012 年国务院通过的《核安全与放射性污染防治"十二五"规划及 2020 年远景目标》指出，要研究建立高危放射源保证金制度。

第二，从相对人的角度而言，环境保证金制度存在多种样态。其一是针对污染企业这一外部行政相对人，例如"三同时"保证金、矿山环境恢复治理保证金、水电开发修复保证金；其二是主要针对行政机关这一内部行政相对人或者行政公务人员的，例如河长保证金、秸秆禁烧保证金。也有的保证金同时适用于外部行政相对人与行政系统内部的行政机关及其公务人员，例如节能减排保证金。

第三，环境保证金制度规范的位阶较低。环境保证金制度虽然很早就开始试点，但是迄今除了矿山环境恢复治理保证金有中央立法（部门规章）的依据之外，其他都只是地方层面的规定。而且地方规定大多只是一般的行政规范性文件，只有个别地方的“三同时”保证金、水电开发保证金有地方性立法的依据。这样就使得环境保证金制度本身存在合法性问题，阻碍其顺利实施。

11.2.3 我国现行环境保证金制度的合法性问题

在行政法学的视野中，判断一个行政行为的合法性，除了要判断其是否遵守法律的具体规定之外，还要看其是否遵守行政法的一般原则。总体而言，我国环境保证金制度的法律规范并没有直接抵触法律的具体规定，但是从行政法的基本原则这一宏观层面而言，我国现行环境保证金制度大多有违相关行政法基本原则，从而存在一定的合法性问题。

1. 环境保证金制度与法律保留原则

法律保留是现代行政法的基本原则之一，它要求行政活动的开展必须基于法律的授权。关于法律保留原则适用的范围，有侵害保留说、全部保留说、权力保留说等不同的学说。侵害保留说是传统的主流学说，它是指行政机关的干涉行政即对相对人的自由和财产进行限制的活动，应当有法律的依据。20世纪以来随着福利国家的出现、行政活动的范围和职能的扩大，服务行政是否也遵守法律保留原则成为一个问题。在对侵害保留说进行批判的基础上产生了全部保留说和权力保留说。所谓全部保留说是指所有行政活动，不论是对国民权利和自由的限制，还是对国民提供的服务和利益，都需要法律的根据。但是，这样势必极大地束缚行政机关的手脚，行政的能动性大大降低，使得行政活动无法适应现代社会的需要。权力保留说则是一种调和前两种学说的主张，并逐渐成为主流学说。它认为行政主体采取权力性行为方式，单方面决定相对方的权利和义务，不管是负担行政还是受益行政，都要求根据法律的授权而进行；而行政机关的非权力活动例如行政指导、行政合同则无须法律的根据。

各种环境保证金具有强制性，无疑是对相对人财产的限制，类似于行政强制中的财产扣押。在一定的期限内，相对人虽然具有环境保证金的所有权，但是丧失了使用权。无论是采用侵害保留说、全部保留说还是权力保留说，行政机关单方面颁布涉及环境保证金的规范性文件或者做出收取环境保证金的具体行政行为，都应该遵守法律保留原则，都应具有法律的依据。从严格的行政法治主义角度而言，只有全国人民代表大会及其常务委员会通过的法律才可以设定环境保证金制度。但是，考虑到我国行政法治的现状，法律保留原则中的“法律”应解释为广义的法律，包括法律、行政法规、地方性法规、国务院部门规章和地方政府规章，规章以下的行政规范性文件则无权设定强制性的环境保证金制度。从前文分析可知，我国“三同时”保证金、河长保证金、秸秆禁烧保证金、节能减排保证金在各地大多是通过一般行政规范性文件（红头文件）设定的，从而不具备行政合法性的基础。

2. 环境保证金制度与比例原则

行政法的比例原则是指行政行为所采取的手段与所要实现的目的应当具有一定的比例，不可过度侵害相对人的权益。它包括 3 个子原则：妥当性原则，是指行政手段应当有助于行政目的的达成；必要性原则，是指当有多个手段可以实现行政目的时，应当选择对相对人权利侵害最小的手段；比例性原则，又称狭义比例原则，是对行政目的达成的收益与侵害人民的权利（成本）进行衡量，只有当收益大于成本时，才能采取该手段。所以保证金是否符合妥当性原则和必要性原则？

环境保证金制度的目的无非是以下两个：一是风险预防功能，即通过向相对人事先收取一定的保证金，促使相对人遵守相关环境法律规定，及时履行环境法律义务，防范环境损害的发生；二是便于法律责任的追究和实现，当相对人未能履行环境法律义务，需要承担损害赔偿责任或者行政处罚（罚款）责任时，可以直接从保证金中予以抵扣。可见，环境保证金是能够有助于达成以上两个行政目的的，而且环境保证金是一种很直接的、很有效率的达成行政目的的手段，完全符合比例原则的第一个子原则（妥当性原则）。

值得注意的是，环境保证金虽然便于行政机关进行环境管理，实现环境保护目的，但是从行政相对人角度而言，该制度对其财产限制和企业经营造成的负担也是直接的并且可能是很沉重的。以《江西省矿山环境治理和生态恢复保证金管理暂行办法》为例，其第 7 条规定：采矿许可证有效期 3 年以下（包括 3 年）的，矿山企业应在领取采矿许可证时一次性全额存储保证金。采矿许可证有效期超过 3 年的，保证金可以一次性全额存储，也可以分年度按一定比例存储。矿山企业在银行存储保证金的余额达到 1 亿元，可停止存储保证金。

另外，我国企业除了要缴纳相关环境保证金，还要根据其他法律和规范性文件强制性地缴纳“农民工工资保证金”“企业安全生产风险抵押金”等各种形式的保证金。如果再考虑我国中小企业、民营企业融资困难的背景，环境保证金对这些企业的负面影响也就越加明显。所以，我国现行环境保证金制度可能过度侵害相对人的权利，从而违反必要性原则。就遵守必要性原则、保护相对人权利而言，环境保证金制度设计需注意两点：

第一，合理确定保证金缴纳标准和方式。环境保证金缴纳标准不宜过高，而且要根据企业的具体情况选择一次性缴纳还是分期缴纳，如果分期缴纳也能实现行政目的就应尽量采用分期缴纳的形式。例如，《江苏省矿山地质环境恢复治理保证金收缴及使用管理办法》第 6 条规定，保证金缴存可分一次性缴存和分期缴存。采矿许可证有效期 3 年以下（含 3 年）的，应当一次性全额缴存。采矿许可证有效期为 3 年以上的，可分期缴存。

第二，逐步采用包括保证金在内的多样化的行政担保方式。保证金可分为软性资金保证和硬性资金保证。前者主要是运用金融担保方式，主要包括资产负债表测试、资产抵押、公司资产担保。相对人不需要在银行直接存放大量资金来缴纳保证金，只要凭借企业信用、资产证明等向政府证明其现有资金足够保证其生态修复工程的完成。后者是相对于软性资金担保方式而言，主要包括不可撤销信用证、信托基金、包括银行保函和银行承诺的履约担保、有价证券担保以及现金存款。例如在加拿大，矿山修复责任担保往往采取多种形式：①现金支付，按单位产量收费，积累资金，经营结束后返回；②资产抵押，矿山用未在别处抵押的资产进行复垦资金的抵押；③信用证，银行代表采矿公司把信用证签发给国家机构的买方并保证它们之间合同的履行；④债券，采矿公司以购买保险的形式，由债券公司提供债券给复垦管理部门；⑤法人担保，由财政排名高过一定程度的法人担保或信用好的公司自我担保。

我国有的行政管理领域已经采用了多元化的行政担保方式，例如《海关法》第 68 条规定，担保人可以以下列财产、权利提供海关事务担保：①人民币、可自由兑换货币；②汇票、本票、支票、债券、存单；③银行或者非银行金融机构的保函；④海关依法认可的其他财产、权利。《税收征收管理法实施细则》第 61 条规定，纳税担保包括经税务机关认可的纳税保证人为纳税人提供的纳税保证，以及纳税人或者第三人以其未设置或者未全部设置担保物权的财产提供的担保。但是，我国现行环境保证金基本上采用的是现金担保的单一方式，对企业的流动资金量有较大的负面影响。今后应当采用多元化的担保方式，以适应各种不同的情景。

11.3　押金返还制度

11.3.1　押金返还制度的定义

押金返还制度（deposit-refund system）这一名词起源于挪威，是指在产品销售过程中附加一项额外的费用，即押金，在回收该产品时将押金完整地或者是以高于押金的金额返回给消费者。1978 年，挪威政府通过了针对废旧汽车实现押金返还制度的相关法案。法案规定：每一辆汽车的购买客户，在购买新汽车时，需要再支付一定数量的额外押金 130 欧元（后改为 77 欧元）。当汽车由于老旧、破损、车祸等各种原因报废或者不再使用时，只要车主将该汽车车体返还到政府指定的回收点后，根据相关的废旧汽车标准，车主将领回相应的多于原押金的款额。例如，车主在购买汽车时支付了 130 欧元的押金，当车主将符合条件的废旧汽车返还到政府指定回收点时，将会获得 200 欧元甚至更多的返回金额。该方案实施后，挪威的废旧汽车回收率达到了 90%～99%，大大实现了汽车材料的循环利用，减少资源浪费，也有效地预防了废旧汽车随意处理所造成的一系列的环境后果。瑞典、希腊、美国等发达国家也根据各国国情分别制定了相应的政策，逐步确立了押金返还这一制度，实现了可回收废旧物的回收率维持在 80%～90%的范围内。

与此同时，押金返还制度中每年收取的押金产生的资金时间价值除了用于返还押金之外，还有很大部分被当成社会成本用于城市基础设施建设、城市交通运输、财政补贴等，在一定程度上减少了财政压力，盘活了社会资本，符合中国“城市化”理念，为国家绿色化发展提供了强有力的保证体系。

押金返还制度是指对具有潜在污染的产品销售时附加一项额外的费用（收取押金），在回收这些产品废物时，把押金返还给购买者的一种制度安排。这一制度能促使污染产品的生产者和消费者回收处理或安全存放废品。押金返还制度一般有两个目的：一是阻止违法或不适当地处置具有潜在危害的产品废弃物，不适当处置产品废物会产生更高的社会成本，而押金返还制度能将其产生的负外部性内部化；二是部分废物可以循环利用，节约原材料，降低成本。

11.3.2　押金返还制度的适用范围

一是具有可回收性、剩余价值利益的固体废物，包括缺陷产品、零部件、原材料包括废纸、玻璃等；二是具有污染性或潜在危险性较大的产品；三是具有可循环性，其回收成本要小于原材料或可替代材料的生产成本或其机会成本较大的固体产品。传统押金返还制度的适用范围较窄，大多适用于固体废物的回收，但它针对的主要是社会边际成本较高、循环利益高的产品，包括：工业废品，如电池、铜、锌、钢铁、节能灯管、建筑废料等；生活日常用品，如易拉罐、啤酒瓶、饮料瓶等；电子产品，如手机、电脑、汽车等报废品及其零部件等。其适用范围也决定了中国押金返还制度建立的可行性和必要性。

中国是迅速发展中的人口大国，对资源的消耗量大，对产品的需求高，数量多，各种类型的产品层出不穷，以满足人们日益增长的物质文化需要，而由此产生的固体废旧品也相应较多。面对中国如今资源短缺、能源危机等的现状，建立高回收率的回收制度及体系，实现资源的循环利用，是中国进入新常态背景下必须进行的工作。而押金返还制度的确立，可以为其提供便利和保证。

11.3.3 “绿色化”押金返还制度

绿色化理念是党和国家政府对中国新常态背景下提出的新型展望，是对中国如何发展的进一步细化，是中国发展过程中所必须坚持的理念方针。建立绿色化押金返还制度，既是对传统理念上的押金返还制度的丰富和扩展，更是与中国实际相结合所形成的具有中国特色的押金制度。它涵盖两个方面：第一，开发利用自然资源方面的押金返还制度。即政府要求自然资源开发者在开发利用自然资源前缴纳一定数额的押金，当开发者按照一定要求对自然资源进行保护恢复或补偿后，如合理开采矿产资源、植树造林、复垦等，再将押金返还，否则予以没收，作为恢复补偿费用的制度。第二，关于生态保护方面的押金制度。即项目开发商与政府签订土地使用合同时交付一定环境保护押金，如果在建设项目中造成生态环境破坏，就将没收押金用于生态恢复治理，否则，将押金返还的制度。

绿色化押金返还制度的建立是解决中国经济迅速发展与生态问题、环境污染严重这一矛盾的一把钥匙，既能够保证中国经济的稳定发展，又能够保证中国的绿色化发展道路。满足中国绿色化概念，对于推动中国绿色化发展进程，实现中国新常态背景下资源、环境、经济、社会的绿色稳定发展具有重要意义。

（1）中国特色的押金返还制度具有良好的社会效益。回收具有剩余价值的物品，实现资源的循环再利用，节约原材料，降低生产成本，这符合中国绿色可持续发展理念。

（2）保护环境，减少污染源，降低环境污染。对于一些具有潜在危害的产品废物，随意丢弃可能会造成土壤、水源、大气等的污染，处理不当甚至可能会造成人员伤亡。而押金返还制度能够在很大程度上避免这一问题的发生。

（3）自然资源的开发及生态环境的保护是中国新时代发展的主题，也是中国绿色发展的保证和前提。这就要求建立押金返还制度来保证稳定发展的绿色化。

（4）活用社会资金。大范围推广押金返还制度，在产品或项目寿命终结前，大量的资金积累，可用于社会基础设施、社会交通、运输等基础设施建设，缓解财政压力，在一定程度上能够运活一部分社会资金，对于推动中国城市化进程具有重要意义。

11.3.4 政府的作用

政府是法律、制度、政策制定的主体，依据中国宪法及其相关法律法规，从社会、资源、环境、经济等视角确立各方面的法律制度，起宏观调控作用。随着可持续发展理念的不断深入及发展。绿色化理念成为新时期中国发展的主题之一。确立相关方面的法律制度，明确相应的规范流程，加大监察力度，完善监督方案，促进中国绿色化发展，是当代中国对政府责任的要求之一。

1. 返还制度的确定

政府基于绿色化视角，明确押金返还制度的适用范围，依据中国现有的自然资源状况与中国技术发展程度的标准，对各行业各产品确立明确的押金数额及押金返还额。押金返还制度是一个双层系统，从宏观角度考虑，为实现全社会资源配置的最优化，押金的确是重中之重。

（1）相对于销售产品及固体废物等，有明确的市场价格的产品，其押金的金额可以确定为处理该产品的社会边际成本，而押金返还额则为社会边际成本减去回收边际成本。对于回收边际成本为零的产品，其返还额为押金本身。表面上看，押金返还额是小于等于押金的，但是产品存在一定的使用寿命，即初始的押金额能够产生相应的时间价值，押金数额越大，产品使用寿命越长，其产生的资金时间价值就越大，那么其相应的押金返还数额也就越大。政府可以利用社会技术水平和资金价值理念确定各行业各产品的押金及押金返还的数额，其剩余价值可以用于社会基础设施的建设，服务于人民群众，也符合党“全心全意为人民服务”的理念。

押金返还制度在效果上类似于直接对产品征收处理费用。消费者在使用产品时需要缴纳押金，在产品寿命终止收回产品时，政府返还押金数额，如果产品残值被直接丢弃，则这部分费用由消费者直接承担。因而押金返还制度能够确保采用成本最低的办法来减少废物的处理量，无论是从源头上，还是通过循环利用的途径，都能够保证资源的回收率。

（2）相对于自然资源开发和生态保护方面而言，开发商在开采自然资源或建设项目时所必须缴纳的押金数额等于其可能造成的环境污染、资源损失及对其进行恢复补偿所可能花费的成本。这就需要国家部门对于项目的规模、程度等进行详细的研究，并进行资源与环境分析，明确其中的关系，使得相关部门能够有明确的法规制度可以依靠来对相应项目收取押金及项目结束时支付押金数额。这是一个复杂的过程，需要各部门及各专业人员的共同努力。在一定程度上来说，押金返还制度类似于税收补偿政策，但其效益明显大于税收政策，人们的抵触情绪也小，对于后期的补偿恢复责任感也大。开发商在开发利用资源的同时必须缴纳恢复补偿的金额，假如达不到原定目标，国家对于后期的处理工作也不需要再出纳相应的成本，而是从开发商支付的押金中支出相应的金额，谁开发谁治理，符合国家方针政策。

2. 程序的确立

押金返还制度的确立必须有相应的程序来维持制度的正常循环运行。政府可以从现有的部门中扩建专门的部门来履行相关的管理职能，维持资金的循环。该部门的功能包括以下内容。

（1）政府回收点。相对于固体产品而言，该部门可以负责专门回收产品，并支付给消费者相应的押金返还额。政府从消费者手中收回相应的废旧产品，并支付给消费者押金返还额，然后，政府再将产品返还给制造商，并收回押金，实现资源与资金的循环流通。这是一个不断流动的双向循环系统，资源及资金都在不断流动，既减少资源的消耗量，也带动了行业资源及资金的流动。

（2）环境管理点。相对于自然资源和生态保护方面，开发者确立了对某个地方及其资源的开发利用后，在此缴纳确定的押金数额，在项目终止期后，在此领回押金返还额。而且恢复程度的确定，可由专门的机构进行专业鉴定。

（3）政府监督点。监督机制是押金返还制度顺利进行的保证。国家必须明确监督责任，完善监督方案。该部门可以在资源资金循环过程中及时监督整个流程及各参与者行为，完全按照国家的相关制度法规的规定来明确各方面的权利与责任，以“三严三实”的精神严格要求自己及他人，及时进行自我监督和互相监督。

监督机制的顺利进行，只靠一个政府监督点是远远不够的，国家在完善监督方案的同时，必须明确加大监察力度及惩处力度，对于不法行为，绝不姑息，严格执法。同时也要建立群众监督机制，鼓励、奖励群众利用现有的信息技术手段及时反映、制止各种不法行为。

第12章 生 态 补 偿

生态补偿（ecological compensation）是当前国内学界研究的热点问题之一，但至今为止，国内外对生态补偿的定义仍没有统一认识。生态补偿概念起源于生态学理论，专指自然生态补偿的范畴。

20 世纪 90 年代以来，生态补偿被引入社会经济领域，更多地被理解为一种资源环境保护的经济刺激手段。狭义来看，生态补偿指对人类行为产生的生态环境正外部性所给予的补偿。广义来看，生态补偿是对生态服务的付费、交易、奖励或赔偿的综合体。

12.1 生态补偿的含义

12.1.1 生态补偿的定义

在现阶段的研究中，生态补偿具有多重含义：第一种是“自然生态补偿”概念，指自然生态系统对外界干扰的缓和、调节和恢复的能力；第二种是生态学中的“生态补偿”，指人们采取措施弥补生态占用的行为；第三种是环境经济领域的“生态补偿”，指促进生态保护的经济手段和制度安排。我国生态补偿的含义经历了从生态学意义到经济学意义的发展。在能源环境政策中的生态补偿指的是上述第三种含义。生态补偿是一种为保护生态环境和维护、改善或恢复生态系统的服务功能，它调整利益相关者由于保护或破坏生态环境活动产生的环境利益及经济利益分配关系，内化相关活动产生的外部成本或外部收益，从而成为具有经济激励或约束作用的制度安排和运行方式。这种制度安排不仅包括对生态环境破坏者和受益者征税（收费）或对保护生态环境的行为进行经济补偿，而且包括建立有利于生态环境保护、修复和建设的约束机制和激励机制。

随着生态补偿这一手段被广泛用于解决我国区域间、流域间、产业间的发展矛盾，“生态补偿”的经济意义越来越明显。毛显强等（2002）提出的定义被许多研究者所引用，即生态补偿是通过对损害（或保护）资源环境的行为进行收费（或补偿），提高该行为的成本（或收益），从而激励损害（或保护）行为的主体减少（或增加）因其行为带来的外部不经济（或外部经济），达到保护资源的目的。汪劲（2014）以我国《生态补偿条例》草案的立法解释为背景，将生态补偿界定为在综合考虑生态保护成本、发展机会成本和生态服务价值的基础上，采用行政、市场等方式，由生态保护受益者或者生态损害加害者通过向生态保护者或者因生态损害而受损者支付金钱、物质或提供其他非物质利益等方式，弥补其成本支出以及其他相关损失的行为。

12.1.2 生态补偿的特征

生态补偿主要是为了防止破坏、恢复、维持和增强生态系统的生态功能，国家对导致生态功能减损的自然资源开发利用者收费，对为改善、维持或增强调节性生态功能为目的而做出特别牺牲者，给予经济和非经济形式的补偿。生态补偿有以下几个特征。

（1）生态补偿是对生态环境资源的非物质性部分的补偿。

生态补偿的客体不是环境要素及自然资源物质本身，而是无形的、非物质的功能性价值，即环境介质的纳污容量和自净能力，以及自然资源的再生能力和生态功能等的减损或丧失。

（2）生态补偿是持续性的补偿。

生态效益的形成具有长远性和连续性，生态效益供需随经济发展亦不断变化。因此，生态效益补偿不是短期的和一次性的。

（3）生态补偿是有限性补偿。

生态补偿不仅受人们对环境的生态功能认识和利用的有限性制约，还受到经济社会发展和人们生活水平的局限，以及不同地理环境区域的生态服务功能重要度差异等的制约。所以，无论是在补偿的数额上，还是补偿的地域上，在一定的时期内，都不能实现完全充分的补偿。

12.1.3 生态补偿的参与主体

生态补偿的参与主体主要有三类：

一是生态补偿中的受偿者，包括生态环境被破坏时的受害者、生态环境的保护与建设者等。

二是承担经济补偿的责任或义务者，如生态建设的受益者、生态环境的破坏者。

三是生态补偿的组织实施者和监管者，主要是指各级政府及相关职能部门。

第一类和第二类主体存在着直接的利益关系，在相应条件具备时，两者可以直接进行利益交换，这就需要在生态补偿机制中引入竞争和市场机制。第三类主体在生态补偿中组织生态建设工程，制定和完善包括相应法律在内的生态补偿制度和程序，并以征收生态税费、财政转移支付等形式为生态补偿筹集资金，其政策和措施对生态补偿具有重要影响。所有三类主体的行为都需要通过法律的形式加以约束和规范。

12.1.4　生态补偿的原则

1. 公平性原则

生态环境资源是大自然赐予人类的共有财富，所有人都享有平等利用的机会与权利。一个人对生态环境资源的利用，不能损害他人的利益，否则，就应对受损害者给予相应补偿。公平性包括代内公平和代际公平。代内公平的要求就是要坚持“开发者保护、破坏者恢复、受益者付费”的原则。代际公平的要求就是这一代人的经济社会生活不能消耗、破坏本应属于下一代人的生态环境资源，对于造成后代人的生态环境资源质量下降的行为，必须给予必要的经济补偿，反之，对这一代人为改善长期生态环境所付出的成本，下一代人也应以一定方式分担某个相应的部分。

2. 稳定性、连续性和相对灵活性相结合原则

影响一个地区的生态环境及其变化的因素在一定时期内是相对稳定的，在这些因素没有发生较大变化之前，不要轻易更改生态补偿政策；同时，生态环境的改善往往是缓慢的，生态环境建设和保护是长期性的“工程”，只有保持生态补偿政策和投入的稳定性和连续性，才能保证这样的“工程”最终取得成效。当然，不同的地区有不同的自然生态环境和社会人文环境，所面临的保护和改善生态环境的具体问题也可能不同，因此，在保持生态补偿政策具有相对稳定性和连续性的同时，还要根据具体情况进行调整，以做到因地、因时制宜。

3. 促进生态环境保护与建设地区和受益地区共同发展原则

目前，生态环境保护与建设意识较强的，往往是经济发展水平较高的地区，而要为生态环境保护与建设付出代价的，往往是处于贫困地区和欠发达地区的人。因此，要扭转生态环境恶化的趋势，必须充分考虑和正视欠发达地区居民的发展权，促进生态环境保护与建设地区和受益地区的共同发展，完善国家对西部地区的生态补偿转移支付，将生态环境保护与建设同脱贫致富结合起来，建立流域、区域等多层次的生态补偿机制，形成多方共赢的局面。

4. 公开公正、权责一致原则

实行生态补偿并建立和完善相应的机制，需要各地方、各部门贯彻落实，涉

及生态补偿的整体效益，事关不同主体间的利益分配和调整，为保证实施生态补偿的实效性，公正、合理地制定和实施生态补偿政策并严格执行，就具有不可忽视的意义。因此，对国家制定和出台的生态补偿政策，必须公开运作，强化责任，加强监督。

5. 政府干预与市场调节相结合原则

一方面，由于受生态环境资源的公共产品属性以及生态环境问题的外部性、滞后性和社会关系变异性强等因素的制约，加之目前尚难对生态环境效益的经济价值进行评估，若企望私人部门在市场机制作用下开展生态环境保护和建设，不仅交易成本高，而且往往不能达成相应的交易。但是政府作为公共利益的代表，应当也可以通过创新政府管理制度，完善政府干预与调控措施，弥补生态补偿领域的市场失灵。另一方面，任何政府都无法全部承受生态环境保护与建设的巨大投入，而且完全由政府投入也并非总是最有效率的，政府必须在适当的时机和领域引入市场机制，利用经济激励手段来促进生态环境保护与建设，即在政府引导下实现生态环境的保护（建设）者与其受益者之间公平合理的经济补偿。

12.1.5 生态补偿的方式

生态补偿方式设计与机制建设即通过制度创新，有效地将资源环境产品的外部性内部化，从而优化资源配置，促进生态资本增值。

补偿方式的多样化，可以大大增强生态补偿的针对性和有效性。多样化的补偿会强有力地刺激补偿的供给和补偿的需求，促进补偿供给与补偿需求良性动态关系的形成和维持。

生态补偿涉及农业、牧业、林业、资源开采以及工业生产等众多领域，具有生态环境保护与建设的具体方式多样化、相关利益主体多元化等特点，因此，生态补偿的方式也应该多元化。依据不同标准，可以对生态补偿的方式进行区分。

1. 直接补偿和间接补偿

按照与受偿对象的关系程度、利益补偿的实现形式的不同，补偿可以分为直接补偿和间接补偿。

1）直接补偿

（1）资金补偿。资金补偿是最常见、最快捷、最实惠也是最急需的补偿方式。资金补偿即通过政府转移支付等形式，按照一定标准，对因生态环境保护与建设而在正当权益上受到损害或者做出贡献的利益群体和个人给予的经济补偿。资金补偿常见的形式有补偿金、赠款、减免税收、退税、信用担保的贷款、补贴、财政转移支付、贴息和加速折旧等。

（2）实物补偿。补偿者运用物质、劳力和土地等进行补偿，解决受偿者部分的生产要素和生活要素，改善受偿者的生活状况，增强生产能力。

资金补偿和实物补偿的选择，既应考虑具体的生态环境保护与建设项目本身的特点，也应以方便受偿对象，控制道德风险和降低运行（实施）成本为原则。

2）间接补偿

（1）政策补偿。中央政府对省级政府、省级政府对市级政府的权力和机会补偿。受偿者在授权的权限内，利用制定政策的优先权和优惠待遇，制定一系列创新性的政策，促进发展并筹集资金。利用制度资源和政策资源进行补偿是十分重要的，尤其是在资金十分贫乏、经济十分薄弱的情形中更为重要。如在一定区域内对参与生态环境保护或建设的微观经济主体实行税收减免、低息贷款或贷款担保等财政、信贷支持政策等。

（2）技术补偿。中央和地方政府以技术扶持的形式，对生态环境保护与建设者提供相应援助。补偿者开展智力服务，提供无偿技术咨询和指导，培养受补偿地区或群体的技术人才和管理人才，输送各类专业人才，提高受偿者生产技能、技术含量和管理组织水平。

2. 连续补偿与一次性补偿

根据补偿年限不同，补偿可以分为连续补偿与一次性补偿。

1）连续补偿

由于生态环境的恢复与改善往往是一个渐进过程，不可能在短期内完成，在生态环境保护与建设项目的实施期间，国家和地方政府要对项目实施主体进行连续补偿。

2）一次性补偿

不同生态环境保护和建设项目产生的生态效益在持续时间上也可能各不相同，同一个生态环境保护与建设项目有时也会产生具有不同持续时间的生态效益，因此，在某些条件下对受偿者只需给予一次性经济补偿，在其他条件下则要对受偿者连续、多次给予补偿。

当然，在选择生态补偿的具体方案时，应考虑到对生态环境保护与建设者或者受损者的激励效果、不同生态效益价值计量的难易程度等。

3. 政府主导补偿与市场主导补偿

按照实施补偿的主体和手段不同，补偿可以分为政府主导补偿与市场主导补偿。

1）政府主导补偿

政府在生态补偿中起着至关重要的作用。在我国，主要由政府组织和主导各种大型生态建设项目，并通过征收生态税费、发行国债等组织财政资金，以作为实施生态补偿的重要资金来源。

2）市场主导补偿

如果能创造诸如清晰界定相应产权等条件，市场机制在生态补偿领域也具有潜在而较为广泛的应用前景。因此，若在相应条件具备时，可以考虑构建相应的交易市场，以使生态环境保护或建设者同受益者之间、生态环境的损害者（这种损害必须控制在所能允许的生态环境容量或者自我修复能力范围内）同其受损者之间，直接达成补偿协议，从而起到提高生态补偿机制效率的作用。

12.1.6 生态补偿的途径

1. 生态补偿费与生态补偿税

从一般意义上说，税和费都是政府取得财政收入的形式。税收是政府为了实现其职能的需要，凭借政治权力，按照一定的标准强制、无偿地取得财政收入的一种形式，具有强制性、无偿性、固定性特征。对于某些公共产品、公共服务成本的补偿，有时不适合采用征税方式，政府便采用较为便利和灵活有效的收费方式，作为调节经济活动的必要补充。

2. 生态补偿保证金制度

如土地复垦工作可通过建立土地复垦保证金的方式来进行，即政府预先从企业收取一定数额的保证金，以此来约束企业的行为，若企业能及时对破坏的土地进行复垦，则政府返还保证金，否则由政府组织复垦工作。

新建和正在开采的矿山生态补偿通过征收生态环境修复保证金实现。为了防止企业不履行生态修复补偿的义务，需要通过缴纳一定保证金的方式确保生态环境的保护与修复，强调开矿许可与生态补偿相结合。保证金的缴纳可以通过地方环境或国土资源行政主管部门征收并上缴国家，也可以通过在银行建立企业生态修复账户、政府监管使用的方式缴纳。

3. 财政补贴制度

政府财政预算外资金来源主要包括排污费、资源使用费等。对保护生态环境的行动进行补偿时，“积极补贴”的资金最好是尽可能地来自对进行非可持续性活动的税收。

4. 优惠信贷

小额贷款是以低息贷款的形式向有利生态环境的行为和活动提供一定的启动资金，鼓励当地人从事该行为和活动。同时，贷款又可以刺激借贷人有效地使用贷款，提高行为的生态效率。

5. 交易体系

排污许可证交易市场、资源配额交易市场以及责任保险市场等是科斯定理在实践中的主要应用。

6. 国内外基金

建立生态补偿基金是由政府、非政府组织、机构或个人拿出资金支持生态保护行为或项目，它要求的只是一个有效的地方财政管理体系。由于受国家的财政体系影响较小，因此其操作比较容易。捐款是国际环境非政府机构经常使用的补偿手段。由于这种形式的资金是有限的，因此更适宜用于贫困地区。

12.2 生态补偿的标准

生态补偿标准的确定是生态补偿的核心，也是研究的重点、难点，只有进行科学评估，合理地确定生态补偿标准，才有可能成功构建高效、持续、良性循环的补偿机制。目前，理论界在生态补偿标准的确定方法中主要有生态系统服务功能价值法、生态效益等价分析法、机会成本法、意愿调查法、市场法等。这些研究方法各有利弊，存在合理的方面也有与工作实际不相适应的方面。

12.2.1 确定生态补偿标准的现有方式

1. 生态系统服务功能价值法

生态补偿的受偿者即生态系统服务的提供者（生态保护地区的居民）向补偿者即生态系统服务的享受者（生态保护受益地区的居民）提供了优质的生态系统服务，这些服务与其他的劳动服务一样是具有价值的，价值是多少，就决定了补偿的标准究竟是多少。生态系统服务功能价值法就是以受偿者所提供的生态服务的价值来确定生态补偿的标准。它是根据生态系统服务功能本身的价值或修正后的价值来确定生态补偿标准的一种方法，其前提是能够对生态保护区和生态功能区的关键服务功能进行有效评估和认定，此外，服务功能的价值评估体系要全面和完善。这种方法的缺点主要有：一是按照这一方法计算出来的生态系统服务功能的价值远远超出了生态保护地区所能生产出来的价值；二是很难评估生态保护地区的生态系统通过保护到底增加了多少服务功能，也就是说做出了补偿的生态系统服务功能与生态系统的整体服务功能存在着必然差别。产权的非排他性意味着所有想利用某公益生态系统以获得生态系统服务功能的人都能够实现其目标。如果以生态系统服务功能价值法来确定生态补偿标准，意味着必须在统一定义的前提下衡量生态系统服务功能的价值。如果某生态系统为整个社会带来的生态价值是 V，并且为某个具体的生态系统服务的受益者（补偿者）带来的价值是 v_i，并有 n 个这种受益者，那么总的生态系统服务功能的价值即为 $V+nv_i$。正如前文所述，这种方法计算的生态系统服务功能的价值往往非常大，在综合补偿者（政府）的支付能力之外，使得无法达成生态补偿协议的概率很高。

2. 生态效益等价分析法

生态效益等价分析法是定量化生态功能损失的一种方法，它可以计算出弥补生态功能破坏所需要的补偿比例。这是一种多参数的经济数学模型，等价分析法利用经济学的方式进行分析，得到具体参数后，代入建立好的数学模型当中，定量计算生态补偿的额度。一般的数学模型可以表示为

$$u_i^0(q_1^0, q_2^0, y_i) = u_i^1(q_1^0 - \varDelta_1, q_2^0, y_i + \mathrm{CV}_i) \tag{12-1}$$

该模型的含义是假设某生态环境系统只有两种服务资源 q_1 和 q_2，其中 q_1 是受损害的一种服务资源，q_2 未受损害，上标 0 表示初期，上标 1 表示破坏后的恢复期。y_i 是生态环境系统给其拥有者带来的货币收入。$\varDelta_1$ 是该生态系统的损害量。CV_i 是补偿生态环境系统破坏者为拥有者提供的补偿金额。$u_i^0(q_1^0, q_2^0, y_i)$ 为生态环境破坏之前给社会带来的福利，$u_i^1(q_1^0 - \varDelta_1, q_2^0, y_i + \mathrm{CV}_i)$ 是生态环境破坏之后并进行补偿恢复后的总福利，等式表示两者相等，即补偿之后该生态环境系统为利益相关者带来生态福利（效益）是等价的。

生态效益等价分析法是从生态系统受破坏的角度出发，定量化生态功能损失的一种方法。它的目的是计算出弥补生态功能破坏所需要的补偿费用。这种方法虽然能够很好地测算生态环境被破坏的价值，但是也有很多缺陷，尤其是在假设条件没有被满足时，得到的结果既不准确，也不能充分反映实际情况。此外，由于经济数学模型需要许多参数因子，必须由专门的技术人员进行论证、认可，在这个过程中可能会有人为的因素，出现了因子选择差别所造成的评价结果不同的情况。

3. 机会成本法

在经济学中将机会成本定义为“为得到某种东西而必须放弃的东西”，生态

补偿机制的研究与应用中，机会成本就被解析为受偿者为了保护生态环境所放弃的经济收益、发展机会、生活待遇等。一般来说，生态补偿中的机会成本具体可以分为两个部分：人力资本和土地利用成本。理论界对人力资本的研究目前还是不多，鉴于土地利用成本与生态保护地区的生态环境关系密切，因此，目前的研究主要集中于土地利用成本。机会成本法由于是最大限度接近受偿者意愿的一种生态补偿方法而被理论界普遍认可，如果数据准确的话就可以计算出地区保护环境的成本，可以直接补偿受偿者因保护环境所遭受的经济损失。这种方法避免了对复杂的生态系统服务功能的价值的估算。但机会成本法也有一些局限性。其一，按照机会成本法的定义，机会成本是生态保护者所放弃的机会。在生态保护工作过程当中，生态保护者放弃了各种各样的机会，不仅仅是农牧渔林的收益，还包括了发展工业、旅游观光、开采矿产资源等收入，这类机会成本是非常高昂的，目前大多数机会成本法的核算方式所考虑的仅仅是机会成本的其中一部分，而且是最可以预见的一部分。其二，由于大部分数据在社会调查时容易出现偏差，数据的真实性也就存在差距，这会决定机会成本法究竟准确与否。其三，测算结果往往倾向于受偿者一方，一种根据受偿者的机会成本来做决定的定价方法，能否得到补偿者的认可，还需要考虑补偿者的态度与支付能力。

该补偿方法的原理用数学模型可表示为：设某生态系统补偿区内可以种植 n 种经济作物，分别是 $X=(x_1,x_2,\cdots,x_n)$，单位面积内各经济作物的种植比例为 $p=(\alpha_1,\alpha_2,\cdots,\alpha_n)$，单位面积内各经济作物的收入和成本向量分别为 $I=(i_1,i_2,\cdots,i_n)$ 和 $C=(c_1,c_2,\cdots,c_n)$。因此，我们可以得到单位面积补偿因子 β 和总补偿标准 EC 的表达式为

$$\beta = Xp(I-C) \tag{12-2}$$

$$\mathrm{EC} = A_0\beta \tag{12-3}$$

式中，A_0 为该生态系统补偿区内的总有效面积。当然，上述模型没有考虑到时间因素和风险因子，仅仅为补偿区内一年的总补偿标准，即利用该生态系统区域内有效面积一年的经济作物净收入作为生态补偿金额。

4. 意愿调查法

这是研究生态补偿标准问题的一种较为通用的方法，简单来说就是询问生态保护者对于放弃现有生产生活方式来保护或改善生态环境，希望得到多少回报，询问生态补偿者愿意对保护环境愿意支付多少额度。意愿调查法把生态补偿利益直接方、间接方等各有关方面的收入、生态保护直接成本和预期收入等要素整合为简单的意愿，避免了巨量而烦琐的基础数据调查。研究者可以深入实际，进行意愿调查获得的数据后，就能够计算出生态系统保护者自愿提供优质生态系统服务的成本，也可以计算出补偿者愿意支付费用的最大值是多少。意愿调查法之所

以能够得到大范围的应用，是因为它针对性强，做到了直接对利益相关者进行调查。意愿调查法的弊端在于存在较大风险，主要是调查得到的结论可能会与真正的意愿不相符合。产生这种结果的主要原因：一是被调查者可能会朝有利于自己的方向来表达意愿；二是利益相关者对所进行的调查理解程度不同。另外，这种方法往往存在着接受意愿和支付意愿两种标准不统一的情况，尤其当接受意愿远远大于支付意愿的时候，难以调节各方利益。

5. 市场法

把生态系统服务功能看成一种商品，围绕着这种商品建立一个市场是市场法的基本原理，市场的供求双方分别是生态补偿的补偿者和受偿者。在经济学里供求曲线的交点就是市场的均衡价格，市场法就是要根据市场的供求规律找到生态补偿供求双方的均衡价格。生态系统服务功能本身的价值既会被弱化，也会包含在市场定价中。与其他方法所不同的是，市场法来确定生态补偿的标准能够充分考虑供求双方的利益，使双方在都能满意的条件下开展生态补偿。对于水资源和碳排放权这两种定价具有很强的市场属性的生态资源，这种理论运用非常多，因为人们容易建立起水资源补偿和碳排放权补偿的市场。以水资源为例，一个地区的工业用水、商业用水和生活用水都有确定的市场定价，人们非常容易就能按照市场价格来确定生态补偿的额度。

用市场法来确定生态补偿的标准也存在很多不足之处：一是市场法需要一种理想状况的市场，这是很少有的。这种理想市场是一个相对稳定的市场，而且市场的要素如生产者和消费者等都已经具备，双方可以自由交易。事实上，这种市场难以自发形成并且缺乏稳定性，往往需要政府或者公益机构等来协调建立，这会出现抑制市场作用发挥的情况。在生态补偿中如若缺乏中间机构，补偿者与受偿者形成协商的机制是存在一定困难的，更不用说形成供求关系的市场。二是市场是多元的，有竞争市场和垄断市场，不同市场的价格制定机制自然也有所区别。在生态补偿项目的实施过程中，市场法对不同市场的特质研究得不多，出现市场垄断时，定价机制将有所异化。三是市场法对于不具备市场属性，或者说对难以用市场来定价的生态要素往往缺乏测算能力，例如空气质量、生物种类等。

12.2.2 补偿标准确定方法的选择与改进

1. 市场法的科学性和可操作性

在上述几种补偿标准确定方法中，市场法在实际工作中无论是在政府补偿模式、政府主导企业参与模式还是纯市场化模式中都被广泛运用。市场法的科学性就在于它的理论基础是供求关系，通过看不见的手来配置市场上的资源。它是一种寻找供求均衡价格的方法，是一种既考虑了受偿者意愿又考虑了补偿者支付能力的方法。市场法的可操作性就在于它可以将交易双方通过市场联系到一起进行交易，这种交易一般通过市场供求关系计算价格，经双方协商来确定最终的补偿标准，协商的过程也就是供需达到平衡点的过程。因此，本书认为生态补偿标准确定的现实选择应该是正确运用市场法。

2. 市场法的模型设计

如前文所述，根据市场法原理，假设生态补偿标准的确定受到了宏观变量、微观因素等因素的影响，模型可以表示为

$$S_s = f(Q^s) = f(\mathrm{Mac}_s, \mathrm{Mic}_s, \varepsilon) \tag{12-4}$$

$$S_d = f(Q^d) = f(\mathrm{Mac}_d, \mathrm{Mic}_d, \varepsilon) \tag{12-5}$$

$$S = F(Q^s, Q^d)$$

$$S' = (s_1, s_2, \cdots, s_n)$$

$$Q' = (q_1, q_2, \cdots, q_n)$$

$$\pi = S'Q'$$

式中，S_s 为受偿者的某载体（比如鱼塘、菜地、建筑物等）的补偿标准；S_d 为受偿者对某载体的补偿标准；Q^s 为补偿供给量；Q^d 为补偿需求量；S 表示由市场决定的供需均衡补偿标准；上下标 s 代表供给，d 代表需求。若补偿供需双方就各个载体的补偿标准都达成一致，其集合用向量 S' 表示，各载体的数量集合用 Q' 表示，则总的补偿金额为 $\pi = S'Q'$ 。Mac 为宏观因素， Mic 为微观因素， ε 为随机项，代表其他影响因素。宏观因素（ Mac ）主要指区域内的国民生产总值、失业率、通货膨胀率、气候状况等，具有复杂性和不确定性等特征，在理论研究和实践应用中都很少将其考虑在内并将其纳入计量模型中。相关研究更多的是研究微观因素所产生的影响。对补偿者而言，其补偿标准的微观因素（ Mic ）主要包括补偿者建设某生态工程或生态保护系统的决心、财政（财务）状况、该项目预算以及工程建设或生态环境保护的福利预期等，这些因素可以通过对补偿者的相关指标的调查来获知。而影响受偿者的主要微观因素是工程建设区域或生态环境保护区域内居民的直接损失（房屋拆迁、退耕还林、退耕还湖损失）、居民收入水平、工程建设或环境保护对居民生活状况和福利影响的预期等。直接损失可以参照市场价格实地调查得知，居民收入水平、生活状况和福利影响可以通过意愿（willing）调查来衡量。一个大型公益性生态补偿项目，补偿者可以是政府，也可以是大型企业。在通过市场法模型考虑市场供求关系计算价格后，供求双方需要经过协商才能最终定价。

12.3 生态补偿的机制建设

经济迅猛发展过程伴随着一些环境破坏与资源紧缺问题，并且随着社会的发展，这些问题越来越突出，比如说全球气候变暖、水污染、土地污染等问题越来越严重，成为社会进一步发展的瓶颈。近几年来，我国在社会主义事业建设过程中，越来越重视这个问题，在建设过程中要贯彻落实科学发展观，走可持续发展道路，高度重视生态保护问题，并且出台了多方面的保护机制，在很大程度上对我国的环境保护起到了良好的作用。但是在实践过程中，生态保护方面还存在着一些不足之处，缺乏有效的生态补偿机制，进一步加剧了效益之间分配的不公平性，导致矛盾愈发突出。所以，就需要建立科学的生态补偿机制，完善有关的生态法律政策，实现多渠道的融资机制，进而实现生态环境保护的目的，促进环境与经济、受益者与使用者、各个地区之间的协调发展。

12.3.1 生态补偿机制的概念与原则

1. 生态补偿机制的概念

在国外，生态补偿机制更多地被称为生态服务付费，已经有了一段时间的研究与实践，在市场经济制度的基础上，形成了以一对一交易、限额交易市场、公共补偿以及慈善补偿等多种类型的生态补偿框架，并且积极鼓励群众，激发参与的热情，在生态系统恢复等方面的环境保护上具有借鉴经验。对我国的生态补偿机制来说，应该要根据我国经济发展的实际情况与环境发展的实际状况，来健全生态补偿机制。通常来说，所谓的生态补偿机制可以简单理解为是以保护与可持续利用的生态服务为目的，通过经济手段来调节相关者利益的关系制度。换句话说，生态补偿机制主要是为了保护当前的生态环境，协调人与环境之间的关系，结合生态系统的服务价值、保护成本与机会成本等内容，借助于政府调节与市场调节两种手段，协调好生态环境中有关利益关系的公共制度。

2. 生态补偿机制的原则

在生态补偿机制建设中，需要遵循一些原则，才能够真正发挥出机制建设的作用。首先，是破坏者付费原则。这个原则主要是针对那些破坏公益性生态环境而引发的不良影响，进而使得生态系统的服务功能退化，在这个过程中，就要进行补偿。其次，是使用者付费原则。生态资源是公共资源，有很多资源一旦过度地开发就会枯竭，具有稀缺性的特点。为此，生态资源的占用者应该向国家或者是公众利益代表提供一些必要的补偿，比如说占用耕地、砍伐木材、矿产资源开发等，都需要遵循使用者付费的原则。再次，是受益者付费的选择，简单的理解是受益者需要对生态环境服务功能提供者支付有关的费用，承担一定的责任。最后，是保护者得到补偿的选择。对于那些在生态环境建设与保护过程中做出巨大贡献的集体与个人，应对其投入的成本与机会成本做出相应的奖励和补偿。

12.3.2 我国生态补偿机制的研究与实践分析

1. 森林与自然保护区的生态补偿

与其他的生态资源保护项目相比较，森林与自然保护区建设项目起步比较早，显示出巨大的效果。在 1978 年，我国政府就已经意识到了这个问题，在西北、华北以及东北这三个地区建立了大型的林业生态工程，就是著名的三北防护林体系。三北防护林体系建设工程期历时久，建设范围广，参与其中的省、自治区、直辖市等 13 个，涉及的县、旗、市、区等 551 个，项目建设十分庞大。三北防护林体系的建设，能够有效地缓解风沙危害，防止水土流失，并且还能够拉动地区的经济发展。1998 年，开始推行退耕还林还草工程、天然林保护工程以及野生动植物保护等几个大的林业工程项目，覆盖了全国多个地区，建设面积高达 97%以上，对我国生态环境保护具有重要意义。除此之外，2010 年，国务院为了进一步促进地区的经济与生态的共同发展，实现经济效益与生态效益相协调的目的，发布了《全国主体功能区规划》，综合考虑多个方面的因素，将我国划分为多种区域类型，比如说优先开发区域、限制开发区域以及禁止开发区域，对生产环境的保护更有意义。举个例子，卧龙国家级自然保护区的成立，在发展过程中遵循着与生态环境和谐相处的原则，园区内开展大熊猫认养活动，积极推行合作机制，结合特色的自然景观，大力发展生态旅游行业，既有助于推动经济的发展，又能够达到环境保护、保护生物多样性的目的，做到双赢。

2. 湿地的生态补偿

湿地是涵养水源的地方，不仅能够保护水源、净化水质，还能够调节区域的气候，维护生物的多样性，被人称为“地球之肾”。对湿地资源的保护刻不容缓。2005 年，黑龙江省成立了三环保湿地自然保护区管理局，深入研究区域内的湿地现状，划清了各个保护区内的核心区域、缓冲区域，对湿地发展的现状有了进一步的了解，也更加知道了湿地中存在的问题，对湿地资源的保护更具有针对性。在“十二五”期间，黑龙江省也建立了以国家湿地公园、湿地自然保护区、湿地保护小区三者为一体的，能够相互补充、相互协调发展的湿地保护管理体系，对湿地资源的保护有成效。2012年，广东省也着手了湿地的生态效益补偿，对省管辖内的六处代表性的重点湿地区域开展实地保护，生态补偿的资金投入高达1000万元。实践证明，广东省的湿地自然保护区自从开展以来，已经取得了很大的成效，对生态环境保护、水源保护、气候调节等多个方面起到了很好的作用。

12.3.3 我国生态补偿机制的问题

1. 缺乏生态横向转移补偿机制

当前，在我国生态补偿建设体系中，财政转移支付主要是以纵向转移为主，也就是说在生态补偿中涉及的资金主要是由中央拨款到地方，呈现出从上到下的转移支付的特点。其中，地方与地方之间、区域与区域之间转移支付的发展比较缓慢，没有特别大的进展。而以纵向支付为主的生态环境补偿，补偿方式比较单一，虽然在环境保护上发挥着重要的作用，但是也反映出不少问题。在生态补偿资金的需求上，政府的财政资金投入具有一定的局限性，特别是当前生态补偿的资金缺口十分大，资金的供给与需求之间存在着一些矛盾，使得生产补偿资金容易发生“僧多粥少”的现象，造成资金的数量无法满足生态保护项目的需要，限制了生态保护的发展。

2. 生态资金补偿十分紧缺

一方面，在生态环境保护面临着要温饱还是要环保的选择，也就是区域发展过程中面临的要经济效益还是要生态效益的问题。从实际中来看，生态保护区往往是经济比较不发达的地区，在生态补偿中本身就存在着资金紧缺的问题。对地方政府而言，不仅要保护好区域的生态环境，还需要促进区域的经济发展，解决人民群众的生活问题，这是一个巨大的挑战，也是面临的一大难题。当这些地区的居民维护自身的生存需要是通过造成生态破坏的行为来维持的时候，就会使得矛盾更加突出，更容易引发各种连带效应。比如说有些地区经济不发达，面临着贫困问题，与之伴随的就是人口增长、资源枯竭、生态环境退化等问题，非常容易陷入贫困—开荒—生态破坏—贫困蔓延的恶性循环。另一方面，生态保护补偿的标准过低。生态系统是一个复杂又神奇的系统，生态环境也是复杂多样的。如果生态环境的补偿标准过于简单，容易影响补偿的结果。以退耕还林为例，如果简单地以南方与北方两个标准来进行划分，就会大大影响退耕还林政策实施的效果，有的地区可能会出现过度补偿、有的地区则有可能会出现没有补偿的现象。而上述两方面问题的存在，深入分析其中的原因，在很大程度上是因为我国生态补偿资金不足，这就需要实现多渠道的融资方式，来加大我国生态补偿资金的投入。

12.3.4　健全我国生态补偿机制的措施

（1）完善我国生态补偿的总体框架。当前，生态补偿机制在我国的研究中比较热门，很多人对生态补偿的内涵都有自己的一番见解，缺乏一个统一的生态补偿的内涵，不利于形成科学的理论来指导生态环境建设。为此，就需要深入对生态补偿机制的研究，借鉴国外优秀的文献资料，明确并且统一生态补偿的内涵，整合有关的生态补偿建设的工程项目，并且以此为试点工程，积极推进生态补偿机制的建设。在不断的实践过程中，不断丰富生态补偿机制的理论建设，从而形成适合我国的生态补偿框架。

（2）完善生态补偿的财政政策体系，探寻多渠道的融资机制。一方面，为了推进生态补偿机制的建设，就需要加大中央政府的财政投入能力，提高财政转移支付力度。在生态补偿机制建设过程中，离不开雄厚资金的支持，资金就是生态补偿机制建设能够维持下去的强大支撑。而财政的转移支付可以说是生态补偿中最为直接的一种手段，也是最为容易实施的手段。因此，中央与地方政府应加强财政转移支付能力，增加生态环境影响因子的权重，重视对一些生态脆弱与生态保护重点地区的支持力度，并且形成一种长效的投入机制，来维护生态补偿机制的顺利进行。另一方面，还需要探索多渠道的融资方式，加大生态补偿机制的资金投入。在生态补偿建设过程中，也不能够单纯依靠政府的财政补贴，而是应该加大社会的资金支持，实现多渠道的融资渠道。因此，要激发出社会大众对生态服务的激励，从多渠道入手，抓住社会大众的支付意愿；强化金融财政部门之间的联系，形成合作的关系，来获得更多的资金投入。所以在生态补偿机制建设过程中，不仅需要加强财政的转移支付能力，还需要进一步拓宽融资的渠道，发挥社会大众的力量，提高生态补偿机制建设的有效性。

（3）完善生态补偿建设的法制环境。为了健全生态补偿机制，还要从外部环境入手，完善生态环境建设的法制环境，推动生态环境建设早日实现。为此，需要有关部门重视生态补偿机制的问题，整合有关的生态补偿内容，通过法律的方式，来明确生态补偿建设的范围、对象、实施等标准，提高生态补偿建设工作开展的规范性。对政府来说，可以设立有关的生态补偿领导小组，来负责整体的生态补偿的协调与指导工作，而且还可以形成专家小组，负责有关的政策咨询与技术咨询，解决生态补偿机制建设中存在的问题，早日健全我国的生态补偿机制。

第五篇　治 理 手 段

第 13 章　我国能源监管体制

13.1　我国能源监管体制的历史和现状

13.1.1　我国能源监管体制的历史

我国能源监管体制的发展，从纵向来看，经历了以下几个基本阶段。

1. 1949～1978 年：政府对燃料工业进行计划管理的阶段

该阶段我国实行高度集中的计划经济体制，对能源工业的管理与其他工业行业的管理模式一样，由中央政府设立工业主管部门进行统一的计划管理，实行政企不分、政府主管燃料工业的人、财、物和产、供、销，企业完全按照国家计划进行相应的能源生产和供应。虽然政府主管部门在不同阶段进行了分拆和合并，但计划经济管理的主导地位没有丝毫动摇，所以，能源监管机构的建立是没有必要的，计划经济体制下只需要普通的能源行政管理部门，没有专业监管机构的生存空间。

2. 1978～1993 年：体制改革和政企分开的初步阶段

1978 年，我国开始实行改革开放政策，能源行业虽然还是实行高度集中的计划经济管理体制，但是，为了适宜经济发展和对外开放的需要，政企分开和体制改革也在逐步进行。主要表现在：

第一，开始了能源政策协调机制的建设。1980 年，国家能源委员会成立，负责统筹协调煤炭、电力、石油三个部门的工作，认识到了能源行业之间政策协调的重要性。不过，国家能源委员会在 1982 年被撤销。

第二，进行了政企分开的初步尝试。1982 年，组建华能国际电力开发公司，利用外资办电，加快电力建设；中国海洋石油总公司成立，负责海洋石油对外合作事务。政企分开首先在利用外资的领域展开，这与我国对外开放的政策是一致的。

第三，成立能源部，进行了集中统一能源行政管理的尝试。1988 年，顺应经济体制改革的需要，按照国务院机构改革方案，撤销了煤炭部、电力部、石油部、化工部以及核工业部，成立了对能源统一管理的能源部，同时组建了中国统配煤矿总公司、中国石油化学工业总公司、中国核工业总公司、中国电力联合会。当时，这些公司是在原工业部基础上的翻牌，政企合一的性质没有变化，计划经济的管理体制没有打破，传统的管理方式仍然发挥着重要作用，致使能源部没能按当初的设想发挥应有的作用，只艰难地存在了一届，于1993年被撤销。

这一时期，虽然进行了政企分开的一些努力，但是由于计划经济体制仍然保留，商品经济只是起补充作用，能源市场还没有形成，所以，现代的、专业的能源监管依然没有用武之地。

3. 1993年至今：体制改革深入和专业监管起步阶段

1992年，党的十四大确立了我国经济体制改革的目标是建立社会主义市场经济体制。能源领域的市场化改革逐步深化，能源管理体制改革也进入大调整时期。这一阶段能源管理体制改革的主要内容有：

第一，转变政府职能，弱化行业管理，逐步推进能源市场化改革。1998年，根据国务院的机构改革方案，撤销煤炭工业部、石油工业部、电力工业部，将其管理职能移交给当时国家经贸委下属的煤炭工业局，成立国家煤炭工业局、石油和化学工业局，归国家经贸委管理。当时除国有重点煤炭企业神华集团公司、中煤能源集团公司外，全部下放地方管理；撤销核工业部，其政府职能划归国防科工委，成立了中国核工业集团公司。

第二，进一步推进政企分开，组建符合市场经济要求的现代能源企业。1998年，石油化工天然气行业重组为由中央直管的中国石油天然气集团公司、中国石油化工集团公司和中国海洋石油集团公司三大企业。2002年，国家将1996年成立的国家电力公司拆分为中央直管的2个电网公司、5个发电公司等11家电力企业。以中国石油化工集团公司为例，它是1998年7月在原中国石油化工总公司基础上重组成立的特大型石油石化企业集团，是国家独资设立的国有公司、国家授权投资的机构和国家控股公司。中国石油化工集团公司控股的中国石油化工股份有限公司先后于2000年10月和2001年8月在境外和境内发行H股和A股，并分别在香港、纽约、伦敦和上海上市。目前，中国石油化工股份有限公司总股本867亿股，中国石油化工集团公司持股占75.84%，外资股占19.35%，境内公众股占4.81%。

第三，成立了专业的能源监管机构。在煤矿安全领域，1999年12月30日，经国务院批准，国务院办公厅印发了《煤矿安全监察管理体制改革实施方案》；2000年1月10日国家煤矿安全监察局正式挂牌成立，标志着垂直管理的煤矿安全国家监察体制在我国产生，专业的煤矿安全监管机构的建立，为促进煤矿安全生产形势的持续好转提供了重要制度保障。

在电力行业，2001年3月，国家电力监管委员会正式挂牌，统一履行全国电力监管职责。电力监管委员会的主要职责包括：制定电力监管规章，制定电力市场运行规定；参与国家电力发展规划的制定，拟定电力市场发展规划和区域电力市场设置方案，审定电力市场运营模式和电力调度交易机构设立方案；监管电力市场运行，规范电力市场秩序，维护公平竞争；监管输电、供电和非竞争性发电业务；参与电力技术、安全、定额和质量标准的制定并监督检查，颁发和管理电力业务许可证，协同环保部门对电力行业执行环保政策、法规和标准进行监督检查；根据市场情况，向政府价格主管部门提出调整电价建议；监督检查有关电价；监管各项辅助服务收费标准；依法对电力市场、电力企业违法违规行为进行调查，处理电力市场纠纷；负责监督电力社会普遍服务政策的实施，研究提出调整电力社会普遍服务政策的建议；负责电力市场统计和信息发布；组织实施电力体制改革方案，提出深化改革的建议等。煤矿安全监管机构和电力监管机构的建立，为我国实施能源专业监管奠定了基础。

第四，建立了统一的能源行政管理机构和议事协调机构。2008 年 3 月，十一届全国人大一次会议公布国务院机构改革方案，方案规定："加强能源管理机构。设立高层次议事协调机构国家能源委员会。组建国家能源局，由国家发展和改革委员会管理。将国家发展和改革委员会的能源行业管理有关职责及机构，与国家能源领导小组办公室的职责、国防科学技术工业委员会的核电管理职责进行整合，划入该局。国家能源委员会办公室的工作由国家能源局承担。不再保留国家能源领导小组及其办事机构。"

2008 年 8 月，国家能源局正式挂牌成立，主要职责是：研究提出能源发展战略；研究拟订能源发展规划和年度指导性计划；研究提出能源发展政策和产业政策；研究提出能源体制改革的建议；组织能源体制的调查，分析能源体制的重大问题，提出改革的建议，协调能源体制改革的重大问题；推进能源可持续发展战略的实施，组织可再生能源和新能源的开发利用，组织指导能源行业的能源节约、能源综合利用和环境保护工作；能源对外合作和管理的职能；负责衔接平衡能源重点企业的发展规划和生产建设计划，协调解决企业生产建设的重大问题；指导地方能源发展规划，衔接地方能源生产建设和供求平衡；负责国家石油储备工作；承办发改委交办的其他事项。

2010 年 1 月 27 日，国务院决定设立高层次的能源议事协调机构——国家能源委员会。国家能源委员会的职责是：负责研究拟订国家能源发展战略，审议能源安全和能源发展中的重大问题，统筹协调国内能源开发和能源国际合作的重大事项。

13.1.2　我国能源监管体制的现状

经过三十多年的经济体制改革和政治体制改革，从横向来看，我国的能源监管体制形成了以下基本格局。

中国是世界第一产煤大国，煤是中国最主要的一次能源，2010 年全国原煤产量大约 32 亿 t，占世界煤炭总产量的 45%。煤炭是中国的主要能源，在未来相当长的时期内，以煤为主的能源格局不会改变，煤炭工业的发展关系国家能源安全和国民经济全局。2005 年，国务院颁布了《国务院关于促进煤炭工业健康发展的若干意见》，明确提出要走资源利用率高、安全有保障、经济效益好、环境污染少和可持续发展的煤炭工业道路。2006 年，全国人大批准的《中华人民共和国国民经济和社会发展第十一个五年规划纲要》中，确立了“坚持节约优先、立足国内、煤为基础、多元发展、优化生产和消费结构，构建稳定、经济、清洁、安全的能源供应体系”的能源发展政策，进一步提出了“加强煤炭资源勘探，统筹规划，合理开发，提高回采率，减少煤炭开采对生态环境的影响”。2007 年 1 月，国家发展和改革委员会制定了《煤炭工业发展“十一五”规划》，在总结分析煤炭工业发展状况、存在问题和面临形势的基础上，提出了煤炭工业的发展目标：“建立规范的煤炭资源开发秩序，大型煤炭基地建设初见成效，中小型煤矿整合改造取得明显进展；现代企业制度进一步完善，形成若干个亿吨级产能的大型煤炭企业和企业集团；基本形成适应煤炭工业发展的科技创新体系；煤矿安全生产形势明显好转；洁净煤技术开发和产业化全面发展，资源综合利用和节约资源取得明显进展；矿区生态环境恶化的趋势得到遏制；职工收入稳步增长，初步形成与社会主义市场经济体制相适应的煤炭工业管理体制和煤炭法律法规体系。”在煤炭监管机构设置和职能配置方面，“九龙治煤”的局面仍然没有改变。我国现行的煤炭行业监管职能主要集中在国家发展和改革委员会、自然资源部、国家矿山安全监察局（原国家煤矿安全监察局）、国务院国资委、生态环境部、商务部、财政部、国家能源局等国家部门。国家发展和改革委员会主要负责全国煤炭行业的整体发展规划、体制改革和大型煤矿项目建设、矿区规划、投资的审批；负责安排煤炭行业的生产，协调煤炭行业运行，安排与煤炭行业生产运行相关的重大事项；负责制定价格政策、协调煤炭价格问题；自然资源部主要负责煤炭资源与储量的管理，包括核准煤炭资源、审批勘探权和开采权以及土地使用权等，颁发勘探和开采许可证，审批勘探权和开采权的转让和租赁等；国家矿山安全监察局负责煤矿安全监察、事故处理等事务；国资委对煤炭企业国有资产的保值增值实行监督和管理，推进国有煤炭企业的现代企业制度建设，管理产权交易等；生态环境部审批煤矿建设和关闭项目的环境影响报告，同时对煤炭开采过程中的环境污染、生态破坏等进行监督管理；商务部负责培育煤炭产品的商业环境，与其他部门共同开展引进外资和制定煤炭进出口政策等，对煤炭对外贸易工作进行具体的配额管理以及许可证的发放等；财政部主要负责煤炭企业的收入分配管理；国家能源局负责研究提出煤炭行业的战略规划、产业政策和体制改革建议，并负责煤炭行业监管职能。煤炭监管的最重要部分是安全监管。我国现有煤矿安全监管体制的基本框架是由 1999 年《煤矿安全监察管理体制改革实施方案》确立的。根据该方案，在我国原有的煤炭行业管理部门基础上设煤矿安全监察机构，实现行业管理和安全监管的职能合并；在地方，煤炭行业管理部门改组为煤矿安全监察机构，行业管理任务重的地方仍然保留行业管理部门。具体操作如下。

（1）设立国家煤矿安全监察局，与国家煤炭工业局一个机构、两块牌子。履行煤矿安全监察职能，隶属于原国家经贸委。

（2）将原煤炭部直属的河北、山西、内蒙古、辽宁、吉林、黑龙江、山东、江西、河南、湖南、重庆、四川、贵州、云南、陕西、新疆 16 个省（自治区、直辖市）煤矿工业管理局，以及安徽、甘肃、宁夏煤炭工业管理局，改组为煤矿安全监察局。省（自治区、直辖市）煤矿安全监察局均为国家煤矿安全监察局的直属机构，实行国家煤矿安全监察局与所在省（自治区、直辖市）政府双重领导、以国家煤矿安全监察局为主的管理体制。当时由劳动等部门负责的煤矿安全监察职能，均由煤矿安全监察局承担。

（3）煤炭行业管理任务比较重的省（自治区、直辖市），可暂在煤矿安全监察局加挂“××省（自治区、直辖市）煤炭工业局”的牌子，履行煤炭行业管理职能。这些地区的煤矿安全监察局，既是国家煤矿安全监察局的直属机构，又是所在省（自治区、直辖市）政府的工作机构，其煤矿安全监察业务以国家煤矿安全监察局管理为主，煤炭行业管理业务以所在省（自治区、直辖市）政府管理为主。

（4）省（自治区、直辖市）煤矿安全监察局可在大中型矿区设立安全监察办事处，作为其派出机构。

（5）省（自治区、直辖市）煤矿安全监察局及安全监察办事处的设立、变更，由国家煤矿安全监察局向有关地方政府提出意见，经中央机构编制委员会办公室审核后，报国务院审批。

（6）国家煤矿安全监察局的主要职责：研究拟定煤矿安全生产工作的方针、政策，组织起草有关煤矿安全生产的法律、法规草案，制定煤矿安全生产规章、规程，拟定煤炭工业安全标准，提出保障煤矿安全的规划和目标；贯彻执行国家关于煤矿安全生产的方针、政策和法律、法规及有关规章，履行国家煤矿安全监察职责；组织调查和处理煤矿重大、特大事故，负责全国煤矿事故与职业危害的统计分析，发布全国煤矿安全生产信息；指导有关煤矿安全生产的科研工作，组织煤矿使用的设备、材料、仪器仪表的安全监察管理工作；拟定开办煤矿的安全标准，组织煤矿建设工程安全设施的设计审查和竣工验收，组织对不符合安全生产标准的煤炭企业的查处工作；组织、指导煤炭企业安全生产技术培训工作，负责煤炭企业主要经营管理者安全资格认证工作；监督检查煤矿职业危害的防治工作；组织、指导和协调煤矿救护队及其应急救援工作；按照干部管理权限负责直属煤矿安全监察机构的干部管理工作，组织煤矿安全监察人员的培训、考核工作；开展煤矿安全生产方面的国际交流与合作；承办国务院和原国家经贸委交办的其他事项。

（7）省（自治区、直辖市）煤矿安全监察局的主要职责：贯彻落实国家关于煤矿安全生产的方针、政策和法律、法规及规章、规程；按照分级管理的原则和上级授权，组织查处煤矿伤亡事故；组织、指导煤矿安全生产技术培训、职业危害防治、煤矿救护队及其应急救援工作；负责煤矿使用的设备、材料、仪器仪表的安全监察管理工作；查处不符合安全生产标准的煤炭企业；承办国家煤矿安全监察局交办的其他事项。

（8）煤矿安全监察办事处的主要职责：在省（自治区、直辖市）煤矿安全监察局的领导下，负责划定区域内煤矿的安全监察和执法工作。

2000 年 12 月 31 日，国务院办公厅发布《国家安全生产监督管理局（国家煤矿安全监察局）职能配置、内设机构和人员编制规定》，设立国家安全生产监督管理局，国家煤矿安全监察局与其一个机构、两块牌子。国家安全生产监督管理局（国家煤矿安全监察局）是综合管理全国安全生产工作、履行国家安全生产监督管理和煤矿安全监察职能的行政机构，由原国家经贸委负责管理。2003 年 3 月 21 日，国务院印发《国务院关于机构设置的通知》（国发[2003]8 号），国家安全生产监督管理局（国家煤矿安全监察局）为国务院直属机构，负责全国安全生产综合监督管理和煤矿安全监察。2004 年 11 月 4 日，国务院办公厅印发《关于完善煤矿安全监察体制的意见》，明确了“国家监察、地方监管、企业负责”的煤矿安全工作格局。并决定在湖北、广东、广西、青海和福建 5 省（自治区）增设煤矿安全监察局，在监察任务繁重的地区适当增加煤矿安全监察机构，将煤矿安全监察办事处更名为区域性监察分局。2005 年 2 月 28 日，国家安全生产监督管理局升格为国家安全生产监督管理总局，同时单设国家安全生产监督管理总局管理的国家煤矿安全监察局。2005 年 3 月 16 日，国务院办公厅印发《国家煤矿安全监察局主要职责内设机构和人员编制规定》（国办发[2005]12 号），单设国家煤矿安全监察局（副部级），国家煤矿安全监察局是国家安全生产监督管理总局管理的行使国家煤矿安全监察职能的行政机构。2006 年 7 月 6 日，国务院办公厅印发《关于加强煤炭行业管理有关问题的意见》，将煤炭行业标准制定、矿长资格证颁发管理、重大煤炭建设项目安全核准等 5 项与安全生产密切相关的煤炭行业管理职能，由国家发展和改革委员会划转到国家安全生产监督管理总局和国家煤矿安全监察局。

13.2　我国能源监管体制建设取得的成就和存在的问题

13.2.1　能源监管机构

能源监管机构设置专业化、独立化、集中化取得进展，但设置分散、不稳定，缺少综合性的能源监管机构。1998 年国务院政府机构改革方案实施以来，我国能源监管机构设置的专业化、独立化和适度集中方面取得了重大进展。

首先，根据我国能源结构以煤为主、煤矿安全事故多发的自身特点，在借鉴国外专业监管机构设置经验的基础上，成立了煤矿安全监察局，实行垂直管理，在预防和处理煤矿事故中起到了非常重要的作用。1999～2009 年，10 年间，全国煤炭总产量由 1999 年的 10.4 亿 t 增长到 2009 年的 29.5 亿 t，增长近 2 倍；煤矿事故死亡总人数由“十五”高峰期 2002 年的 6995 人减少到 2009 年的 2630 人，下降了 62.4%；一次死亡 10 人以上重特大事故起数由 2000 年的 75 起减少到 2009 年的 20 起，下降了 73.3%；全国煤炭生产百万吨死亡率由 2000 年的 5.71 下降到 2009 年的 0.892，下降了 84.4%，历史性地降到了 1 以下。

其次，设立了国家电力监管委员会，对电力行业实行专业化的监管。在保障电力安全、规范电力市场秩序、有效维护电力用户合法权益、促进电力科学发展和电力节能减排方面发挥了非常重要的作用。

最后，2008 年，成立国家能源局，能源行业管理职能实现了适度的集中。但是，由于能源行业长期受计划经济体制的影响，行业割据和垄断现象十分严重，导致我国能源监管机构的设置方面还存在下列问题：

（1）能源监管机构设置分散。受计划经济体制的影响，我国能源行业分割的基本格局仍然没有打破，监管机构的设置基本上是按照原来行业管理的模式来设计的，煤炭、电力、石油天然气、可再生能源、节能和能源效率的监管职能还是分属不同的监管机构，行业分割还非常严重，导致监管机构设置过多，过于分散。

（2）能源监管机构设置不稳定。我国能源监管机构的设置一直处于变动之中，缺乏应有的稳定性，不利于能源监管政策的贯彻执行，也不利于进行对外合作与交流。国家能源局是成立十四年的机构；国家煤矿安全监察局成立二十来年；电力监管委员会运行了将近二十年；国家发展和改革委员会 2003 年成立，在 2008 年又进行了较大调整，核安全局自 1998 年划入环境保护部后，名称也发生了变化。如此看来，监管机构设立时间最长的也就二十几年，而且基本上都随着国务院机构改革进行过相应的调整和改革，这种不稳定的机构设置，对于监管政策的连续性和一致性是很大的破坏，被监管者也往往感到无所适从。

13.2.2　能源监管

能源监管职能与政策制定职能实行了一定程度的分离，但是仍然存在职能混淆、分散和定位模糊的情况。监管职能和政策职能的分离是监管机构职能配置的基本原则之一。我国专业、独立的能源监管机构的设立，意味着能源监管职能和能源宏观政策职能开始实现分离。特别是 2008 年国务院机构改革方案实施以来，国家发展和改革委员会、国家能源委员会、国家能源局主要履行能源宏观政策职能，制定我国的能源战略、规划和基本政策，而煤矿安全监察局、国家电力监管委员会则主要履行煤矿安全监管、电力监管等微观监管职能。能源监管职能和能源宏观政策职能的分离，有助于实现我国能源行政管理的目标，提高能源管理的效率，更好地促进能源市场化改革，实现能源行业的可持续发展。但是，这种职能分离是有限的，我国能源监管职能配置仍然存在以下几个问题。

1. 职能混淆

职能混淆主要是指能源宏观政策职能和微观监管职能在有些情况下由一个部门承担。能源行政管理部门既承担宏观政策职能，也具有微观监管的职能；能源监管机构既有监管职能，也有宏观政策方面的部分职能，即政监不分。比如，国家能源局作为国务院的能源行政主管部门，既有研究拟定能源发展战略、规划和政策的职能，也承担诸如石油、天然气管道安全监管等具体执行职能。国家电力监管委员会既负责电力市场和电力安全等监管职能，也承担电力体制改革和电力发展规划等部分宏观政策职能。国家发展和改革委员会既负责能源战略和规划的制定，也负责能源价格监管职能。

2. 职能分散

能源监管机构的分散设置必然导致职能配置的分散。我国的能源监管职能的分配总体上分行业进行，不同的行业监管职能分配给了不同的监管机构，即政出多门。从能源监管职能的横向分布来看，除了国家能源局的行业监管职能比较集中以外，能源的其他监管职能分布是非常分散的：电力监管职能主要给了电监会，煤炭安全监管职能给了煤矿安全监察局，能源价格监管职能和能源行业的市场准入监管主要给了国家发展和改革委员会；能源国有企业资产监管职能给了国资委；能源资源监管职能主要给了自然资源部；能源环境监管和核电安全监管职能主要给了生态环境部；能源大宗商品的贸易监管职能给了商务部。从纵向分布来看，能源生产的上中下游往往也被人为分割，监管职能分属不同的部门。以煤炭生产为例，煤矿采矿权、探矿权的管理属于国土资源管理部门；煤炭生产许可证的颁发和煤炭经营监管、价格监管属于国家发展和改革委员会；煤矿生产中的安全监管属于煤矿安全监察局。

3. 职能定位模糊

从政府职能的横向分配规律来看，政府的宏观调控、微观监管和资产监管等职能的设置是有规律的。宏观调控职能具有高度的政策性和政治性，通过法律、法规、政策和战略规划的形式表现出来，一般由政府的行政管理部门掌握和控制；政府的微观监管职能具有高度的技术性和专业性，通过具体的标准、规范和纠纷的解决等形式表现出来，一般由独立的监管机构依靠其专业知识予以执行；政府的资产管理职能具有高度的经济性和效率性，通过设立国有企业、进行国有控股等形式表现，主要目的是发挥国有资产的经济效益，确保资产的保值增值，一般由专门的资产管理部门进行监管。从政府职能的纵向分配规律来看，将政府的决策、执行、监督和咨询职能进行适当分离，更加有利于政府职能效益的发挥。因此，政府监管职能的定位应当是：以相对独立的地位，利用本身的专业知识和行业标准规范，采用透明的程序和中立超然的态度，有效地解决法律政策执行中的具体技术问题和行业纠纷，监督法律政策的执行。从我国的能源监管职能的分配来看，监管机构的职能定位是模糊的。首先，独立性不高，大部分监管机构仍然沿用的是传统政府管理部门的管理模式，受到政府行政管理部门强有力的制约，甚至成为政府管理部门的下属机构；其次，专业性不强，目前，政府监管机构中专业的监管人才奇缺，不能适应监管专业化的需要。

13.3　我国能源监管市场化重点制度设计

13.3.1　能源产权界定是监管的基础

我国能源行业的未来方向是市场化改革。财产权利是市场经济中最为基础的一种权利。对财产权利的保护是市场经济的基石。对能源行业的财产权利的界定和保护是任何企业进入能源行业进行投资的前提条件，也是能源行业进行市场化改革和发展的必要条件。哈罗德·德姆塞茨主张“产权的基本功能是引导在更大的程度上实现外部性的内部化的动力”。随着中国的能源行业逐步从国家垄断和所有的传统模式向有限的能源市场化转换，对于中国能源行业的财产权利的界定和保护自然成为中国能源法律关系的重要内容。在中国目前的转型经济过程中，逐步建立一个从宪法到法律、行政法规和部门规章及地方立法，同时在司法领域给予有效救济的法治环境是中国市场经济改革成功的关键。这一点也适用于能源行业的市场化改革。

但我们也需要认识到，在当代任何一个国家（不论是法治国家还是正在向法治社会转型的国家），对财产权利都会有基于法律保护权益的不同限制，比如从环境保护出发，会对财产权利进行限制。因为光靠企业和公民的自我道德约束无法解决能源利用过程中造成的环境污染外部性问题，几乎没有一家企业愿意主动负担治理环境的费用，因此，必须对财产权利进行限制或者设定对等的权利义务，从而鼓励企业在使用能源的同时更好地保护环境，正如美国学者范瑞安所言：“有关外部效应的实际问题，都是在产权未能很好界定的情况下发生的。”

1. 产权的界定：能源行业发展的前提条件

能源行业具有投资周期长、投资规模大、政策风险高的特性，因此，能源行业对资金信贷需求非常高，尤其是石油天然气、矿产资源行业，对安全开采的要求非常高，安全措施如果做得不到位，一不小心就会引起事故，企业面临巨额损失，甚至矿井关停的风险都会存在。所以，银行或者民间信贷对进入能源行业都非常谨慎，会进行细致的评估，评估政策风险、运营成本、环境和安全生产成本等，最重要的是会对矿业权进行评估，判断探明的能源储量与可开采量有多少，是否存在偏差。我国专门的能源投资业务从 2004 年开始，但十多年来并没有取得长足的发展。究其原因是矿业权的规定不完善，矿业权融资评估标准不健全。除了对大型国企，银行出于政治的考虑会给予贷款，对中小企业尤其是民营能源企业，很少会给予支持，就是贷款也会有很高的附加条件，客观上推高了能源的融资成本。因此，我国需要通过《能源法》等相关法律对能源产权进行界定，尤其是对矿业权给予全面、清晰、科学的法律界定，才能根本上缓解能源行业资金进入的障碍。

2. 天空规则和捕获规则：关于采矿权的难题

市场经济是制度经济，制度存在的意义在于对绝对的私权的控制。“制度是集体行动对个体行动的控制”，“对财产权的法律保护创造了有效率地使用资源的激励”。在美国财产法中，除了联邦政府拥有的土地外，其余土地大多为私人所有。基于普通法的“天空规则”，如果一个人拥有一块土地，那么他就拥有这块土地的地表和土地的上空和地下所存在的资源。产权具有排他性，中国实行土地国有制，土地地表的使用权属于国家。任何个人和实体都没有土地的所有权，而只可以通过无偿划拨和有偿出让的方式获得土地的使用权。这种土地使用权不包括地下的矿藏（包括石油）的开采权。按照中国法律，地下的矿产资源属于国家所有，通过设置矿业权来实现对矿产资源的综合利用。这种矿业权（包括采矿权）是一种从土地所有权派生出的，但是却与土地使用权分离并行的他物权。这种采矿权设置的问题在于其获得是不以获得地表土地使用权为前提条件的。因此，在中国，某个实体获得某块地的土地使用权并不一定能获得在该地块下矿藏的采矿权，而获得该采矿权并不一定就能获得该地块地表的土地使用权。在后一种情况下，仅获得采矿权而没有获得或者无法在经济上可行的成本条件下获得地表的使用权将会严重妨碍采矿权的行使。中国学者李显冬等（2019）认为，对矿地地表进行使用是采矿权人进行矿业生产的前提条件，如果不能取得矿地使用权，那么获得采矿权就没有什么实际的意义。矿业权应为准物权。

美国石油行业适用“捕获规则”意味着：土地的所有人有权开采土地下面的财富，他可以尽量抽采地底下共有的油层里的油，甚至可以把不属于他们土地下面的油层里的油抽干。所以，美国迎来了石油大开发的时代，不管你是租的还是买的土地，只要你找到石油，那么你这块地下面所有的石油都是你的，既不用缴税也不用报备政府许可。“捕获规则”给中国能源法的启示是中国应当放开市场准入的限制，让更多的其他国营企业、民营企业和外资企业参与到石油开采的行业中来，与三大国家石油进行公平竞争。中国能源发展转型的契机在于如何“在国家垄断中引入私营或其他公共经营者的竞争”。如果中国正在制定中的《能源法》能够在石油上游确立开放的市场准入原则，我们将会看到中国的石油上游行业出现一番欣欣向荣的景象，国家鼓励开采（除进行国家资源战略储备外），吸引民间投资，吸引更多的人才和各种资源加入到这个行业中。市场准入开放成就了美国石油业的发达和成功，同时也是发展中国家例如巴西近年来在石油业取得不错成绩的主要原因。

3. 能源监管成为必要

美国能源法给予中国的启示不只是成功的经验，也有惨痛的教训。“捕获规则”在美国石油业的适用在鼓励人们参与石油业的同时，也导致了资源被疯狂掠夺、无序开采，进而在短期内造成石油供过于求，油价下跌，很多油井在经济寿命完结前便被耗尽并遗弃，最终造成严重资源浪费。尤其是美国大量的跨州油气交易超越了州和地方政府的管辖权限，形成了“阿特尔伯勒空白”（Attleboro Gap），为弥补该空白，联邦政府立法设立联邦的能源监管权。美国石油业关于早期监管的实践对中国具有一定的借鉴意义。我国必须建立市场准入许可制度，但这种准入最好是负面清单式的准入，不能在前置环节设置太多的明显歧视性标准，要鼓励民营企业进入能源领域，要平等对待所有的企业。对进入油气市场的企业，要加强后续监管，出台开采、环保、安全等方面的技术标准，重点加强能源效率监管，提高能源效率。

13.3.2　能源监管计划的制定

“设计良好的制度与规则会产生一个有效率的、增长迅速的、生活水平不断提高的社会，设计不良的制度和规则会引起停滞，甚至衰退”。为了实现能源监管目标，我国需要制定短期、中期、长期相结合的三阶段可持续性能源计划，并借鉴上述国家和城市的能源战略实施经验，在能源管理的模式上采取三步走策略，从实际和当地特色出发，环境保护和能源需求管理是首要的举措，接下来发展可再生能源来满足我国的各种能源需求。

需求监管包括总量和结构的监管：改善能源效率，降低能源消耗量，尤其是对能源利用较低的旧建筑、基础设施进行修缮，淘汰能耗高、效率低的设备和工具；改善能源消费结构，提高可再生能源的需求比例，降低对火电、石油等非再生能源的依赖性需求，同时采用智能电表等工具平滑能源需求的时序波动，利用价格杠杆和技术手段将高峰时段的部分能源需求转移到能源需求的低谷时段。可再生能源的开发和利用成为实现能源利用与环境发展的可持续性的重要保证。在能源供给侧管理方面，鼓励结合当地的湖水冷源、风能、太阳能等可再生能源的优势，强调可再生能源的开发和利用与本地化供给相结合，对环境污染大的非可再生能源采取逐步替代、淘汰的办法，大力发展可再生能源的本地化，实现能源行业为经济发展贡献一份力量，增加就业、增加当地的收入。

在制定具体的实施方案时，一方面强调政府应该在能源监管战略中发挥重要作用，除了政府绿色采购政策外，还在需求侧和供给侧设立大量的鼓励和扶助基金保证政府能源战略的实施。另一方面更要强调吸收社会大众（企业、居民等）的积极广泛参与，正如德姆塞茨所说，“在一个法治社会，对自愿谈判的禁止会使得交易的成本无穷大”，调动大众宣传和示范的积极性，提高人们的绿色环保和能源节约意识，从市政部门和非营利性部门的绿色环保示范做起，加强与大学等研究机构的研究项目合作，利用大学等研究机构的能源效率的研究成果并改进相关的研究成果。

13.3.3 建立能源监管“大部制”

我国政府能源主管部门变更频繁。1979 年撤销了水利电力部，成立电力工业部，1982 年水利部和电力工业部再度合并为水利电力部，1988 年煤炭工业部、石油工业部、核工业部、水利电力部撤销，组建能源部，1993 年能源部等 7 个部委撤销，组建电力工业部等 6 个部委，1997 年国家电力公司正式挂牌成立，在政府序列中，仍保留电力部，形式上实现了政企分开。但实际上政企并未分开，新组建的国电公司既是企业经营者，又行使政府职能。1998 年撤销电力工业部，电力行政管理职能交由国家经贸委；2002 年成立了华能集团、华电集团、大唐集团、国电集团、电力投资集团五大发电集团，还有两大电网公司，即国家电网公司、南方电网公司以及四大辅业集团；2003 年，成立了国家电力监管委员会，实施“政监分开”。2013 年，国务院整合国家能源局与国家电力监管委员会的职责，撤销国家电力监管委员会，重组国家能源局，依然隶属国家发展和改革委员会管理。能源主管部门频繁更替，无法建立稳定的政策预期，对能源企业和即将进入能源行业的企业来说，政策稳定性和政府公信力大打折扣。肖国兴（2019）认为：“能源体制革命是权力革命，更是产权革命或市场革命，因为能源发展归根结底决定于产权与市场功能的发挥。权力结构决定市场结构、产权结构、资本结构、企业或产业结构。能源体制革命引领能源法律革命，能源法律革命只有成为能源体制革命的有机组成部分才有希望，当然能源体制革命也将依赖于能源法律革命才能最终取得成功。”

我国能源监管“政监不分”“政企不分”现象突出。煤炭、石油、天然气没有行业监管机构，政府监管职权也分割在多个部委，电力方面 2003 年成立电监会，2013 年又撤销，严格意义上讲没有一个行业监管机构，政监不分。中石化、中石油、中海油、国家电网一体化垄断严重，中石化、中石油、国家电网为正部级企业，与国家部委平级，国家能源局为副部级，令监管的效果大打折扣，企业代行政府职能，政企不分依然存在。为降低产权交易成本，我们需要“建立尽可能少的组织层级，并打造尽可能短的命令链”。“创造更高效率和更符合逻辑的职能组合”的大部制正是合理处理政府权力与企业市场边界的标志，也是降低交易成本的必然要求。

因此，对我国现阶段而言，首要是建立政监分离的双层监管框架，可参照人民银行与银监局的设置，国家层面整合所有部委的能源管理职能于一体，设立国家能源部，统一行使能源战略规划编制、政策法规制定、能源与环境协调等宏观调控职能；另设能源监管委员会，统一行使行业准入、负面清单编制、项目审批、行业技术标准制定等监管职能，能源部和能源监管委员会统一在国务院能源领导小组领导下开展工作。

第14章 能 源 效 率

14.1 能源效率的含义

14.1.1 能源效率的内涵

世界能源理事会认为，能源效率是指能源的服务产出量与能源投入量（或使用量）的比值。Patterson（1996）、Blok等（1998）将能源效率的测量分为四种：热力学指标、物理-热量指标、经济-热量指标和纯经济指标。前两种指标是从物理意义角度提出的测度，后两种是从经济意义角度提出的测度。鉴于本章研究的范围，这里重点考察经济意义下的测度，即经济-热量指标和纯经济指标。经济-热量指标在计算时，产出以市场价格计量，投入以热量单位计量，具体形式有两种——“能源-GDP”和“GDP-能源”，两者互为倒数，都能够较好地反映能源在经济中的作用，但是这种方法需要考虑投入和产出的估价问题，其应用存在一定的困难。纯经济指标通过对比能源投入的市场价值与产出的市场价值来测度，常见的计算方法是：国民能源投入价值/国民产出。Berndt（1978）认为，这一指标能够将不同种类的能源投入进行加总。但是，能源价格的难以测定和其不稳定的特征使得该方法的准确性有待考察。上述两种方法难以对投入进行可靠的测量，也难以界定何为有用产出。

朱跃中（2006）则将能源效率的评价指标归为两类，即能源经济效率指标和能源技术效率指标。在现有研究中，能源经济效率指标一般采用能源效率和能源强度来表示，能源效率是指单位能源消耗所对应的生产总值，能源强度是其倒数。董利（2008）以单位能耗生产总值作为能源效率的测度指标，对1998～2004年我国30个省（自治区、直辖市）的面板数据进行实证研究，得出我国能源效率与经济发展水平之间存在“库兹涅茨”曲线的倒U形关系。杨冕等（2011）以能源强度为被解释变量，采用修正的广义脉冲响应函数分析方法从时间序列的角度分析能源相对价格、产业结构、能源结构及科技进步对我国能源效率的动态影响。

能源技术效率是指最初投入的能源要素经过开采、运输、储存以及使用等诸多环节后与最终能够有效利用的能源量之间的比值。由于生产过程很长，能源技术效率又被细分为开采、中间环节和终端利用等几个方面效率的乘积。虽然与经济效率相比，这一指标能够更好地反映能源效率变化的原因，但是从可操作性和实用性的角度来看，生产流程非常繁杂，涉及的技术和工艺众多，很难用统一的口径进行统计，而且现有统计资料也难以支撑这一指标的计算。现有研究较少采用这一指标进行实证分析，相比而言，能源经济效率是现有条件下更为合适的选择。

综上所述，能源经济效率指标能够反映能源投入和经济产出的关系，是已有研究中应用较广的指标之一。而且由于其简单易懂，易于国际比较，也常常作为政府部门进行宏观经济统计的一个关键指标。因此，本章选用这一指标来表示能源效率。为了消除通货膨胀的影响，本章采用以2000年不变价格计算的地区生产总值进行指标的计算，最终以不变价格计算的单位能耗地区生产总值来代表能源效率。具体计算公式如下：

$$\text{能源效率}=\frac{\text{以不变价格计算的地区生产总值}}{\text{该地区能源消费量}}$$

式中，该地区能源消费量是指一定地域内（国家或地区）国民经济各行业和居民家庭在一定时期消费的各种能源的总和，包括原煤和原油及其制品、天然气、电力，不包括低热值燃料、生物质能和太阳能等的利用。在进行能源消费统计时，坚持谁消费、谁统计的原则，即不论其所有权的归属，由哪个单位消费，就由哪个单位统计其消费量。

对能源效率评价之前，我们应该明确投入的份额以及所能带来的经济效益，据此我们把能源效率评价分为两大类指标，即单要素能源效率指标和全要素能源效率指标。其中，单要素能源效率指标是指在测算能源效率时只考虑能源投入和产出，不考虑其他生产要素和产出，单要素能源效率指标又分为能源强度、能源生产率两种指标。全要素能源效率评价指标是指在计算能源效率时考虑多种生产要素投入和多种产出。

1. 单要素能源效率

能源强度是衡量能源是否有效利用的常用指标，被定义为单位产值的能源消耗量。从微观层面上可以认为是某一个地区、某一个行业的单位产值的能耗量；从宏观经济上分析，可认为每增加一单位国内生产总值所需要的能源消耗量，即能源强度 $=E/Y$，E 代表能源消耗量，Y 代表国内生产总值。从公式可以看出，能源强度与能源效率成反比，即能源强度增加，能源效率则降低。能源强度虽计算简单方便，但是结果不够准确，不能反映真实的效率情况。能源生产率又称为单要素生产率，在只考虑能源要素下的生产率，即每单位能源消耗的生产量，能源生产率的生产函数一般表示为 $Y=Af(X_i)$，其中，Y 表示产出，X_i 表示能源要素的投入，A 表示能源生产率，f 表示生产函数关系。有些文献中直接把能源生产率表示为 Y/E，与能源强度成反比，与能源效率成正比。运用能源强度和能源生产率衡量能源效率的结果不够准确，因为这两种方法都只考虑能源要素这一单一要素对生产的比率，没有考虑其他生产要素，从而测算结果与实际存在偏差。

2. 全要素能源效率

全要素能源效率是目前普遍使用的指标。全要素能源效率在全要素生产率基础上构建，劳动、资本、能源等为输入变量，国内生产总值作为产出变量，基于实际投入产出组合的数值确定生产效率前沿面，而每一个实际投入产出组合距离生产效率前沿面的距离即为能源效率。目前，用于测算全要素能源效率的主要方法为参数方法中的随机前沿分析（stochastic frontier analysis，SFA）法和非参数方法中的数据包络分析（data envelopment analysis，DEA）法。SFA 方法是利用极大似然估计的参数方法，在测算前需估计生产前沿面，由于存在很大主观性，致使测算结果会与实际产生很大出入，并且无法进行多种产出的测算。而数据包络分析法可以进行多种投入、多种产出的测算，当分析的单元位于生产效率前沿面上，则认为它是有效的，效率值为 1，否则认为是无效的，效率值为 0～1。但是，有一些单元它们测算得到的效率值在生产前沿面上，这时候就没有办法知道哪个的结果更好，所以对数据包络分析法进行改进产生了超效率数据包络分析法，它对位于生产前沿面上的单元进行重新排列产生新的生产前沿面，这时就会出现能源效率大于 1 的单元，而没有达到新的生产前沿面的单元仍为 1，这样就可以清楚地了解能源效率情况。

14.1.2 影响能源效率的因素

1. 产业结构

目前对于产业结构对能源效率的影响结论不一致。虽然“结构红利假说”为解释产业结构对能源效率的影响提供了较好的理论依据，且总体来看，第三产业比第二产业的能耗小，能源效率高，但现实生活中，由于经济系统间的相互作用，产业结构对能源效率的影响更为复杂，从实证角度进行分析对产业政策的制定有一定的借鉴意义。

2. 技术进步

技术进步对能源效率的影响具有双向性。一方面它通过提高生产能力、减少资源浪费、促进资源优化配置和提高循环利用程度等方式提高能源效率；另一方面技术进步又会产生“回弹效应”，降低能源及其相关产品的价格，从而导致能源需求的增加，最终结果取决于两种作用的相对大小。

3. 市场化程度

市场化可以促进资源的优化配置、产权的明晰和价格机制的完善，从而促进能源效率的提高。我国现阶段的能源市场化程度不高，过度的行政干预和资源的不合理分配会阻碍能源效率提高。深化市场化改革有利于能源的集约利用。

4. 能源结构

能源结构的优化有利于能源效率提升，以煤炭消费量占总能源消费量的比重为指标，以电力能源量等非煤炭资源消费量占总能源消费量的比重为指标。随着煤炭消费占比的增加，能源效率会逐步降低，而随着电力消费占比的增加，能源效率则会逐步增加。这主要是由各种能源自身特性决定的，煤炭在各种能源中效率最低，而电力和新兴能源的效率则相对较高。考虑到现阶段我国新能源开发不断取得新进展，煤炭消耗量逐年降低，能源消费结构不断优化的现实趋势，将能源消费结构作为影响因素引入模型是合理的。

5. 对外开放程度

对外开放程度对能源效率可能会产生正反两方面的影响。一方面，对外开放程度的提高会产生辐射效应、示范效应、模仿效应、人员培训效应等，并通过与东道国企业在产业内（水平关联）和产业间（垂直关联）的合作与竞争促进东道国能源效率的提升。另一方面，对外开放程度的提高也可能会产生“污染避难所效应”和“逐底效应”，造成落后产业的流入和恶性竞争，进而导致能源效率的下降。此外，东道国的吸收转化能力也会对能源效率的提高产生影响。

6. 城镇化

城镇化对于能源效率可能起到正反两方面的作用。一方面，城镇化过程对基础设施和住房建设的要求增加，进而导致对建筑材料需求的增加，而基础设施建设过程和建筑材料的生产过程需要消耗大量能源。同时，居民消费水平增加，社会工业化程度加深都会增加能源需求，从而对能源效率的提高造成压力。另一方面，城镇化过程又会产生集聚效应和规模效应，推动技术进步，从而有利于提高能源效率。

7. 能源价格

从资源配置的角度看，价格机制是调节资源配置最有效的手段，能源价格上涨时，投资者更愿意投资能耗较低的行业，从而促使能源由高耗能行业向低耗能行业转移，间接促进能源效率提高。从能源效率的角度看，技术升级、节能设备研发、工艺流程改进需要大成本投入，当能源价格上涨时，企业成本增加，当节能收益大于投入成本时，企业就会采取必要的节能手段，从而提高能源效率。能源价格的提高对能源效率会产生促进作用。这种促进作用主要是通过发挥价格机制在经济系统中的杠杆作用，不断调节优化资源配置实现的。

8. 新能源发展

与传统能源相比，我国发展新能源具有以下优势：首先，我国新能源储量丰富，消耗后可迅速得到补充和恢复，且使用过程中产生的污染较少；其次，新能源的开发利用有利于改善我国能源结构，降低煤炭等低效率高污染化石燃料的使用，推进低碳经济发展；再次，近年来新能源、智能电网、大容量存储、电动汽车等新兴能源与物联网、大数据、移动互联网等新兴技术的不断深入发展和融合，为供电方与用户之间的互动提供了良好的条件，成为未来能源发展的重要技术支点；最后，新能源的使用效率本身也有一定的优势，如核燃料能量密度比化石燃料高几百万倍，1kg 铀可供利用的能量相当于燃烧 2250t 优质煤，所以相应的燃料体积要小得多，这样运输与储存都很方便，能够减少中间环节的能源消耗。

但是，新能源发展也面临诸多挑战和不确定性。首先，我国新能源发展正在经历一个高速增长期，2014 年，我国可再生能源发电装机已占到全部发电装机的 1/3，比 2010 年增长 67%，但是我国对新能源发电的消纳能力有限，我国现行电力发展和运行模式还不能适应新能源的发展，弃水、弃风、弃光现象严重，造成了极大的资源浪费。其次，我国新能源技术还不成熟，技术大多依靠进口，且对财政补贴的依赖程度较高，在技术进步和成本降低方面还需要进行更多的努力和尝试。

14.2　提高能源效率的意义

（1）提高能源效率实现低碳发展逐步成为共识。

随着人类社会的发展进步，科技创新能力日新月异，世界经济全球化日趋紧密，能源的作用已经显得十分重要，能源广泛应用于各个领域。不论是从固国强军提升国威到登月潜海科学探秘，还是从提高国民经济发展实力到环境保护造福人类，以及人们的“衣、食、住、行”，能源使用无所不及。能源的使用效率能反映一个国家、一个地区经济发展质量和技术水平，直接影响气候变化与人类可持续发展。“能源的使用效率、可持续发展、全球的气候变化”等课题，越来越引起世界各国的普遍重视，不乏各国专家、学者投入大量的精力和资金来研究、破解有关“能源效率、持续发展、气候变化”等因素对人类社会进步的影响。联合国已经把“提升经济绿色水平，实现人类可持续发展”纳入议事日程，相继通过有关的约定。2015 年 12 月，《联合国气候变化框架公约》的近 200 个缔约方一致同意通过《巴黎协定》，确定了 2020 年后全球减排协议，明确了应对气候变化、减少排放、资金支持等议题，体现了全球绿色低碳发展的决心和意志，各国将纷纷参与减排来缓解和适应气候变化。中国国家主席习近平指出，“中国一直是全球应对气候变化事业的积极参与者”，“继续推进清洁能源、防灾减灾、生态保护、气候适应型农业、低碳智慧型城市建设等领域的国际合作”。

根据生态环境部《中国应对气候变化的政策与行动 2022 年度报告》统计核算，2021 年，中国单位 GDP 二氧化碳排放比 2020 年降低 3.8%，比 2005 年累计下降 50.8%，非化石能源占一次能源消费比重达到 16.6%，风电、太阳能发电总装机容量达到 6.35 亿 kW，单位 GDP 煤炭消耗显著降低，森林覆盖率和蓄积量连续 30 年实现“双增长”。全国碳排放权交易市场启动一周年，碳市场碳排放配额累计成交量 1.94 亿 t，累计成交金额 84.92 亿元。

2015 年 11 月 30 日，中国政府在巴黎气候变化大会上承诺：到 2030 年单位国内生产总值二氧化碳排放将比 2005 年下降 60%～65%，充分体现了中国作为经济大国对世界的责任担当和自觉贡献。2016 年联合国还通过了《2030 年可持续发展议程》（A/RES/70/1），确定了之后十五年将要实现的 17 项可持续发展的目标。其中，“逐步改善全球消费和生产的资源使用效率”被当作一项应对气候变化的目标来安排。目的就是通过人类的共同努力拯救地球，保护好人类赖以生存的家园，促使经济增长和环境保护协调发展。中国在 2010 年成为世界第二大经济体，在加快经济结构升级转型过程中，始终注重经济总量增长与发展质量的关系，坚持了科学发展。2012 年党的十八大要求全面落实经济、政治、文化、社会、生态文明建设“五位一体”的总布局。五位一体是一个不可分割的有机整体，坚持全面推进、协调发展，突出了生态文明建设的基础作用，有利于形成经济富裕、生态良好的发展新格局。十八大报告对下一阶段工作明确要求在资源开发利用、推进节能减排、提高能源效率和恢复生态环境等涉及国计民生的社会建设上均要有重大进展。

2015 年十八届五中全会强调实现现阶段各项发展目标，必须牢固树立“创新、协调、绿色、开放、共享”的发展理念，破解前进道路上的各种难题，努力创造适应我国经济社会发展的政策环境、人文环境和自然保护环境的良好条件，绝不能够因发展失衡和不可持续而制约经济发展增速和经济发展质量。坚持“协调发展”“绿色发展”的理念为我国在节约资源和保护环境方面指出了新思路。实现协调发展，即要塑造要素有序自由流动、资源环境可承载的区域协调发展新格局。实现绿色发展，即要推动低耗低碳经济循环发展，坚持节约能源和高效利用资源，强化环境治理和生态保护。实现可持续发展，即要推进社会发展进步、科技进步和经济发展水平进步，推进美丽中国建设，形成人与自然和谐发展现代化建设新格局，为全球生态安全做出新贡献。

综上所述，提高能源效率，实现低碳发展、绿色发展成为普遍共识。党的十八大以来，中央将生态文明建设融入经济建设、政治建设、文化建设、社会建设各方面和全过程。宁要绿水青山，不要金山银山。低碳发展、绿色发展是实现生产发展、生活富裕、生态良好的文明发展道路的历史选择，是通往人与自然和谐境界的必由之路。

（2）提高能源效率是资源型城市转型发展的共同选择。

20 世纪 50 年代，我国刚刚从半殖民地半封建社会走过来，需要尽快保障人民生活的需求，保持社会的稳定。面对国民经济千疮百孔、百业待兴的局面，如何快速发展经济、巩固新生的社会主义政权，成为新中国迫切需要解决的问题。伴随着世界范围内掀起的一场工业化的浪潮，面对资本主义国家的经济制裁与军事封锁，我国面临着巨大的考验和挑战，从此开始着手制定国民经济发展计划。根据国防建设、工业基础建设、人民生产生活需要，统筹谋划我国经济发展的战略布局，广泛整合矿产资源和人力资源，加快经济发展建设步伐，由此开始了大规模全方位的资源开发与利用。

从新中国成立到改革开放的三十年间，坚持资源开发利用和产业结构调整，我国的重工业、轻工业和农业发展都有了翻天覆地的变化，已由农业经济国发展成为具有现代化基础的工业国。制造出我国第一架喷气式飞机、第一辆解放牌汽车，鞍山钢铁、沈阳机床公司建成投产，武汉长江大桥等多个建设项目陆续投产使用。国防建设得到巩固，国民经济得以快速增长，改变了我国工业残缺不全的状况，为夯实工业基础实力起到重要作用。在此期间，资源型城市（早期被称为“矿业城市”）依托能源利用和矿产资源开采加工不断发展壮大，如大庆（大庆油田）、东营（胜利油田）、鞍山（鞍钢）、平顶山（平顶山煤矿）、攀枝花（攀枝花铁矿）、六盘水矿区（煤矿）等促进了中国矿业的快速发展，在计划经济条件下为社会主义建设做出了突出贡献。

在特定的历史条件下，以重工业为核心、优先发展重工业的发展模式，资源型城市以“多、快、好、省”的建设速度，弱化环境保护而粗放式开发资源，造成资源浪费巨大，能源效率低下。一方面，无节制地追求开采速度和数量，资源矿体遭到严重破坏，地下资源没有得到充分利用，损失了大量资源，抑制了矿藏资源的合理采收率。另一方面，开发利用水平不高，使用高耗能低效的落后设备，工艺技术不先进、加工能力差，资源产品种类不多，而且粗加工的方式导致采出资源浪费严重，能源利用程度低。盲目追求经济建设速度和数量，促使部分资源型城市未老先衰，经过短暂的繁荣后快速进入能源枯竭状态，如抚顺（煤矿）、阜新（煤矿）、白银（铜矿）、大冶（黄石）（铁矿）等。这些现象到了改革开放以后逐渐表现出来，迫使其转型其他产业来维系资源型城市的经济发展。为此，国家发展和改革委员会、自然资源部、财政部等先后于2008年、2009年、2012年评定69个资源枯竭型城市（县、区）为资源枯竭发展期。2013年国务院下发《全国资源型城市可持续发展规划（2013—2020年）》，依据资源保障能力和可持续发展能力，按照成长、成熟、衰退和再生型四类将全国资源型城市划分为不同的发展阶段，以达到分类引导各类资源型城市科学发展的目的。

作为区域经济的重要组成部分，资源型城市的可持续发展对国民经济及社会具有重大影响和意义。以不可再生的矿产资源为主体的矿业城市是资源型城市的重要组成部分。以资源型产业为主导的单一产业模式和资源开采面临的资源枯竭、环境破坏迫使矿产资源型城市必须实现经济发展转型，而提高能源效率成为资源型城市转型的必然选择。

（3）提高能源效率是美丽中国建设的重要手段。

能源直接关系到人类社会生存发展和生态环境的保护，也关系到国家经济安全和人民生活质量，已经成为制约我国经济社会发展的重要问题之一。作为世界上人口数量最多的国家，我国社会生产与人民生活所需能源数量相对于其他国家是巨大的。根据IEA数据，自2009年以来我国能源消费量已经超越美国成为世界第一。早在20世纪90年代我国能源供需矛盾就开始显现，能源消费总量远大于能源生产总量，这种能源供需紧张的趋势延续至今且越发突出。

我国经济发展在东南亚金融危机之后能源消费增速不断加快，2004年增速达到16.8%的峰值（马建堂，2015）。对内，2005年以后积极采取节能降耗措施取得显著成效，能源效率不断提升。对外，受2008年国际金融危机影响，经济发展步伐放慢。在两个因素共同作用下，我国能源消费增速得以控制，进入缓慢增速阶段。根据国家统计局数据，2014年我国能源消费总量增速为2.2%。虽然能源消费增速在放缓，但是由于我国经济总量巨大，伴随而来的能源消费总量也大。同时，我国能源利用水平与国际先进水平相比还有很大差距，加剧了能源生产供应与消费的需求总量之间的矛盾。根据BP世界能源统计年鉴，2013年和2014年我国能源消费总量分别为37.5亿t、42.6亿tce，占全球能源消费总量的22.4%和23%，占能源消费净增长的49%和61%。为了保障经济社会发展，满足能源消费的供应，拉动能源对外依存度不断攀升，不利于保障能源安全。

资源和环境是可持续发展的基础。我国能源资源供应保障能力有限。据BP世界能源展望2016年和2017年报告预测，到2035年我国将占世界能源消费总量的25%，能源进口依存度从2015年的16%升至2035年的21%，石油和天然气依存度从2014年的59%、30%上升至2035年的70%、40%以上，不利于保障能源安全。此外在我国能源消费结构中煤炭占据主导地位，燃煤给生态环境带来巨大压力。因此，必须改变经济增长方式和能源消费结构，采取节能降耗措施，依靠技术进步发展清洁能源、应用新材料和新能源提升能源效率。

在我国经济持续增长带来的能源需求与能源供给的矛盾突出的情况下，除了增加能源供应多元化、使用可再生能源外，能源效率的改进能缓解经济增长过程中的能源供需矛盾以及应对能源供应能力不足对经济发展质量的制约问题。另外，从建设美丽中国的美好目标出发，解决过去在能源消费中出现的问题，其中的关键是要改善能源消费结构，提高能源效率。提高能源效率被认为是解决环境问题的最实用、最经济的办法。目前我国的单位产值能耗和能源产业及工业系统的效率指标与发达国家相比有较大距离。据能源发展“十二五”规划，我国单位产值能耗高的钢铁、有色产业和建材、化工行业的耗能总量约占能源消费的一半。面对我国能源效率低下的状况，有必要对能源效率加强研究，实行能源消费强度和消费总量双控制，制定相关政策推动全国各地实现能源有效利用。在迫切需要提高能源效率的大环境下，资源型城市作为与能源资源密切相关的一类城市值得关注与研究。各类资源型城市如石油城市、煤炭城市等，在我国建设社会主义现代化进程中，保障了能源资源和原材料供应，促进国民经济较快发展，凸显出资源型城市“维护能源资源安全的保障地”的重要作用。特别是在一些原来没有现代工业基础和市场条件的地区的资源型城市，不仅提供了该地区经济社会发展所必需的工业原材料与生活资源，促进了当地经济建设和现代工业发展，改变了相关产业发展格局，还广泛提供社会就业机会，极大改善和丰富了人民生产生活条件，起到了推动相关产业兴起和带动区域经济发展的作用。这些城市的发展壮大主要是依靠对其特有自然资源的开发与利用而实现的，在工业化与城市化的时代潮流下，资源型城市吸引了大量的人力资本和物质资本，加速了中国城市化进程。

然而资源型城市主要是依托当地的资源开发而发展起来的，有的是因矿产资源而建立，如克拉玛依市、攀枝花市等，也有的是依赖矿产资源而兴起，如邯郸市、大同市等。资源型城市往往过度依赖本地资源，形成了以矿产资源开发利用为主导产业的经济发展格局。由于矿产资源的不可再生性，资源型城市的兴衰与其资源禀赋总量有很强的关联度。加快工业化发展和城镇化建设速度，决定了资源型城市对能源资源的旺盛需求，当资源可采储量减少、资源开发利用濒临枯竭时，城市的发展基础受到较大影响和冲击。此外，粗放式的资源开发和技术含量不高的产品加工利用方式加速资源可采储量下降快、能源供应能力不足、资源开发利用率不高，从而造成能源浪费严重、工业污染物大量排放、生态系统破坏加剧。

面对资源需求量日益增加，对外依存度日趋加大，环境污染和生态系统退化并存的严峻形势，加快推进生态文明建设，既是转变经济发展方式、提高发展质量、促进人与自然和谐的内在要求，也是积极应对气候变化、维护全球生态安全的重大举措。就资源型城市而言，落实好“节约资源和保护环境”的基本国策和建设美丽中国的目标尤为重要。要依靠制度从源头控制环境恶化，要依靠技术进步、产业结构调整来提高能源效率，不断推进绿色发展、循环利用、低碳发展。提高能源效率，已经成为资源型城市实现高效能、低污染的低碳经济、可持续发展的一项紧迫任务。因此，“资源型城市能源效率测度”作为研究课题，对于资源型城市在贯彻落实“五位一体”的战略布局，有效利用资源优势，抓好产业结构调整，增强发展后劲，提升潜力空间，促进经济社会繁荣稳定，实现节约资源、保护环境等目标，将起到理论引领和规划发展战略的借鉴作用。

第 15 章　绿色经济增长与能源转型

“绿色经济”这一概念最初由英国环境经济学家大卫·皮尔斯（David Pearce）于 1989 年提出。他所推崇的是一种“可承受经济”，即主张从社会生态和环境保护视角出发，综合考虑全人类福祉，保护能源和生态环境、注重社会公平与发展经济并举，在自然可承受范围内实现经济的可持续发展。2009 年，G20 峰会在伦敦召开，各国领导人达成了“绿色及可持续经济复苏”的共识。各国旨在全球金融危机后大力发展绿色经济，以绿色发展作为提升国家竞争力的主要手段，对各产业进行绿色升级，加强绿色投资、开展一系列绿色活动，致力于使本国经济得到复苏及长足可持续发展，制造更多的就业机会，通过发展绿色经济来促进经济的进一步增长，提升国际综合竞争力。2011 年，联合国环境署在《迈向绿色经济：实现可持续发展和消除贫困的各种途径》一文中提到，绿色增长是一种追求经济发展同时又避免环境污染、保留生物多样性以及保护自然资源的重要方式。2012 年，党的十八大报告中首次提出要“推进绿色发展、循环发展、低碳发展”，要大力推行绿色发展，以绿色发展理念作为指导思想来促进我国的生态文明建设。

以上倡议得到了国际组织和世界各国的积极响应，许多国家已经将绿色经济作为推动经济复苏的首要动力，争先出台各项有关绿色经济及绿色发展的政策措施和具体实施方案。在这种全新的模式下，对财富的追求和对发展的渴望无须以生态破坏和环境污染的日益加剧为代价。可以说，绿色经济是原来以破坏生态系统为代价的“黑色经济”模式失效的必然结果，也是替代“黑色经济”模式登上历史舞台的新产物。

2014 年 11 月的《中美气候变化联合声明》中，中国首次提出“中国计划 2030 年左右二氧化碳排放达到峰值且将努力早日达峰”，这是中国政府第一次对二氧化碳绝对量减排做出承诺。气候目标成为中国经济发展的约束条件。

绿色经济增长的核心在于，兼顾经济增长的同时尽可能减少资源消耗和污染排放。中国经济经过改革开放四十多年来的高速增长。一方面，资源和环境的承载力已经达到一个限度，这倒逼中国经济不得不改变原来高能耗、高排放的经济发展方式；另一方面，经济发展自身的规律也使得中国经济有转型升级和向低能耗、低排放的经济发展方式转变的需要。绿色经济增长是将能源和环境因素纳入经济增长的分析框架，不仅考虑纯 GDP 的增长，更考虑资源节约、环境友好与经济增长三者之间的综合协调，实现可持续增长。

中国能源转型是指从以化石能源为主的能源体系转变为在技术经济允许的范围内更多使用环境友好的清洁能源，提高资源环境可持续的能力和改善国家能源安全状况。着力发展非煤能源，形成煤、油、气、核、可再生能源等多轮驱动的能源体系是中国能源转型的重要方向。

中国“少油贫气”的资源禀赋条件加上煤炭的低价优势，决定了“以煤为主”是中国能源体系的基本特征。但是煤炭燃烧的污染排放也是最严重的，比如，其排放的二氧化硫、氮氧化物、烟尘分别占中国排放量的 86%、56%、74%，而这三种是引起雾霾的最主要污染物。中国实现绿色经济增长的约束在很大程度上落脚于能源约束，绿色经济增长转型在具体的实现途径和政策抓手上本质是能源转型。

转型的关键首先在于煤炭。由于资源禀赋的特点加上价格优势，煤炭一直是中国能源消费的主体。2014 年煤炭占中国一次能源消费的 66%，而美国和欧盟均不到 20%。巨量煤炭消耗并长期积累的集中爆发，导致了雾霾等环境问题，因此煤炭替代是绿色经济转型的重点。同时，控制二氧化碳排放增长也是要在经济可承受的范围内减少对煤炭这种高碳能源的使用。

“去煤化”过程给能源供给留下空间，需要填补，而（常规）石油和（常规）天然气难以起到填补作用。2011 年中国千人汽车保有量仅 106 辆，而美国千人汽车保有量为 800 辆，即使打个对折，中国汽车消费还有相当大的增量。在现有能源消费模式下，未来交通用能将对中国如何保障能源安全造成很大的压力。天然气进口受地缘政治和地区安全的影响很大，过高的对外依存度对能源安全和国计民生的影响可能比石油更大。因此，从可持续发展和国家能源安全的角度，实现能源供应革命，推动能源结构向清洁能源的方向转变，着力发展非常规油气，是中国能源转型的基础，也是中国实现绿色经济增长转型的必要条件。

15.1　绿色经济发展的重要意义

改革开放以来，我国经济呈飞跃性发展且涨幅明显，国民收入水平长期超过 10%，1991～2007 年 GDP 一直保持在稳定水平。但自 2008 年全球金融危机以来，我国经济增速开始放缓，国民收入水平逐步下降，GDP 增速一直低于 10%。对于这一新的经济态势，习近平总书记在 2014 年中央经济工作会议中专门提出：“接下来，中国的经济发展将呈现中高速稳健增长的态势，我国经济发展将进入新常态。”在经济新形势下，以生产要素为驱动和破坏环境为代价的粗放型经济高速增长模式并不可行，过去“高消耗、高投入、低效率、低产出”的经济增长模式急需转变，中国经济需要“换挡”“松油门”。因此，中国经济进入新常态是经济发展规律的客观体现，同时也是我国经济发展到一定阶段的必经之路。中国经济新常态意味着经济发展方式的转变、经济增长模式的跃迁和经济增长动力的切换。新常态下助力绿色转型、推动绿色经济发展是促进经济增长、优化能源结构、保护生态环境和维护社会平衡发展的内生动力，也是实现我国经济效益、生态效益与社会效益和谐统一的必经之路。

（1）绿色发展是我国生态文明建设和可持续发展的基本要求。

传统的经济发展是通过无节制消耗资源和破坏自然环境的方式来实现，此种方式造成十分严重的生态环境破坏，如土壤贫瘠、气候变暖、大气污染等问题，极大程度上制约了经济的可持续发展。2013 年 9 月，国家主席习近平在哈萨克斯坦的纳扎尔巴耶夫大学的演讲中谈到环境问题时指出："我们既要绿水青山，也要金山银山。宁要绿水青山，不要金山银山，而且绿水青山就是金山银山。"党的十八大提出，要树立"顺应自然、尊重自然、保护自然"的新理念，就是要在全社会领域内倡导生态平等的新观念。生态文明建设的新常态与可持续发展有着相类似的概念，二者都主张生态平等的价值观，包括人与自然、社会及经济发展之间关系的相融发展、当代人与后人之间的和谐平等。生态文明建设其实质就是把可持续发展提升到绿色发展高度，为后人"乘凉"而"种树"，就是不给后人留下遗憾而是留下更多的生态资产。它是党对经济发展与环境保护之间关系的新认识，也是我国领导人提出的崭新的资源观。绿色发展认为：环境保护与经济发展并不冲突；相反，在生态文明时代，自然资本成为当代最稀缺的要素，需要被合理地保护和利用，以促进生产关系和生产力的发展。绿色经济发展摒弃了传统的以牺牲自然资源与破坏环境为代价的"不可持续"经济发展模式，取而代之的是经济与资源环境和谐相融的一种可持续发展的表现形式。因此，绿色发展作为我国生态文明建设的基本要求，不仅可以进一步促进经济的增长，还能更好地促进人与自然和谐相处，全面实现人们生活质量的提高。

（2）绿色经济是转变我国经济发展方式、优化产业结构的根本途径。

经济增长方式要发生转变，就必须对产业结构进行优化调整，即从过去"高消耗、高投入、低效率、低产出"的"黑色经济"发展模式走出来，以绿色创新驱动模式来促进经济的增长。否则，非绿色经济发展模式的持续将导致一系列如环境污染、能源浪费、产品质量低下、经济增长放缓等问题。但是，受制于我国经济发展水平、生产管理模式、工业流程、消费方式和政府业绩考核等原因，要彻底转变经济发展方式十分困难。首先必须对我国产业结构进行优化升级，尤其要对工业进行绿色转型。目前，我国的主导产业仍处于国际分工的中低端，科技含量低，只有加大科技投入，大力发展技术创新、新能源、绿色低碳等新兴产业，才能在经济下行的后危机时代找到新的经济增长点。同时，推进我国产业结构的转型升级、优化投资和贸易结构，推动经济增长，提高生态文明水平，建设资源节约型和环境友好型社会。

（3）绿色经济是我国参与新一轮国际竞争与合作的客观需要。

2008 年全球金融危机以来，发达国家一方面积极发展绿色经济以复苏经济，另一方面在气候、环境和资源能源等问题上不断给发展中国家施加压力。面对环境气候等问题，国际社会强烈要求中国主动承担重任，以负责任的大国形象来应对这些危机。不仅如此，发达国家制定的国际环境条约、碳交易协议和绿色贸易规则等一系列政策给我国的贸易出口带来极大阻力，以美国为首的国际社会还提出"中国威胁论"。可以说，不达标的产品质量、巨大的环境污染和能源消耗问题给我国在国际社会的形象造成深远的负面影响。加之我国的产品生产处于产业链中低端的加工环节，科技创新能力弱、外部依赖性强、产品附加值低、污染排放率高，这些已成为我国政府和社会不可避免的问题，其不但在一定程度上阻碍我国经济的可持续发展，还威胁到我国的国际信誉和综合竞争力。要想摆脱这一困境，就必须创新机制体制，实行绿色经济转型，走绿色发展道路，优化资源配置，合理分配生产要素，创新组织管理方式，深化机制体制改革，加大对新能源、生物、光伏等新兴绿色产业的投入，提高生产力和生产效率，积极应对国际社会挑战，以期迎来新的经济增长高峰，抢占新一轮国际竞争的制高点。

15.2　能源转型促进绿色经济发展

15.2.1　绿色经济与能源转型的关系

实行绿色经济增长需要能源转型的配合。环境污染很大一部分是由化石能源燃烧引起的，比如导致雾霾的三大污染物（二氧化硫、氮氧化物和烟尘），能源引起的排放量占总排放量的 70%～80%。二氧化碳更是绝大部分来自化石燃料的燃烧。因此，无论是环境治理还是二氧化碳减排，本质上都是能源问题。如果能够实现"清洁能源为主，化石能源为辅"的根本性变革，那绿色经济增长便成为自然而然的事情。

要实现能源结构从化石能源向清洁能源的转型，除了技术上的制约，更大的问题可能在于成本竞争力。与煤炭相比，除了水电和核电之外，其他清洁能源在中国还不具有成本优势，特别是考虑到并网和调峰的成本。因此，实现清洁能源快速发展离不开政策的支持，否则清洁能源难以在纯市场层面与煤炭等化石能源展开直接竞争。所以，政策是推动中国清洁能源发展的重要推动力。

资源和环境制约绿色经济增长，中国需要从创新激励和地区发展战略上促进绿色经济发展。从地级市层面看，2003～2012 年中国平均绿色经济增长率为 9.3%，而同期地级市统计的实际平均经济增长率为 13.6%。这说明绿色经济增长已经赶不上实际经济增长的速度，资源和环境已经成为制约绿色经济增长的因素。在能源和环境之间，环境绩效又低于能源绩效。节能减排是倒逼绿色经济增长转型的政策抓手，环境约束应该至少置于与节能同样重要的位置。我们进一步发现，与节能减排相关的创新激励以及地区资源禀赋决定的经济分工是影响一个地区绿色经济增长的两个主要机制。在未来政绩考核体系中，应以绿色经济增长指标取代传统的纯 GDP 指标作为考核标准，提高地方政府改善能源环境绩效的激励，这样经济转型才有内生的动力。并且，应通过产业多样化、促进工业转型升级，从而减轻资源优势下经济分工带来的锁定效应和路径依赖。

环境治理会使能源结构朝更清洁的方向转变，这可以对煤炭消费和二氧化碳排放起到显著的抑制作用，借助环境治理的大势，煤炭和二氧化碳峰值提早出现会成为一个自发的过程。《中美气候变化联合声明》中，中国设定 2030 年碳排放峰值并不会给经济带来额外压力。通过更严格的环境治理措施，煤炭消费在 2020 年达到峰值，二氧化碳峰值时间提前到 2023 年。

能源转型是实现绿色经济增长的重要方面，但面临的问题在于清洁能源的发展成本相对传统化石能源较高。由于可再生能源的制度安排，这些成本的不同部分由不同的参与者分摊，其中购电成本由电力消费者通过间歇性可再生能源的电网集成运营成本共同分摊，电网基础设施建设的成本则主要由电网企业分摊。但是没有一个机制具体地规定在系统平衡过程中损失的电力该如何分摊，这可能成为未来清洁能源发展的一个重要障碍。

由于成本较高，推动清洁能源发展的重要推手是政策激励。政府设定一个固定的标杆电价可以解决清洁能源市场对上网电价的不确定性因素，稳定市场对于利润的预期。以风电对政策进行量化评价后发现，目前的标杆电价水平低于全社会政策收益最大化的最优水平，而且考虑风电碳减排正外部性下的最优标杆电价高于忽略外部性的情形，单纯从经济利益上考虑的中国风电产业尚无法仅依靠标杆电价政策而形成一个纯市场导向的产业安排，将碳交易市场与风电产业链对接起来的结构是能够通过市场自生的。

15.2.2　绿色经济的发展

发达国家与新兴国家相继倡导发展绿色经济，旨在后危机时代复苏经济，寻求经济增长的突破口。我国虽在经济转型阶段大力发展低碳经济和循环经济，然而在绿色转型中却遇到诸多瓶颈和障碍，如相关法律体系不完善、生态环境遭严重破坏、能源消耗率高、环保信息不公开、民众绿色意识薄弱、发达国家频设关卡等。

1. 完善法律政策体系

过去 40 年，我国采取的是以资源投入为主的粗放型经济发展模式，经济一直处于高速增长态势。通过承接发达国家的产业转移，转变为“世界工厂”，经济持续腾飞，成为世界第二经济大国。然而，该模式也给环境和资源带来巨大压力，我国当前的经济发展正面临着十分严峻的转型挑战。一方面，我国对地方政府及官员的考核标准一直以 GDP 为导向，一切绩效均以 GDP 为硬指标，唯“GDP 论”使高污染、高排放的经济增长模式继续存在，环境能源保护及绿色发展难以落实。另一方面，相关的绿色法律法规体系缺失。目前，我国已颁布的环保法规不在少数，如《环境保护法》《环境保护执法手册》《固体废物污染环境防治法》《节约能源法》等将近 50 部法律法规，是世界上颁布环保政策法规最多的国家。然而，由于这些政策多是计划经济时代的产物，主要强调的是行政管理手段，并未从市场调节、民众监督、经济刺激等方面来激励大众自发的环保意识和环保行为。加之相关法律内容过于笼统、简单，缺乏配套的操作程序，大多是“纸上谈兵”，执行和操作性不强。随着我国进入经济新常态，现存的环保及绿色法律法规已完全不能满足我国发展绿色经济的要求。

2. 要素价格形成机制

要素价格形成机制非市场化，且内需疲乏，绿色推广难以普及。

首先，许多能源要素如水、土地和矿产等价格被严重低估，非市场化的价格形成机制很可能将能源要素价格排除于企业“成本-效益”模式之外，造成要素价格与其价值的扭曲。这使得新兴绿色产业在仍占主导地位的传统产业面前竞争无力，甚至造成“绿色无效益、循环不经济”的被动局面。

其次，传统产业仍占据主导地位，光伏、生物、纳米、新能源等以绿色、低碳技术为标准的战略性新兴产业由于技术不成熟、经济增长方式未改变、仍然依靠传统主导产业等原因，有价无市、内需疲软，在国内市场还无法与传统产业相竞争。因此，绿色新兴产业大多走“以出口拉动发展”的道路，相关研究显示，每千瓦时光伏发电的成本需铁约 7300mg、铜 330mg、铝土矿 2800mg、生石灰 15000mg，其生产环节本质上仍属于高能耗、高污染。按照此种模式，其结果是加速国外新能源生产转型的同时加剧国内资源能源耗费及污染。

3. 环境污染与环境信息

环境污染问题突出，环境信息不够公开。在我国的工业化和城镇化进程中，经济飞速发展、人民生活水平得到提高，但同时也带来严重的环境与能源问题，如大气污染严重、水土流失、耕地资源贫瘠、土地沙漠化加速、淡水资源匮乏等。不仅如此，我国的环境信息过于封闭，不够公开透明，环境信息化水平相对较低，导致企业脱离公众和市场监督，继续生产高污染、高能耗产品，必然引致环境进一步恶化、资源能源无节制耗费。当前，许多国家纷纷把信息公开化作为一项制度全面推行。在发达国家，环境信息公开化程度很高，公众更愿意选择那些环保、绿色产品。正是由于消费者的消费偏好对企业的经济效益产生影响，因此企业都纷纷生产环保产品，投资者也倾向于选择那些环境绩效良好的企业进行合作。可见，有了消费者的消费偏好、市场的正向监督和投资者的投资倾向就可以对企业进行良好的引导，信息公开化也就高效助力了环境问题的解决。

4. 我国绿色经济发展的国际空间

我国绿色经济发展在国际社会遇阻。过去四十多年，我国的经济发展延续着发达国家的老路，即"先污染，后治理"。目前，中国已成为全球生态承载率最高和环境风险最高的国家。当前我国的生态承载率很高，是世界平均水平的好几倍，空气质量不达标的城市比例也很高，华北地区雾霾天气呈现常态化；农村的环保设施差，远低于合格标准。相关数据统计显示，2005～2015 年，我国能源消耗总量成倍增长，进口量由 2005 年的 26952 万 tce 增加到 2015 年的 76114 万 t，涨幅高达近 200%；一次性能源消耗量不减反增，其背后存在着巨大的能源危机，生态环境也面临着极大压力。不难发现，我国经济发展仍是以大量消耗钢材、水泥等材料来支撑，我国的能源消耗量高达 37 亿 tce，能源结构尚未优化，钢铁消耗量占世界总消耗量的 44%，水泥占 53%。2010 年，中国 GDP 仅略高于日本，但日本仅消耗钢材 1 亿多吨，我国却消耗钢材 6 亿多吨，是日本的 6 倍，且我国人均消耗钢材已达到 456kg，超过了世界人均钢材消费量，但所创造的价值却远低于发达国家。此外，煤炭依然是我国能源消耗主体，我国的煤炭消费占全球总量的 70%，高出全球煤炭平均消费水平 30%多，而在新能源方面的消费却远远低于全球水平。对外能源需求呈持续增长趋势，其中石油的对外依存度高达 60%。巨大的能源消耗不仅使我国可持续发展进程受阻，发达国家也纷纷对中国表示谴责，并强烈要求中国以大国身份来积极应对并承担责任。同时，西方发达国家实行的一系列绿色贸易壁垒及贸易保护措施，如绿色关税、绿色环境标志、绿色包装、绿色补贴等，对进口产品不分国别一律采取非常严格的标准，间接导致发展中国家大量产品被排斥在发达国家市场之外，加之标准的实行常常内外有别，明显带有歧视性规定，以绿色之名行贸易保护之实，这不仅严重阻碍了我国贸易出口，也使我国有可能在新一轮的国际竞争中处于被动局面。

第 16 章　能源治理综合调控

除传统的 IEA 和 OPEC 机构外，在当前全球能源治理格局中，ECT、IEF、IPCC 等国际能源组织也积极发出自己的声音。如 G20 拓展了全球能源对话平台和范围，促使能源治理格局悄然变动。近年来，我国在能源治理体系中表现十分积极，不仅在上述国际能源组织和机制中积极发声，而且逐渐担当起重要角色。2015 年 5 月，我国签署《国际能源宪章宣言》，从 ECT 的受邀观察员国变为签约观察员国；同年 11 月，我国正式与 IEA 建立联盟关系，双方承诺加强在能源安全、能源数据及统计等领域的合作。2016 年 9 月，中国作为 G20 主席国成员举办主题为“构建创新、活力、联动、包容的世界经济”的 G20 领导人杭州峰会。这次盛会使得我国通过 G20 平台在全球治理空间内发挥了更大的作用，同时我国通过参与这一机制，得以讨论一些重大国际治理规则的制定，维护我国国际权利。为支持这一盛会，2016 年 7 月美国威立（Wiley）数据库与中国社会科学院合作出版的期刊 *China & World Economy* 出版了一期相关特刊《面向 2016 年 G20 峰会——全局分析及中国面临的挑战》(Towards the 2016 G20— Global Analyses and Challenges for the Chinese Presidency)。其中 8 篇文章从 G20 对全球政府在不同政策领域（金融、贸易、投资、移民等）的影响方面做了深入分析，并从两个不同视角探究中国在其中的作用，即中国在相关问题的全球辩论方面如何发挥自身的影响力及 G20 能够为中国的改革议案提供何种支持。我国是当今世界新兴能源需求大国之一，在全球能源治理中具有重要作用。综合国力和国际影响力不断增强和扩大，进一步促进了我国与更多的全球能源治理组织与机制建立互惠合作关系。在未来的发展道路上，我国仍需对自身在全球治理格局中所处的地位有清醒的认知。

16.1　能源治理体系的建设

进入绿色化、低碳化时代，开展绿色能源治理，构建和调整全球能源治理格局，需要全球能源利益攸关者形成共商、共议、共决的机制。在这个过程中，作为发展中的能源大国，中国的作用是必不可少的。近年来能源治理成为我国参与国际经济治理的重要途径，受到我国政府的高度重视。2012 年以来我国多次提出，中国将积极参与国际能源治理体系的建设和发展。在 2012 年中欧高层能源会议上，李克强总理提出：“中欧参与全球能源治理十分重要。”2014 年 6 月 13 日，习近平主持中央财经领导小组第六次会议，重点研究我国能源发展战略，就推动能源生产和消费革命提出 5 点要求。第一，推动能源消费革命，抑制不合理能源消费。第二，推动能源供给革命，建立多元供应体系。第三，推动能源技术革命，带动产业升级。第四，推动能源体制革命，打通能源发展快车道。第五，全方位加强国际合作，实现开放条件下能源安全。

我国参与全球能源治理的认知和意识逐年增强，并付诸行动。全球治理理念突出反映在 G20 平台上。2014 年 11 月在布里斯班举行的 G20 峰会上，习近平主席在主题演讲中提及“全球能源治理”，并强调：二十国集团必须从完善全球经济治理的战略高度，建设能源合作伙伴关系，培育自由开放、竞争有序、监管有效的全球能源大市场，共同维护能源价格和市场稳定，提高能源效率，制定和完善全球能源治理原则，形成消费国、生产国、过境国平等协商、共同发展的合作新格局。迄今为止，我国参与国际能源治理的重大突破和创新举措体现在 G20 杭州峰会上，作为首次举办 G20 的东道国，中国向全世界阐述了中国的全球能源治理理念。

在应对全球气候变化和倡导清洁能源治理体系的建设中，我国一直致力于构建新型的国际能源治理体系，在巴黎气候变化大会上，我国提出 2030 年左右使二氧化碳排放达到峰值并争取尽早实现，2030 年单位国内生产总值二氧化碳排放比 2005 年下降 60%～65%，非化石能源占一次能源消费比重达到 20%左右，森林蓄积量比 2005 年增加 45 亿 m^3 左右。

2015 年 3 月，国家发布《推动共建丝绸之路经济带和 21 世纪海上丝绸之路的愿景与行动》的纲领性文件，提出加强能源基础设施互联互通合作，共同维护输油、输气管道等运输通道安全，推进跨境电力与输电通道建设，积极开展区域电网升级改造合作。该倡议得到了“一带一路”沿线国家的积极反响和参与，能源合作正在成为“一带一路”倡议中的重要合作领域，进一步加强了中国与沿线国家的能源合作关系。“一带一路”沿线和支线国家是能源资源大国，沿线或支线国家也是我国油气资源的重要进口国，“一带一路”国家在中国原油进口中所占比重为 66%，我国原油主要来自中东（占 52.1%）、非洲（占 22.1%）、中亚和俄罗斯（占 12.6%）、西半球（占 10.8%）。原油主要进口国为沙特、安哥拉、俄罗斯、阿曼等。2018 年是我国“一带一路”倡议提出的第五个年头，继续深化与“一带一路”主要能源贸易国家的能源基础设施建设，加强能源产能合作关系，将有效防范能源供应与运输中的政治、安全等风险，构建国际能源治理新秩序。

在我国能源发展“十二五”规划中，提出积极参与全球能源治理，充分利用国际能源多边和双边合作机制，加强能源安全、节能减排、气候变化、清洁能源开发等方面的交流对话。“十三五”规划纲要明确提出了建设我国现代能源体系的基本要求与目标。

国际主要能源机构对中国参与全球能源治理体系给予高度评价。我国主动参与全球能源治理进程，持续推进与国际能源署的合作关系。自 1996 年国际能源署与我国建立合作关系以来，双方在能源领域开展了一系列合作，2015 年 11 月，我国正式成为国际能源署联盟国。国际能源署认为中国在全球能源治理体系中的影响力体现在多个方面：第一，积极参与国际能源组织改革及相关国际规则制定，如 2014 年，中国在起草实施 G20 能源合作原则过程中发挥了重要作用；第二，在国际范围内提出一系列新倡议，引领塑造国际能源发展新格局；第三，向国际能源组织派员，增强参与治理的软实力，如向国际原子能机构等国际机制派遣常驻工作人员，系统学习和了解国际能源发展趋势。2010 年，国家能源局与国际能源署、亚太经合组织、国际能源宪章共同发起一项派员计划。我国科技部于 2013 年也开始选送外派人员。

在“创新、协调、绿色、开放、共享”发展理念下，近年来我国以 G20 机制为平台，倡导和实践全球绿色低碳发展理念，开展了一系列以绿色低碳能源治理为主题的首脑峰会，我国主动参与国际经济治理，全力塑造一个负责任发展中大国形象。2016 年 9 月，在 G20 杭州峰会上，国家主席习近平首次全面阐释中国的全球经济治理观，积极倡导构建金融、贸易投资、能源、发展等四大治理格局，这标志着我国在加快融入国际经济体系的同时，跨入主动参与国际经济治理格局建设的新阶段。党的十九大报告中明确提出“推进绿色发展”，“推进能源生产和消费革命，构建清洁低碳、安全高效的能源体系”，我国将在未来绿色能源治理体系的建设中，贡献中国智慧和中国方案。“人类命运共同体”理念具有普世价值，正在成为建设“人类能源合作共同体”的理论基础。未来，共同构建绿色低碳的全球能源治理格局，推动全球绿色发展合作，必将成为我国参与国际经济治理的重大使命和历史任务。

16.2　能源结构的优化及能源效率的提高

2015 年 11 月 30 日，中国国家主席习近平在法国巴黎出席了气候变化大会开幕式，并且发表了题为《携手构建合作共赢、公平合理的气候变化治理机制》的重要讲话，向全世界庄严承诺我国碳排放量将于 2030 年左右达到峰值且尽可能提前达到。同时，我国经济处于增长速度换挡期、结构调整消化期、前期刺激政策消化期“三期叠加”阶段，呈现出新的经济发展规律，经济发展进入新常态。以习近平同志为总书记的新一届中央领导集体，为解决目前出现的一系列经济问题，提出了“创新、协调、绿色、开放、共享”五大发展理念，创新和产业结构调整成为我国经济发展的主旋律。只有加强创新和产业结构调整才能使我国有动力跨越中等收入陷阱，才能促进我国碳排放承诺的实现。创新通过技术创新和技术引进提高能源效率，减少能源消费总量和碳排放量。产业结构调整引导高污染、高耗能企业向高附加值的服务业转变，进一步降低能源强度。面对碳排放承诺和经济发展新常态，以煤炭为主的能源结构不可持续。煤炭消费既促进经济发展，也使我国成为全球第一大碳排放国，产生巨大环境问题和政治压力。在国内，化石能源产生大量雾霾，严重影响公民精神和身体健康。国际上，发达国家强烈要求我国减少碳排放。能源结构优化既能保证能源消费需求又能放缓碳排放增速，实现绿色发展。

第一，加强能源政策引导。碳排放具有负外部性，市场无法解决，政府主动出击，制定相应减排政策，建立碳税市场，通过影响成本引导企业减排。由于技术因素制约，相比煤炭，可再生能源成本整体较高，国家可以通过政策鼓励、碳税、污染排放权、补贴等政策来引导用户使用清洁能源。

第二，适度减少煤炭消费量。由于资源禀赋和能源价格的原因，我国不得不选用煤炭，但是以煤为主的能源结构造成我国环境污染。为保障经济平稳运行，我国不可能立即大量减少煤炭的利用。但是煤炭严重污染，因此适度发展煤炭产业，保持一定的煤炭资源勘查开发力度，保证煤炭资源的供给能力，同时加大煤炭产业整合力度，促进煤炭产业优化升级。我国特高压可以实现坑口发电和西部清洁能源向东部输送，应该逐渐减少中东部煤电厂。在终端消费侧，我国煤炭占比还很高，适度减少煤炭直接使用，提高清洁能源占比。

第三，以清洁能源替代化石能源。由于水电、风电和太阳能技术快速发展，特别是水电已形成一定规模，发电成本较低，风电和太阳能发电成本也逐渐下降，使得大力发展水电、风电和光伏发电在经济成本上成为可能。再者，通过清洁能源对动力煤、石油和天然气的替代，能够减少二氧化碳、二氧化硫、二氧化氮等污染物的排放，保护生态环境。

第四，理顺清洁能源价格问题。分类别逐项核算可再生能源发展成本，合理估计研发进度曲线，结合分析每年补贴额，科学合理设计补贴，补贴逐年减少，刺激可再生能源企业研发。随着能源体制市场化改革的逐步推进，未来可再生能源的发展还是要由市场来决定，需要尽快降低成本，摆脱国家补贴，提高核心竞争力来吸引市场。学习曲线研究表明，清洁能源成本随着技术发展持续下降。对清洁能源发展补贴问题，目前都没有提出具体理论研究和具体操作步骤。能源补贴历年变化路线应与学习曲线充分结合，两者呈现反向关系，随着学习曲线上升，清洁能源成本下降，补贴也相应减少。

第五，大力发展分布式能源。分布式能源是一种安全环保、节能减排的能源发展方式，也是我国调整能源结构的重要手段。加大分布式能源技术研发力度，降低成本，与清洁能源需求侧管理交叉互融，争取在需求侧逐步取代化石能源。

需求侧分布式能源发展必须以风电、光伏、光热、生物质能等可再生能源为主，适当使用部分天然气等。

另外，环境污染治理投资是政府为解决环境污染的负外部性问题，以财政支出形式提供主要资金来源，用于改善环境的一种非营利行为。在我国环境污染治理的过程中，政府财政投入有着至关重要的作用：一方面，它是环境污染治理资金的主要来源；另一方面，它对私人部门环境保护投资具有明确的政策导向和引导作用，不论规模还是效率，在很大程度上都要受到政府环境污染治理投资水平和力度的影响。2000 年，我国的环境污染治理投资总额仅为 1014.9 亿元，而到了 2014 年已增加至 9575.5 亿元，15 年间增加了 8.44 倍。环境污染治理投资规模扩大的红利之一，便是现有企业在淘汰落后生产技艺、进行生产方式的升级改造过程中，有了更为充裕的资金来源，解决了后顾之忧，改善了能源效率。同时，对安装先进节能和污染治理设备的新建企业，给予环境保护资金的专项补贴，可以诱使企业从长远出发，优化资源配置，增加环境友好型新技术的研发力度，从而降低能耗和污染物排放水平，提升能源效率。可见，环境治理与提高能源效率是相辅相成的。

16.3　能源环境治理新体系的构建

中国举办 G20 峰会，意味着中国参与全球治理迈上一个新台阶，会议的召开为我国深入参与全球能源治理、引领国际能源发展方向、推动“一带一路”倡议实施等提供重要契机。能源环境治理就是以化石燃料为主的能源生产和消费与可持续经济发展之间出现的一系列如环境污染和气候变暖等问题，以及针对出现的问题如何规划，实施解决方法。中国作为世界第二大经济体、安理会常任理事国和 G20 重要成员，一直是全球治理的重要参与者、建设者和贡献者，也是全球治理改革的重要推动力量。

近年来，中国的能源气候治理话语权得到进一步提升，G20 为中国处理全球能源气候治理提供了机遇与平台，有利于中国提高在全球能源治理中的影响力。作为世界上最大的能源消费国，中国在 2016 年担任 G20 轮值主席国期间，根据自己的国情和发展重点，在全球能源气候治理中有所作为，丰富和完善 G20 能源合作机制，打造全球能源治理的开放平台，推动建立互利共赢、开放包容、公平有序的新型能源治理体系。具体来说，可以做好以下几方面工作。

第一，加大对能源基础设施投资。近年来，中国提出“一带一路”倡议，成立亚洲基础设施投资银行、丝路基金，积极参与金砖国家新开发银行等，显示了在能源基础设施建设和融资领域的领导力。中国在担任 G20 轮值主席国期间，通过更加标准化的协议，加强监管机制以及确保良好的争端解决机制，进一步争取在基础设施方面构建更好的市场结构，促进公私伙伴关系的发展，使投资者能够大胆投资和发展联合基础设施项目。推动国际经济合作走廊建设，推进基础设施互联互通，共同构建连接亚洲各区域以及亚非欧之间的基础设施网络。加强能源资源和产业链合作，积极参与沿线重要港口建设与经营，推动共建临港产业集聚区，畅通海上贸易通道。

第二，绿色发展和气候治理。气候治理是绿色发展的关键组成部分，中国逐渐接受 G20 在发展和能源安全领域的行动，包括逐步取消化石燃料补贴、提高能源效率和气候融资。G20 可以在以下三方面做出努力：促进气候融资，通过对融资方式进行改革，在决策机制中加入气候变化和可持续发展的因素，通过制定明确可信的政策来有效调动民间融资；评估《布里斯班行动计划》承诺中的绿色发展程度与对气候变化控制所做出的贡献，要求迅速实施效果最好的承诺，同时纠正其他做法；确保完成 2009 年 G20 关于逐步取消化石燃料补贴的承诺，并将其扩大到其他领域。

第三，推动清洁能源技术研发。G20 成员国探讨在应对气候变化研发活动中进行合作，采取共同合作型解决方案应对气候变化。推动对清洁能源、可再生能源和能源效率的投资，对发展中国家清洁能源技术提供资金和技术支持，建立清洁能源联合研究机构，通过联合攻关，研发清洁能源技术。

第四，发展绿色环保产业。G20 成员国通过推广节能环保产品，支持技术装备和服务模式创新，完善政策机制，促进节能环保产业发展壮大。推行绿色标识、认证制度。建立绿色金融体系，发展绿色信贷、绿色债券，设立绿色发展基金，加快构建绿色供应链产业体系。

第五，对未来能源治理提出明确规划。协调成员国能源部长就落实 G20 能源原则进行协商，将土耳其担任轮值主席国期间的协商进一步推向纵深。包括与国际重要能源气候组织，如国际能源署、石油输出国组织、国际能源论坛、清洁能源部长会议以及其他致力于能源政策和技术的国际组织密切协作。促进全球多边能源气候治理机制的完善。加强各个层面治理机制的协同运作。在国际层面，加强联合国、世界贸易组织、国际货币基金组织与二十国集团的合作；在跨区域层面，加强经济合作与发展组织、七国集团、金砖国家、国际能源署、石油输出国组织与二十国集团的合作；在区域层面，加强欧盟、上海合作组织、北美自贸区与二十国集团的合作。

第 17 章　环境治理综合调控

17.1　我国环境治理策略

我国通过施行环境税、排污费、环境补贴等手段引入市场机制和社会网络机制，以弥补政府资源的有限，取得了一定的成效。但是无法使其有效发挥调节功能，许多手段并不适应市场规律，如排污费的征缴往往远低于污染治理设施的正常运行成本（一般仅为实际成本的 50%，有时甚至不到 10%），没有切实建立起反映资源稀缺程度的价格形成机制，无法将外部性真正有效内化为企业生产成本，在环境治理方面市场机制无法有效运行，甚至造成企业花钱买排污权的现象。除了过多的计划经济色彩的规章制度，政府在环境问题上过多的命令性行政手段严重影响了通过市场治理环境问题的积极性和有效性。此外，虽然国家提出“谁污染谁治理”原则，但是没有完善的自然资源资产产权制度使得很难追究污染企业的责任以及货币化企业使用资源所应付出的代价，这些都导致了企业没有动力进行污染治理和技术创新。

我国动员社会力量参与环境治理已有一定的发展。2006 年开始施行的《环境影响评价公众参与暂行办法》和 2007 年颁布的《环境信息公开办法（试行）》具有积极的示范意义，部分省市相继发布了地方环境信息公开办法和环境影响评价公众参与管理办法，这些举措是对社会力量参与环境治理的重要动员。但是由于历史原因，我国社会经济发展一直强调集中，公民社会发展相对滞后，政府规制比较严格，致使公众参与治理的机会、渠道、热情受到影响。在跨越式发展面前，政府不得不包办更多，这样政府就显得更加强势，而这反过来又进一步压制了公众参与的积极性，形成了一种“强政府，弱社会”的“锁入效应”。

我国环境法制建设取得较大进展，环境法制体系初步形成，但仍不完善，环境政策制定还需更加科学化。除了《宪法》中关于环保的原则性规定之外，我国先后制定和实施了《环境保护法》《环境影响评价法》《大气污染防治法》《固体废物污染环境防治法》，以及《野生动物保护法》《矿产资源法》《森林法》《循环经济促进法》等近几十部与环保、资源相关的法律，为了细化法律或者填补法律的模糊地带，国务院还制定了 60 多部环保方面的行政法规。另据统计，国务院相关部门、各地方人大和地方政府依照各自职权也制定和颁布了 600 多项部门规章和地方性法规。从复杂性角度来看，制定如此详尽的法律法规的目的就是细化环境治理的总体目标，将环境治理这一高度复杂性问题分解为各种复杂度相对低一些的更加适合治理的子目标。从实际情况来看，环境法律规范之间仍然缺乏完整的逻辑结构，存在一些相互重复、相互抵消、相互脱节和缺乏操作性的内容。政府内部除了纵向的层级关系外，也存在横向的网络关系，这是应该得到重视和巧妙设计利用的。政府组织结构应尽量扁平化，减少层级带来的信息传递的扭曲和不畅，以及所造成的信息响应的延迟，还可以避免地方政府“歪嘴和尚念歪经”，政府的层级改革将会对环境治理产生积极意义。另外，中央政府要向地方政府合理分权，进行环保授权。中央政府主导制度供给，激发地方绿色发展的内部驱动力，而尽量淡化或不过多从事过于具体的操作。中央政府对环境设立最低标准，允许地方设置更高标准，同时鼓励地方政府积极寻求环境治理方面的各种横向合作。

政府与市场和社会网络之间的关系应是“同辈中的长者”。这有两层意思。第一层意思是平等，即政府的层级治理与市场治理和社会网络治理之间的关系是平等的，政府不能也不可能介入环境治理的全部环节。比如借鉴西方国家新上项目时通过社会利益相关者协商一致的办法，减少审批手段，政府只肩负设立环保标准以及考核等责任，进而减少政府获利的机会，使政府不能也不愿强加意志于不适合层级治理的领域，这种培养社会网络治理的方法可以反过来限制政府过度“做主”。第二层意思是在平等的基础上政府要起到带头作用，放权不意味着逃避责任，相反，只有政府可以运用法律法规，通过强制力达成环境治理模式的共振。这就要求政府通过法律法规约束自身行为，下放部分权力的同时有责任通过提供法律和制度保障和辅助环境治理中的市场机制和社会网络机制，此外在市场与社会网络占主导的环境治理领域出现诸如严重雾霾环境群体性事件时，政府有责任果断打开工具切换窗口，切换为适合解决突发状况的层级治理模式。可见，强调责任才是“新政府中心论”的含义。

强调市场配置资源的决定性作用。使市场在资源配置中起决定性作用的关键是定价，定价的前提是明晰产权，利用定价将自然资源资产化，是实现生态文明的关键举措之一。政府要加强制度建设，为市场经济运行创造良好的外部环境，维护市场运行秩序，促进竞争，使市场的成本-收益机制得以有效运行，以此引导资源和技术在市场中的流向。建立有效的生态补偿机制，也是改革生态环境保护管理体制的关键之一。通过在区域、流域等大尺度层面，在不同行政区之间依靠财政支付转移等手段，“鼓励”重污染企业退出或进行技术革新，并支持环保企业发展，倡导绿色 GDP 概念。

大力培养公民社会，提高社会环境自治水平。鉴于公众参与的地位仍有待提高、环境信息的公开时间仍较为滞后，公众参与的形式较为单一，政府方面还应该加强作为：①进一步修订相关法律法规，赋予公民更多的知情权、参与权和监督权，为扩大公众参与提供更完善的制度保证；②培养公民环保意识，并做好管理与服务工作，鼓励公众参与环境影响评价，早期介入，全程参与，减少公众参与的成本；③促进信息公开，保证公众参与的有效性；④大力培养和扶植民间环保机构和自治组织，加大公众参与的话语权。此外还要注意到我国的社会网络相对而言平等性更加不充分，相当多的网络节点并未成为网络的有效参与元素，而一些网络节点（如企业老板、大 V 等公众人物）则拥有更多与其他节点的链接数，实际上成为网络的枢纽，这些处在关键位置的人或组织在社会网络治理中有更多的优势。政府在促进公众参与的同时要适当鉴别和明确利益相关者，避免参与对象缺乏代表性和广泛性，同时，注意杜绝环境相关政策的利益集团主导以及“一言堂”现象，畅通诉求表达机制和完善矛盾化解调处机制。

环境治理的政策制定要科学、明确、具体、细化。治理效果不理想乃至失灵，往往是治理对象不明确、治理目标模糊造成的。在将环境治理的对象和目标划分为复杂性适当的子对象和子目标时需要注意，不可将环境治理的对象和目标划分过于笼统，否则政府进行治理所赋予三种治理模式的自主弹性不能保障有足够的复杂性应对环境治理的子对象和子目标的复杂性；反之过分细化则可能变成“头痛医头，脚痛医脚”，治标不治本。

这就要求政府改革生态环境保护管理体制，掌握新型和跨学科技术，科学决策，提高政府处理复杂问题，建设生态文明的治理能力。

17.2　国家环境经济政策

17.2.1　排污权交易

结合 2014 年国务院办公厅印发的《关于进一步推进排污权有偿使用和交易试点工作的指导意见》，2015 年财政部、国家发展和改革委员会、环境保护部联合印发的《排污权出让收入管理暂行办法》以及 2016 年颁布的《国家发改委办公厅关于切实做好全国碳排放权交易市场启动重点工作的通知》可知，我国的排污权交易制度至少应当包含以下几个方面的内容。

一是污染物总量控制规则。即每一个地域范围内应当对污染物的总量进行控制，这是实施排污权交易制度的目的所在，也是排污权交易实施的前提条件。

二是排污权初始分配规则。初始分配是指政府将某地域范围的排污权按照法定的方式分配给地域范围内的排污企业。初始分配权应当由政府掌握，理由在于政府最能够代表人民群众利益，也最能够维护人民群众利益，且拥有宪法和法律上赋予的权力。

三是排污权二次交易规则。二次交易是指在经过初始分配之后，政府或排污企业将富余的排污量出让给新的排污企业。

四是排污权交易监管规则。政府在排污权交易制度框架内的监管职责应当包含初始分配中的监管职责及二次交易规则后的排污监管，即政府应当减少在二级交易市场中的参与度。

五是排污权交易保障规则。保障规则应当体现事前预防、事中控制、事后治理的原则。

17.2.2　环境保护税

环境保护税，顾名思义是为了保护环境而征收的税，其征税对象是在环境中排放特定污染物的企业或经营单位，可以理解为为了保护环境而对环境污染者的一种惩罚手段，该税种主要源自 20 世纪西方发达国家的环境税。

环境保护税是我国新开征的一个税种，其前身是对于污染物排放的收费制度，此次的费改税是法律制度上的一种完善，其目的并不在于税收的多少，而是通过税收杠杆，督促对环境造成污染的企业减少污染，同时还可以为环保工作筹措资金。这是财税方面为促进生态文明建设的重大举措，标志着我国“绿色税收”体系的进一步完善和发展。

环境保护税最早在我国源于 1978 年第五届全国人大常务委员会提出的排污收费制度，该制度规定了对于排污费的征收、使用和管理目的都做了明确规定，是我国首次把环保以法律规章的形式做出规定。2005 年，我国税制改革中提出税收优化资源配置并实施费改税，环境税开始进入税收征管议程。随着环境问题的日益突出，2012 年党的十八大报告中将生态文明建设纳入社会主义建设的总布局中，环境费改税的问题得到进一步重视。2015 年国务院发布的《中华人民共和国环境保护税法（征求意见稿）》为环境保护税奠定了基础，并于 2016 年第十二届全国人大 25 次会议通过《环境保护税法》，该税法于 2018 年开始执行，这一税法的通过在“绿色税收”方面的发展踏出了坚实的一步。

首先，一方面完善了我国关于保护环境方面的法律法规体系，约束了污染环境的行为，为处罚措施建立了法律依据，把生态文明建设放入一个全新的高度去对待，另一方面完善了税收法律体系，使税法的征税范围更加全面。

其次，一定程度上有利于市场公平竞争，有些污染严重的企业在市场竞争中为追求利润最大化而不顾对环境造成的一系列不良后果，这相对于对环境不造成污染或者很少带来污染的企业就是一种不公平。环境保护税的开征打破了这种不公平的现象，向对环境造成污染的企业征收环境保护税，增加了这些企业的内部成本，使得各个企业之间利润水平合理化，更好地促进了企业之间的公平竞争。

再次，有利于提高企业的环境保护意识，倒逼企业升级转型，优化产业结构，减少环境污染，促进能源有效利用，推动经济又好又快发展的同时也对生态环境的改善做出了贡献。

并且还可以为环境保护事业提供资金。随着环境问题的日益突出，我国的环保事业投资比例也在逐年增多，环境保护税的征收一定程度上缓解了我国财政支出的压力，同时如果将税收资金设立环保专用款，可以将环保资金取之于民，用之于民，提高了环保资金的使用效率，为环保事业的可持续性提供保障。

最后，有助于贯彻落实科学发展观，提高资源有效利用，促进经济转型，落实可持续发展战略，缓解当前环境资源带来的压力，更好地落实节约资源和保护环境的基本国策。

17.2.3　生态补偿

为形成合理的国土空间开发格局，促进区域协调、绿色发展，需要构建相应的区域利益协调机制。2016 年我国先后颁布了《国务院办公厅关于健全生态保护补偿机制的意见》《关于扩大新一轮退耕还林还草规模的通知》等文件。近年来，我国的区域生态补偿机制构建取得了一定进展，尤其是纵向生态转移支付政策的实施范围和资金投入在全球范围内也已经处于较高水平。但由于我国区域生态补偿机制构建中遵循了“先设计执行，后逐步完善”的思路，现有区域生态补偿机制还存在改进区间，具体可分为以下 5 点建议。

（1）优化区域生态补偿的资金分配格局。

虽然生态补偿机制对于实现生计目标能够产生一定作用，但仍需认识到区域生态补偿机制的最终目标是促进生态环境保护和生态系统服务供给。在具体的政策实施过程中应遵循生态目标优先的原则，通过生态效益瞄准的方式，进一步优化区域生态补偿机制的空间选择方式，提高生态重要地区和生态脆弱地区的资金分配比重，提升区域生态补偿的生态效率。

（2）完善生态补偿的绩效考核方式。

首先，应调整生态补偿的绩效考核范围，使其与当前区域生态补偿资金的分配范围相适应。其次，构建基于生态系统服务产出与活动类型相结合的绩效考核机制。应逐步改进当前对生态系统服务产出状况的单一考核机制，适当加强对区县政府生态环境保护活动的监管。最后，完善现代技术的生态环境监测体系。区域生态环境质量监测结果是进行区域生态功能补偿绩效考核的基础信息，也是保证考核激励机制有效性的重要前提，当前的生态环境质量评价过程中，存在监测成本较高、监测能力不足以及数据准确性存疑等问题，需要进一步优化监测体系以确保信息的有效性。

（3）改进生态的激励机制。

在逐步完善绩效考核方式的基础上，需要相应地改进区域生态补偿的激励机制，以提高政府的生态环境保护积极性。首先，当前的激励机制仅以生态环境质量考核结果作为单一指标，在建立基于生态系统服务产出与活动类型相结合的绩效考核机制基础上，需要将针对其他生态环境保护活动类型的直接监管结果纳入激励机制。其次，在结合绩效考核结果进行激励时应考虑外部风险对生态系统服务产出的影响。最后，探索实施基于相对绩效的考核激励机制。在充分考虑区域生态关联等因素的基础上，在适当区域范围内构建基于相对绩效的激励机制有利于减少区域性自然灾害、气候变化等因素导致的激励效率损失，从而提升政府的生态环境保护积极性。

（4）加强区域间生态环境协同治理。

生态系统服务具有明显的外部性，区域生态环境保护存在空间效应，仅依靠个别的生态环境保护难以有效实现生态目标。在生态环境普遍较好的地区，其他地区容易出现“搭便车”的激励；在生态环境普遍较差的地区，各区县改善生态环境的积极性较低。因此，需要加强不同区域间的生态环境保护协作。跨区域的生态环境协同治理涉及不同区域的利益关系，在生态关联紧密的区域之间，除了必要的行政手段，还需要探索建立协调不同区域之间利益的横向生态补偿机制，使各个区域共同分担生态环境治理成本，共同分享生态效益。

（5）构建社会资本参与区域生态补偿的利益共享机制。

单纯依靠政府部门主导的区域生态补偿机制难以有效满足重点生态功能区的生态建设资金需求，更难以弥补区域发展的机会成本。因此引导社会资本参与区域生态补偿对于丰富区域生态补偿的资金来源，以社会资本带动区域可持续发展具有重要意义。完善社会资本参与区域生态补偿的利益共享机制，以提高社会资本的收益水平，处理好生态补偿公益性与社会资本逐利性之间的矛盾。在构建社会资本参与生态补偿的利益共享机制的过程中，需要建立完备的法规政策体系，以保证公司部门的权责明确，实现生态补偿市场化原则的风险对应，保障补偿机制的可持续性。

17.2.4　绿色信贷

绿色信贷政策是充分体现可持续发展的社会责任的一种资本市场政策，它利用绿色信贷、绿色风险投资、生态投资基金、环境金融工具、环境保险、上市公司环保核查等手段，以生态环境和可持续发展为目标，促进经济与环境的协调发展，绿色信贷的推出是我国政府用经济杠杆的手段来引导环保的新尝试。

例如，2018 年浙江交通集团财务公司成功为浙江交投新能源投资有限公司投放首笔 500 万元绿色信贷。

绿色信贷必须靠法律进行保驾护航，特别是对于抑制高污染、高耗能的环境负面行为。当前，依然有众多污染和高耗能企业无视法律，或者利用法律漏洞从事经济生产活动。法律对于环境责任的界定无疑是最为明晰的。我国于 1995 年开始，开启了绿色信贷法律建设进程，随后也对一些法律规范进行了一系列的调整、更新。2015 年以来，国家先后颁布了《能效信贷指引》《关于共享企业环保信息有关问题的通知》《关于支持循环经济发展的投融资政策措施意见的通知》《中国人民银行银监会关于加大对新消费领域金融支持的指导意见》。

但是与国外先进做法比较，我国绿色信贷在法律层面上的执行力度仍然欠缺，没有很好地落实“有法必依、违法必究、执法必严”的依法治国精神，在全社会层面上，应该加强环境法规应有的公信地位。其次，在绿色信贷业务中，对于涉及利益分配的企业和商业银行，建立科学的激励机制利于提高其主动性，利于均衡企业和商业银行的短期经济利益和社会效益。

17.3　雾霾治理的最优政策选择

17.3.1　雾霾治理的宏观分析框架

形成雾霾天气的原因既有自然因素，又有社会经济因素。从技术角度看，不利的气候条件引起空气污染物的持续积累。从经济学角度看，政府对能源技术进步的激励机制不足、以高煤耗为主的能源结构、工业化进程导致的重工业占比过大的产业结构、机动车保有量不断提高的交通运输结构，以及城镇化过程中建筑工地大量扬尘是造成雾霾日趋严重的主要原因。

（1）环境技术进步的激励机制不足。

较长时间以来，高速经济增长是政府追求的目标，因此地方政府官员出于政绩考核等原因倾向于 GDP 的高速增长，而拉动 GDP 最直接的手段是大规模的招商引资。这一政策导向促使资本流向高耗能、高污染的重工业，使其比重过大，而对绿色环保类产业投资不足，我国对脱硫、脱硝和除尘等技术进步的激励机制匮乏，不利于企业创新、研发新技术。由于较少企业面临环境管制，市场不会对先进的污染控制技术和工艺存在需求，环境技术产业丧失了长期发展的激励。目前我国只有火力发电厂广泛面临环境监管，从而脱硫、脱硝设备的安装率较高，其他行业较少采用这些设备。然而，一些火电厂为了节约成本，并未经常使用这些设备，仅在上级检查时使用。究其原因是政府对环境污染的监管不足，导致清洁技术的需求不足。正是由于缺乏先进的技术，我国单位燃煤排放的 SO_2 才会远高于国际平均水平。

（2）以煤炭为主的能源消费结构。

燃煤排放的空气污染物是我国大面积雾霾产生的重要原因，是 $PM_{2.5}$ 的第一大来源。长期以来，我国“富煤、缺油、少气”的能源禀赋和能源生产结构决定了以煤炭为主的能源消费结构在短期内很难改变。2013 年，中国的能源消费总量为 37.5 亿 tce，其中煤炭占比高达 66%。这种以低热值的煤炭燃料为主的能源消费结构特征，其负外部性对环境影响较大。然而，我国具有较强污染物控制能力的电力行业的燃煤仅占燃煤总量的 50%左右，远低于国外甚至是世界平均水平（美国约 93%，世界平均约 78%）。煤气化和电力燃煤对环境质量影响显著低于其他燃煤方式。其原因在于：一是电力燃煤清洁高效；二是随着火电结构和城市空间布局调整，越来越多的火电厂搬出市区，对城市环境影响减小。研究表明，污染源对人类的伤害与人口密度成正比，与距离成反比。因此，煤电消耗的负面影响较小，而另一半煤炭则被直接燃烧利用（如居民分散燃煤供暖），我们称之为常规燃煤。这部分燃煤的颗粒污染物直接排放到大气中，构成大气污染物的主要成分。

（3）工业化进程导致的重工业比重过大的产业结构。

重工业比重过大是产生大量工业废气排放的另一个主要原因。虽然政府不断强调要调整经济结构，提高消费在 GDP 中的比重。但事实上投资占比却持续上升，高耗能、高污染的重工业占 GDP 的比重呈上升趋势。1999～2011 年，轻工业产值比重由 41.9%下降到 30%以下，重工业则由 58.1%上升到 70%以上，重工业比重比改革开放前还要高。单位工业产出的能耗和由此带来的空气污染是服务业的 4 倍，重工业的单位产出能耗和由此带来的空气污染是服务业的 9 倍。这种以投资驱动为主而形成的不合理的工业结构对我国能源消耗和环境保护造成了重大压力。在工业化进程中，工业废气排放量快速增加，全国工业废气排放量由 1999 年的 12.68 亿 t 上升到 2010 年的 51.91 亿 t，年均增长 13.67%，高于同期工业增加值增速（2.52%）。“十一五”期间，节能减排虽然取得了明显进展，但以“高投入、高耗能、高污染”为主的产业结构未有根本改变。

（4）机动车保有量不断提高的交通运输结构。

随着人民生活水平的提高，以私家车为主的乘用车数量迅速增长。随之而来的是以汽油、柴油为动力的机动车所产生的尾气持续攀升，这也是造成大气污染日益严重的主要原因之一。数据显示，截止到 2014 年 11 月，中国民用机动车保有量已达 2.64 亿辆，其中汽车 1.54 亿辆，汽车数量仅次于美国，居世界第二位。车辆的急增使道路出现拥挤，行车速度降低。当车速低于 20km/h 时，CO、碳氢化物和 CO_2 的排放量会明显增大。以北京 $PM_{2.5}$ 为例，北京市环保局 2014 年 1 月在“2013 年空气质量发布会”上通报称，北京的大气污染来源外来传输占 24.5%，本地排放中机动车污染占比最大，占 22.2%，燃煤占 16.7%，工业和扬尘各占 15%左右。

17.3.2　最优政策的选择

雾霾治理的确是一个长期而艰巨的任务，提高能源效率和加快能源清洁技术进步对环境污染的影响是相反的。前者通过降低能源在生产中的相对使用成本而增加能耗量，从而提高了空气中的 $PM_{2.5}$ 浓度；后者通过提高清洁技术（如煤炭的脱硫技术）的发展速度，有效地抑制了 $PM_{2.5}$ 浓度的上升速度。调整能源结构、加快能源清洁技术进步、控制能源强度都可以在不同程度上控制 $PM_{2.5}$ 浓度。提高能源效率通过能源回弹效应加剧了 $PM_{2.5}$ 浓度的攀升，但它与其他政策措施配合使用时，能够有效地降低治理雾霾过程对经济增长所产生的负面影响。

（1）技术进步是实现雾霾治理的长期决定因素。

毋庸置疑，根治雾霾，亟须科技力量的介入。在宏观层面，国家需要从工业布局、经济转型、产业调整等方面进行调整，但具体到每一个针对雾霾治理的措施，“无科技则难言成功”。通过模拟研究我们发现，脱硫除尘技术进步和能源效率提高在低成本治理雾霾的综合政策措施中起到了长期决定性作用。此外，非化石能源的开采及利用技术也是降低雾霾的有效途径之一。目前，中国非化石能源仍然处于初始阶段，需要国家相应的政策扶持。

（2）降低能源强度是实现雾霾治理目标的根本路径。

从长期来看，运用两种税收手段（碳税和硫税）虽然都能够实现能源强度的下降，但二者对经济的影响不同，治理雾霾的效果也有所差异。因此实施科学合理的能源强度调整政策，使中国能源强度达到既定目标，可以使全国范围内 $PM_{2.5}$ 浓度平稳下降。

（3）调整产业结构是实现雾霾治理的坚实基础。

由于政府战略和政治体制的原因，我国长期以来以重工业为主的出口导向型经济增长模式导致过多的能源消费。降低重工业在国民经济中的比重，促进服务业尤其是生产型服务业的发展是大气污染治理的重要措施。

（4）调整能源消费结构是实现雾霾治理的关键。

从长期来看，降低煤炭在一次能源消费中的比例是降低 $PM_{2.5}$ 浓度的基本前提条件。而在短期内，能源消费结构很难改变，加大优质能源的使用，特别是优质煤的使用是减少雾霾天气的有效途径。然而，目前这种变相调整对中国来说前景不容乐观。对 $PM_{2.5}$ 贡献极大的电力企业争相进口价格低廉的低卡煤，掺杂在优质煤当中用于发电，严重地降低了煤炭利用效率，因而推高了工业能耗结构，促使 $PM_{2.5}$ 浓度攀升。相关数据资料显示，2009～2012 年，中国褐煤的年进口量增长已经超过 9 倍。2013 年 12 月，国家发展和改革委员会下发了《煤炭质量管理暂行办法（征求意见稿）》，针对劣质煤尤其是劣质进口煤进行严格控制，这将有益于在短期内减少雾霾污染天气。

17.3.3 政策建议

由于中国目前仍然处于城镇化和工业化的进程中，短期内经济增长速度依然保持在高位，不适合采取治霾成本过高或过于激进的政策组合。综合考虑各政策组合的治霾效果及其对经济增长的负面影响，最终推荐了两种政策组合。虽然碳税是针对 CO_2 排放制定的，但通过抑制能源消费对 $PM_{2.5}$ 污染起到有效的协同控制作用。在相关政策组合及假设前提下，$PM_{2.5}$ 浓度的峰值多在 2025 年前后出现。到 2030 年达到空气质量二级标准，难度依然很大。对于 $PM_{2.5}$ 这种复合污染物，仅靠碳税这种协调治霾作用是不够的，还需加快能源清洁技术进步并且提高能源效率。基于上述发现，提出以下政策建议：

（1）通过税费政策抑制煤炭过度消费。

调整能源消费结构，即降低煤炭在一次能源消费中的比重，提升清洁能源比重，应当依靠长效的经济机制，而不是短期的行政手段。这些经济机制主要包括大幅提高煤炭相关税费，例如煤炭资源税、排放税费和碳税等。目前，我国煤炭资源税税率过低，无法达到抑制煤炭过度消费的目的。为了控制煤炭的过度需求，建议逐步提高煤炭资源税税率。一般而言，在没有政策干预的自由经济状态下，会由于“外部性”出现污染过度的问题，这就是所谓的市场失灵。此时，政府应当采取必要的措施，使“外部性”内生化。中国煤炭消费过度是“市场失灵”的一个典型案例。由煤炭供求关系决定的市场价格，只涵盖了消费者与生产者效用最大化和成本最小化的因素，但未能涵盖“负外部性”问题。此时煤炭价格过低，导致消费过度，从而出现了严重的雾霾现象。因此，政府应当通过税收手段（提高煤炭资源税，提高对燃煤排放的各污染物收费标准）来纠正市场定价过低的问题，从而缓解煤炭生产和消费过度带来的雾霾污染问题。

（2）通过政府补贴扶持清洁能源发展。

中国对清洁能源的投资不足是“市场失灵”的另外一个例证。在相同的当量下，清洁能源排放的 SO_2 和氮氧化物等各种污染物不足煤炭的 1/10。由于清洁空气的受益者既不是清洁能源的消费者也不是投资者，清洁能源巨大的外部性未被考虑在价格的供求关系中，生产者因为难以盈利而没有足够的兴趣对其投资。政府虽已经对清洁能源投资给予了一定的补贴，但力度过小。目前，中国对新能源的补贴占财政支出的比例远不及美国和德国。中国应当大幅提高对新能源的补贴，以支持其开发利用，力争使其外部性内生化，从而提高清洁能源在一次能源消费中的占比，并尽快赶上发达国家水平。由此增加的财政支出可由征收污染税、硫税和资源税等方面的收入冲抵。政府应当推荐使用高质量、低能耗、高效率的适用生产技术，重点发展技术含量高、附加值高、符合环保要求的产品，重点发展投入成本低、去除效率高的污染治理适用技术。

（3）通过排污收费和碳税制度倒逼企业技术升级。

征收硫税是以控制 SO_2 等空气污染气体为目的的，而碳税是以控制温室气体排放为目的的。中国对 SO_2、氮氧化物及工业粉尘等污染物排放的收费标准过低。过低的收费标准无法激励企业购买安装脱硫、脱硝的新设备。所以，建议尽快将 SO_2 及氮氧化物的收费标准提高 1～2 倍。同时还应提高烟尘排污费、硫酸雾排污费、粉尘排污费等征收标准。征收碳税不仅有利于我国实现碳排放强度目标，而且有助于实现雾霾治理目标。碳税收入可用于清洁能源投资，从而有利于改善我国煤炭占比过高的能源消费结构。如果将环境效益考虑在内，征收碳税对宏观经济的影响将转为正面。因此，碳税有助于我国的绿色发展。根据“谁污染谁付费”的公平原则，任何排放源都应该为自身排放的 CO_2 支付一定的费用。考虑到低耗能行业的减排潜力小、监测成本高、减排成本高等特点，适度的碳税政策更为可行。

（4）雾霾治理人人有责的强化机构和消费者的环保责任。

要消费蓝天白云的自然环境，作为消费者的自然人，要将美好环境消费作为必需品纳入其消费篮子，提高消费者对蓝天白云购买的支付意愿。而作为市场参与主体的企事业单位要加强环境责任感。但是，社会责任感在中国企业与消费者的目标函数中的权重几乎为零，这加剧了清洁能源发展面临的困境，强化了大面积雾霾污染。发达国家的经验表明，企业追求的目标不仅是利润最大化，而且是社会责任与利润之和最大化。政府应通过建立企业的社会责任制度来提高企业目标函数中社会责任感的权重，尤其是那些大型制造类企业。同时也应提高消费者的社会责任感，加强环保责任教育。在诸如京津冀等雾霾严重的地区，可试点征收雾霾治理税，这不仅能补充雾霾治理资金，而且还起到强化环保责任和意识的作用。

参 考 文 献

班固. 2016. 汉书[M]. 北京：中华书局：564.

鲍文，卿凤. 2013. 低碳经济与我国能源安全战略研究[J]. 甘肃科技纵横（4）：4-6.

贝克. 2018. 风险社会[M]. 张文杰，何博闻，译. 北京：译林出版社：3-10.

博曼，雷吉. 2006. 协商民主：论理性与政治[M]. 陈家刚，等译. 北京：中央编译出版社.

蔡定剑，王占阳. 2011. 走向宪政[M]. 北京：法律出版社：9.

常建梅，崔凤谨. 2012. 我国环境污染的现状及对策研究[J]. 现代企业教育（6）：125-126.

陈宏宏. 2017. 低碳经济背景下国际碳交易市场发展及其前景[D]. 长春：吉林大学.

陈家刚. 2007. 协商民主与政治协商[J]. 学习与探索（2）：85-91.

陈凯. 2009. 区域经济比较[M]. 上海：上海人民出版社：108-115.

陈凯. 2015. 道统经济学[M]. 北京：经济科学出版社：15-40.

陈黎明，钱利英，沙士民. 2013. 3E 系统协调度评价模型应用及其比较研究[J]. 科技管理研究，33（21）：61-65，82.

陈武，李云峰. 2010. 我国能源可持续发展的探讨[J]. 能源技术经济，22（5）：17-23.

陈新华. 2013. 以国际视野看能源安全[J]. 财经界（2）：19-23.

陈祎. 2017. 我国环境押金法律制度研究[D]. 沈阳：辽宁大学.

陈跃，王文涛，范英. 2013. 区域低碳经济发展评价研究综述[J]. 中国人口·资源与环境，23（4）：124-130.

成金华，李世祥. 2010. 结构变动、技术进步以及价格对能源效率的影响[J]. 中国人口·资源与环境，20（4）：35-42.

程蕾. 2018. 新时代中国能源安全分析及政策建议[J]. 中国能源，40（2）：10-15.

崔亚伟，梁启斌，赵由才. 2012. 可持续发展：低碳之路[M]. 北京：冶金工业出版社.

戴朝霞，黄政. 2008. 关于生态补偿理论的探讨[J]. 湖南工业大学学报（社会科学版），13（4）：89-91.

董静，黄卫平. 2017. 低碳经济：我国“绿色”发展的必由之路[J]. 现代管理科学（11）：15-17.

董利. 2008. 我国能源效率变化趋势的影响因素分析[J]. 产业经济研究（1）：8-18.

董仲舒. 2012. 春秋繁露[M]. 张世亮，钟肇鹏，周桂钿，译注. 北京：中华书局：200，330，391，487.

杜卓，甘永峰，林燕新. 2007. 产权市场：探索排污权交易[J]. 产权导刊（11）：40-42.

付玖东. 2011. 经济-环境系统协调发展评价方法分析[J]. 现代商业（9）：101-102.

龚玉玲，杨晔，2010. 基于知识创新模式的知识体系演进特质[J]. 情报科学（9）：1367-1369.

管子. 2015. 管子[M]. 房玄龄，注. 上海：上海古籍出版社：2，27，171，437，452.

广东省环境保护厅. 2018-02-14. 提高站位 狠抓落实 坚决禁止洋垃圾入境[N]. 中国环境报（3）.
鬼谷子. 2012. 鬼谷子[M]. 许富宏，译注. 北京：中华书局：45.
郭秀清. 2007. 国际政治视野中的环境安全研究综述[J]. 山东科技大学学报（社会科学版），9（2）：42-45.
哈耶克. 2000. 致命的自负[M]. 北京：中国社会科学出版社：90.
韩非. 2010. 韩非子[M]. 高华平，王齐洲，张三夕，译注. 北京：中华书局：129，309，310，603，681.
杭雷鸣，屠梅曾. 2006. 能源价格对能源强度的影响——以国内制造业为例[J]. 数量经济技术经济研究（12）：93-100.
郝颖. 2010. 产权控制、资本投向与配置效率[M]. 北京：中国经济出版社.
何贤杰，吴初国，盛昌明. 2013. 我国能源安全评价及对策研究[J]. 中国科技成果（6）：4-6.
何显明. 2008. 顺势而为——浙江地方政府创新实践的演进逻辑[M]. 杭州：浙江大学出版社：3-16.
桓宽. 2017. 盐铁论[M]. 陈桐生，译注. 北京：中华书局：240.
霍尔，罗森伯格. 2017. 创新经济学手册[M]. 上海市科学学研究所，译. 上海：上海交通大学出版社：70.
金观涛，刘青峰. 2011. 兴盛与危机：论中国社会超稳定结构[M]. 北京：法律出版社：26-63.
金鑫. 2018-03-13. 加大难动用储量开发扶持力度保障能源安全[N]. 中国企业报（8）.
金银哲. 2011. 国内外基础研究强度的调查研究[J]. 中国校外教育（10）：14-15.
孔翔，卞继超. 2018. “去产能”对中国能源安全的影响初探[J]. 工业技术经济，37（4）：141-147.
李建德. 2000. 经济制度演进大纲[M]. 北京：中国财政经济出版社：108-109.
李凌. 2018. 创新驱动高质量发展[M]. 上海：上海社会科学出版社：76-78.
李宁. 2010. 北京市 3E-S（能源-经济-环境、安全）系统 MARKAL 模型研究开发[D]. 北京：清华大学.
李太淼. 2009. 构建和完善有中国特色的自然资源和环境产权制度[J]. 中州学刊，172（4）：49-54.
李显冬，王子晗. 2019. 矿业权应为准物权[J]. 国土资源情报（7）：21-27.
李永亮. 2015. “新常态”视阈下府际协同治理雾霾的困境与出路[J]. 中国行政管理（9）：32-36.
李云云. 2017. 我国流域生态补偿的法律保障问题[D]. 贵阳：贵州民族大学.
李正风，尹雪慧. 2012. 知识流、知识分配力与基础研究中的科学传播[J]. 科普研究（10）：31-34.
李治，李国平. 2010. 城市能源效率分布特征影响因素研究——基于空间计量模型[J]. 城市发展研究（6）：22-26.
刘畅，孔宪丽，高铁梅. 2009. 中国能源消耗强度变动机制与价格非对称效应研究：基于 VEC 结构模型的计量分析[J]. 中国工业经济（3）：59-70.
刘东刚. 2011. 中国能源监管体制改革研究[D]. 北京：中国政法大学.
刘宏松，项南月. 2015. 二十国集团与全球能源治理[J]. 国际观察（6）：13.
刘建伟，乔英英. 2018. 习近平对改革开放以来党的生态环境治理思想的继承和超越[J]. 山西农业大学学报（社会科学版）（5）：62-70.

刘琳. 1957. 宋会要辑稿・食货[M]. 北京：中华书局：4813.
刘昫. 1975. 旧唐书：卷 174 李德裕传（第 14 册）[M]. 北京：中华书局：4525.
刘志全. 2011. 我国“十二五”环境服务业发展需求与思路及重点工作[J]. 环境与可持续发展（6）：5-7.
陆敏，苍玉权. 2018. 碳交易机制下政府监管和企业排放的博弈研究[J]. 当代经济（1）：78-80.
罗大蒙. 2018. 民主的治理：新时代国家治理现代化的导向、挑战与变革——基于中国特色社会主义民主政治发展的视野[J]. 四川行政学院学报（6）：13-20.
马建堂. 2015. 近期我国能源消费呈现四大趋势[J]. 财经界，2015（25）：64-66.
马克思. 2004. 资本论（第一卷）[M]. 北京：人民出版社.
马克思，恩格斯. 1979. 马克思恩格斯全集 46 卷[M]. 北京：人民出版社：494.
毛惠萍，刘瑜. 2017. 促进供给侧绿色改革的环境政策研究[J]. 环境科学与管理，42（6）：12-17.
毛显强，钟瑜. 2002. 生态补偿的理论探讨[J]. 中国人口・资源与环境，12（4）：38-41.
孟子，等. 2016. 四书五经[M]. 北京：中华书局：19，36.
诺斯，托马斯. 2014. 西方世界的兴起[M]. 厉以平，蔡雷，译. 北京：华夏出版社：176.
齐鹏然. 2018. 我国雾霾成因与对策研究[J]. 黑龙江科学，9（2）：89-91.
钱箭星. 2011. 中国环境安全的需求与构建[J]. 中国井冈山干部学院学报，4（4）：103-107.
秦天宝，胡邵峰. 2017. 环境保护税与排污费之比较分析[J]. 环境保护，45（Z1）：24-27.
曲德林，吴爱文，苏健民. 1993. 用基本经济学原理研究排污收费的理论[J]. 环境保护（11）：18-20.
任烁. 2017. 低碳经济研究综述[J]. 现代商业（3）：61-62.
塞纳克伦斯，冯炳昆. 1999. 治理与国际调节机制的危机[J].国际社会科学杂志（中文版），2（25）：91-103.
商鞅. 2011. 商君书[M]. 石磊，译注. 北京：中华书局：165.
沈镭，薛静静. 2011. 中国能源安全的路径选择与战略框架[J]. 中国人口・资源与环境，21（10）：49-54.
石玉林，于贵瑞，王浩，等. 2015. 中国生态环境安全态势分析与战略思考[J]. 资源科学，37（7）：1305-1313.
史丹. 2013. 全球能源格局变化及对中国能源安全的挑战[J]. 中外能源，18（2）：1-7.
水电水利规划设计院. 2020. 中国可再生能源发展报告 2019[M]. 北京：中国水利水电出版社：7.
斯密. 2010. 国富论[M]. 谢宗林，等译. 上海：中央编译出版社.
斯托克. 1999. 作为理论的治理：五个论点[J]. 国际社会科学（中文版），16（1）：19-30.
宋亦明. 2018. 从石油到天然气：中国维护能源安全主战场的大转移[J]. 世界知识（6）：54-56.
苏文力. 2015. 基于 SBM 模型的我国省际能源环境效率研究[D]. 长沙：湖南大学.
孙阳昭，蓝虹. 2013. 全球能源治理的框架、新挑战与改革趋势[J]. 经济问题探索（11）：5.
谭忠富，张金良. 2010. 中国能源效率与其影响因素的动态关系研究[J]. 中国人口・资源与环境，20（4）：43-49.
唐曼丽. 2005. 论我国环境安全及其法律完善[D]. 长沙：湖南师范大学.

唐任伍，李澄. 2014. 元治理视阈下中国环境治理的策略选择[J]. 中国人口·资源与环境，24（2）：18-22.

唐贤兴. 2000. 全球治理与第二世界的变革[J]. 欧洲，18（3）：4-11.

陶长琪. 2010. 决策理论与方法[M]. 北京：中国人民大学出版社.

田金方，苏咪咪. 2007. 循环经济评价指标体系的设计及评估方法[J]. 统计与决策（8）：35-36.

汪劲. 2014. 论生态补偿的概念：以《生态补偿条例》草案的立法解释为背景[J]. 中国地质大学学报（社会科学版），14（1）：1-8.

汪克亮，杨力，杨宝臣，等. 2013. 能源经济效率、能源环境绩效与区域经济增长[J]. 管理科学，26（3）：86-99.

汪莫群，吕凡. 2018. 金融生态环境、内部控制与债务治理效应[J]. 中国集体经济（12）：63-64.

汪中华，胡垚. 2018. 我国碳排放权交易价格影响因素分析[J]. 工业技术经济，37（2）：128-136.

王邦鲲. 2010. 我国能源消费产生的环境问题研究[D]. 长春：吉林大学.

王弼. 2011. 老子道德经注[M]. 楼宇烈，校释. 北京：中华书局：45.

王长生，宋玉祥. 2008. 诺思的产权理论及启示[J]. 生产力研究（5）：6-7.

王丰娟. 2015. 基于绿色化理念的押金返还制度[J]. 绿色科技（12）：302-305.

王夫之. 2013. 宋论[M]. 刘韶军，译注. 北京：中华书局：500-505.

王国惠，赵新燕，黄永胜. 2018. 新型城镇化与生态环境协调发展关系探究[J]. 经济问题（3）：112-117.

王红征. 2010. 中国循环经济的运行机理与发展模式研究[D]. 郑州：河南大学.

王璟珉，李晓婷，居岩岩. 2017. 碳交易市场构建、发展与对接研究：低碳经济学术前沿进展[J]. 山东大学学报（哲学社会科学版）（1）：148-160.

王科，陈沫. 2018. 中国碳交易市场回顾与展望[J]. 北京理工大学学报（社会科学版），20（2）：24-31.

王丽丽. 2010. 浙江能源-经济-环境协调发展研究——基于能源环境公平性视角[D]. 杭州：浙江理工大学.

王明喜，胡毅，郭冬梅，等. 2017. 低碳经济：理论实证研究进展与展望[J]. 系统工程理论与实践，37（1）：17-34.

威廉姆森. 2020. 契约、治理与交易成本经济学[M]. 陈耿宣，编译. 北京：中国人民大学出版社：132-160.

维纳. 1978. 人有人的用处[M]. 陈步，译. 北京：商务印书馆：17.

魏巍贤，马喜立. 2015. 能源结构调整与雾霾治理的最优政策选择[J]. 中国人口·资源与环境，25（7）：6-14.

吴卫星. 2014. 论我国环境保证金制度及其合法性问题[J]. 河海大学学报（哲学社会科学版），16（2）：78-82，92.

吴贞. 2018. 我国生态环境保护与治理的法治机制探讨[J]. 绿色环保建材（4）：48.

肖国兴. 2019. 能源体制革命抉择能源法律革命[J]. 法学（12）：164-174.

肖兴志. 2015. "新常态"下我国能源监管实践反思与监管政策新取向[J]. 价格理论与实践（1）：

5-10.
谢志祥，秦耀辰，沈威，等. 2017. 中国低碳经济发展绩效评价及影响因素[J]. 经济地理，37（3）：1-9.
熊彼特. 1990. 经济发展理论[M]. 王永胜，译. 北京：商务印书馆.
熊威. 2014. 基于动态 CGE 的能源价格动态优化研究[D]. 北京：华北电力大学.
徐鹏. 2018. 关于我国生态补偿机制建设的探讨[J]. 才智（7）：230-231.
许峰. 2015. 低碳经济背景下的中国能源安全战略研究[D]. 北京：中国地质大学.
延林桥. 2014. 能源环境税的中外实践及我国改进对策[D]. 北京：中国环境科学研究院.
杨斌. 2017. 城市大气污染现状及对策[J]. 中国资源综合利用，35（6）：133-135.
杨东方. 2012. 域面——技术创新体系的空间[J]. 科技管理研究（2）：153-156.
杨冕，杨福霞，陈兴鹏. 2011. 中国能源效率影响因素研究——基于 VEC 模型的实证检验[J]. 资源科学，33（1）：163-168.
杨小凯. 史鹤凌. 2019. 经济学原理[M]. 北京：社会科学文献出版社：162-172.
杨云彦. 1999. 人口、资源与环境经济学[M]. 北京：中国经济出版社.
杨志. 2018-04-03. 国家生态环境治理新部署，蕴含哪些深意[N]. 苏州日报（B01）.
佚名. 2011. 国务院关于加强环境保护重点工作的意见[J]. 中国资源综合利用，29（12）：7-9.
佚名. 2014. 周礼[M]. 徐正英，常佩雨，译注. 北京：中华书局：33.
佚名. 2018. 保障能源安全　推动能源高质量发展[J]. 中国核工业（1）：5.
佚名. 2018-01-01. 加强进口固废管理　维护生态环境安全[N]. 中国环境报（5）.
易兰，李朝鹏，杨历，等. 2018. 中国 7 大碳交易试点发育度对比研究[J]. 中国人口·资源与环境，28（2）：134-140.
于波涛. 2018. 国有林区发展循环经济研究及实证分析[M]. 北京：中国林业出版社.
余阿梅，张宁. 2016. 中国排污权交易制度的发展历程及展望[J]. 绿色科技（14）：145-146.
俞可平. 2000. 治理与善治[M]. 北京：社会科学文献出版社.
俞可平. 2002. 全球治理引论[J]. 马克思主义与现实（1）：20-30.
俞可平. 2016. 走向善治[M]. 北京：中国文化出版社：2-3.
曾莉. 2010. 重庆市高校专利转化率偏低之现状调研及原因分析[J]. 重庆理工大学学报（社会科学版）（12）：22-26.
詹晓燕. 2005. 环境安全预警系统研究——以浙江省农业地质环境安全预警系统为例[D]. 杭州：浙江大学.
张帆. 1998. 环境与自然资源经济学[M]. 上海：上海人民出版社.
张风，何传启. 2005. 知识创新的原理和路径[J]. 中国科学院院刊（5）：389-394.
张军，吴桂英，张吉鹏. 2004. 我国省际物质资本存量估算：1952～2000[J]. 经济研究（10）：35-44.
张敏. 2018. 改革开放 40 年来我国对国际能源治理的理念认知与行动参与[J]. 中国能源（4）：16-20.
张群，宋迎法. 2018. 能源治理研究述评[J]. 重庆交通大学学报（社会科学版），18（2）：11-16.

赵庆寺. 2013. 科学发展观视域中的中国能源安全新范式[J]. 探索（2）：179-183.

赵庆寺. 2015. 中国参与G20全球能源治理的策略选择[J]. 当代世界与社会主义（6）：132-138.

周富祥. 1980. 排污收费的理论及实施中问题的探讨[J]. 环境保护（5）：23-25.

周浩. 2017. 洋垃圾的现状及其治理[J]. 生态经济，33（8）：10-13.

周鸿，林凌. 2005. 中国工业能耗变动因素分析：1993～2002[J]. 产业经济研究（5）：13-18.

周婧，贺晟晨，王远，等. 2011. 基于SD方法的苏州市经济—能源—环境系统模拟研究[J]. 能源环境保护，25（2）：10-16.

周玲芳，张之秋，周昭敏. 2018. 我国碳排放交易的现状分析[J]. 阜阳师范学院学报（自然科学版），35（1）：70-76.

朱海英. 2004. 论程序理性的政治意蕴[J]. 探索（5）：40.

朱晓杰. 2017. 基于碳约束的能源效率及其影响因素研究[D]. 杭州：浙江工商大学.

朱雄关，张帅，杨淞婷. 2018. “一带一路”背景下中国与沿线国家能源上下游领域合作研究[J]. 昆明学院学报，40（1）：72-78.

朱跃中. 2006. 谈“单位GDP能耗”指标在能效水平国际比较的优缺点[J]. 山西能源与节能（S1）：11-16.

Cullan S J，Thomas J M. 2006. 环境经济学与环境管理——理论、政策和应用[M]. 李建民，姚从容，译. 北京：清华大学出版社.

Hanley N，Shogren J F，White B. 2005. 环境经济学教程[M]. 曹和平，李虹，张博，译. 北京：中国税务出版社.

Schreurs M，Percival R. 2006. 环境危机管理经验研究[J]. 环境科学研究，16（B11）：133-142.

Abdel-Aal H K，Sadik M，Bassyouni M，et al. 2005. A new approach to utilize hydrogen as a safe fuel[J]. International Journal of Hydrogen Energy，30（14）：1511-1514.

Ahmed F，Naeem M，Ejaz W，et al. 2018. Resource management in cellular base stations powered by renewable energy sources[J]. Journal of Network and Computer Applications，112：1-17.

Anastasiadis A G，Kondylis G P，Vokas G A，et al. 2017. Economic benefits from the coordinated control of distributed energy resources and different charging technologies of electric vehicles in a smart microgrid[J]. Energy Procedia，119：417-425.

Andreopoulou Z，Koliouska C，Galariotis E，et al. 2018. Renewable energy sources：Using PROMETHEE II for ranking websites to support market opportunities[J]. Technological Forecasting and Social Change，131：31-37.

Berndt E R. 1978. Aggregate energy，efficiency，and productivity mearsurement[J]. Annual Review of Energy，3（1）：225-273.

Bhuiyan M A，Jabeen M，Zaman K，et al. 2018. The impact of climate change and energy resources on biodiversity loss：Evidence from a panel of selected Asian countries[J]. Renewable Energy，117：324-340.

Blok K，Phylipsen D. 1998. Common and coordinated policies and measures to reduce greenhouse gas emissions in the European Union[J]. International Journal of Environment and Pollution，

10（3-4）：393-402.

Boran F E. 2018. A new approach for evaluation of renewable energy resources：A case of Turkey[J]. Energy Sources，Part B：Economics，Planning，and Policy，13（5）：1-9.

Boyd G A，Hanson D A，Sterner T. 1988. Decomposition of changes in energy intensity：A comparison of the Divisia index and other methods[J]. Energy Economics，10（4）：309-312.

Cheng K，Pan G，Smith P，et al. 2011. Carbon footprint of China's crop production—An estimation using agro-statistics data over 1993-2007[J]. Agriculture，Ecosystems & Environment，142（3-4）：231-237.

Coase R H. 1937. The nature of the firm[J]. Economica，4（16）：386-405.

Cornillie J，Fankhauser S. 2004. The energy intensity of transition countries[J]. Energy Economics，26：283-295.

Denton A. 2017. Voices for environmental action?Analyzing narrative in environmental governance networks in the Pacific Islands[J]. Global Environmental Change，43：62-71.

Elliott D. 1999. Prospects for renewable energy and green energy markets in the UK[J]. Renewable Energy，16（1-4）：1268-1271.

Feiya H. 2003. Determinants of energy intensity in industrializing countries：A comparison of China and India[D]. Cambridge：Massachusetts Institute of Technology.

Fisher-Vanden K，Jefferson G H，Liu H，et al. 2004. What is driving China's decline in energy intensity?[J]. Resource and Energy Economics，26（1）：77-97.

Fuss S，Szolgayová J，Khabarov N，et al. 2012. Renewables and climate change mitigation：Irreversible energy investment under uncertainty and portfolio effects[J]. Energy Policy，40（1）：59-68.

Gao P P，Li Y P，Sun J，et al. 2018. Coupling fuzzy multiple attribute decision-making with analytic hierarchy process to evaluate urban ecological security：A case study of Guangzhou，China[J]. Ecological Complexity，34：23-34.

Garbaccio R F，Ho M S，Jorgenson D W. 1999. Why has the energy-output ratio fallen in China?[J]. Energy Journal，20（3）：63-91.

Goldthau A. 2011. Governing global energy：Existing approaches and discourses[J]. Current Opinion in Environmental Sustainability，3（4）：213-217.

Gómez-Navarro T，Ribó-Pérez D. 2018. Assessing the obstacles to the participation of renewable energy sources in the electricity market of Colombia[J]. Renewable and Sustainable Energy Reviews，90：131-141.

Halvorsen R. 1997. Energy substitution in US manufacturing[J]. The Review of Economics and Statistics（6）：381-388.

Han Z Y，Fan Y，Wei Y M. 2007. Energy structure，marginal efficiency and substitution rate：An empirical study in China[J]. Energy，32（6）：935-942.

Hankinson G A，Rhys J M N. 1983. Electricity consumption，electricity and industrial structure[J]. Energy Economics，5（3）：146-152.

Ho M S，Garbaccio R F，Jorgenson D W. 1999. Why has the energy-output ratio fallen in China?[J]. The Energy Journal，20（3）：63-92.

Holmstrom B. 1982. Design of incentive schemes and the new Soviet incentive model[J]. European Economic Review，17（2）：127-148.

Howarth R B. 1991. Energy use in U.S. manufacturing：The impacts of the energy shocks on sectoral output，industry structure，and energy intensity[J]. The Journal of Energy and Development，14：175-191.

Huang J P. 1993. Industry energy use and structural change：A case study of The People's Republic of China[J]. Energy Economics，15：131-136.

Jenne C A，Cattell R K. 1983. Structural change and energy efficiency in industry[J]. Energy Economics（5）：14-23.

Kaufmann R K. 2004. The mechanisms for autonomous energy efficiency increases：A cointegration analysis of the US energy GDP ratio[J]. The Energy Journal，25：63-86.

Liao H，Fan L，Wei Y M. 2007. What induced China's energy intensity to fluctuate：1997-2006?[J]. Energy Policy，35：4640-4649.

Ma C，Stern D I. 2008. China's changing energy intensity trend：A decomposition analysis[J]. Energy Economics，30：1037-1053.

Magar V，Gross M S，González-García L. 2018. Offshore wind energy resource assessment under techno-economic and social-ecological constraints[J]. Ocean and Coastal Management，152：77-87.

Marinescu N I，Ghiculescu D，Klepka T，et al. 2015. Finite element modeling of an ultrasonic horn integrating the tool for micro-electrical discharge machining[J]. Applied Mechanics and Materials，4239（809-810）：315-320.

Momoh J A，Salkuti S R. 2016. Feasibility of stochastic Voltage/VAr optimization considering renewable energy resources for smart grid[J]. International Journal of Emerging Electric Power Systems，17（3）：287-300.

Patterson M. 1996. What is energy efficiency?[J]. Energy Policy，24（5）：377-390.

Pereira M G，Freitas M A V，da Silva N F. 2011. The challenge of energy poverty：Brazilian case study[J]. Energy Policy，39（1）：167-175.

Phillip L G. 1982. Energy Economics and Technology[M]. London：The John Hopkins University Press.

Pindyck R S. 1979. Interfuel substitution and the industrial demand for energy：An international comparison[J]. The Review of Economics and Statistics，61：169-179.

Quitoras M R D，Abundo M L S，Danao L A M. 2018. A techno-economic assessment of wave energy resources in the Philippines[J]. Renewable and Sustainable Energy Reviews，88：68-81.

Roldán-Blay C，Escrivá-Escrivá G，Roldán-Porta C，et al. 2017. An optimisation algorithm for distributed energy resources management in micro-scale energy hubs[J]. Energy，132：126-135.

Sebestyén S，Monostory K，Hirka G. 2017. Environmental risk assessment of human and veterinary medicinal products-challenges and ways of improvement[J]. Microchemical Journal，136：67-70.

Sharma V K，Mincarini M，Fortuna F，et al. 1998. Disposal of waste tyres for energy recovery and safe environment—Review[J]. Energy Conversion and Management，39（6）：511-528.

Sheehan P，Sun F. 2007. Energy use in China：Interpreting changing trends and future directions[Z]. CSES Climate Change Working Paper，Centre for Strategic Economic Studies.

Sinton J E，Levine M D. 1994. Changing energy intensity in Chinese industry：The relative importance of structural shift and intensity change[J]. Energy Policy，22：239-255.

Sogut D V，Farhadzadeh A，Jensen R E. 2018. Characterizing the Great Lakes marine renewable energy resources：Lake Michigan surge and wave characteristics[J]. Energy，150：781-796.

Spiroiu M A. 2015. Reliability analysis of railway freight wagon wheelset[J]. Applied Mechanics and Materials，4239（809-810）：1097-1102.

Stechemesser K，Guenther E. 2012. Carbon accounting：A systematic literature review[J]. Journal of Cleaner Production，36：17-38.

Suslov N I. 2016. Renewable sources of energy in a country where conventional energy resources abound[J]. Problems of Economic Transition，58（2）：96-114.

Tatsu K. 1992. The energy situation in China[J].The China Quarterly，131：608-636.

Tian J，Huang L. 2017. Big data analysis and simulation of distributed marine green energy resources grid-connected system[J]. Polish Maritime Research，24（S3）：182-191.

Xepapadeas A P. 1991. Environmental policy under imperfect information：Incentives and moral hazard[J]. Journal of Environmental Economics and Management，20（2）：113-126.

Yildiz I，Caliskan H. 2018. Energetic and exergetic carbon dioxide equivalents and prices of the energy sources for buildings in Turkey[J]. Environmental Progress & Sustainable Energy，37（2）：912-925.

Zhang H X，Cao Y J，Zhang Y，et al. 2018. Quantitative synergy assessment of regional wind-solar energy resources based on MERRA reanalysis data[J]. Applied Energy，216：172-182.